농업의 실상과 정책 중심으로 본

英美農業經濟史

尹榮子 著

에피스테메
EPISTEME

"모두에게 지식을"
We Deliver Knowledge for All

우리 출판부는 "모두에게 지식을 전한다"는 사명으로 대학교재와 함께 학술도서, 녹음강의 카세트 테이프, CD, ebook 등을 출판하고 있으며, 특히 "지식의 날개"와 "에피스테메"라는 브랜드로 일반 도서도 발행하고 있습니다. 독자 여러분의 많은 사랑과 관심을 부탁드립니다.

불법복사는 지적재산을 훔치는 범죄행위입니다.
저작권법 제97조의5(권리의 침해죄)에 따라 위반자는 5년 이하의 징역 또는 5천만 원 이하의 벌금에 처하거나 이를 병과할 수 있습니다.

서 언

 한국 농업산업의 위상은 산업화가 심화·다양화되면서 단순한 경제논리로 계산되어 점점 뒤로 밀리고 축소되고 있다. 1962년부터 수차례에 걸쳐 실시한 경제개발5개년계획의 성과에 힘입어 세계화·개방화 시대인 오늘날의 한국 농업의 위상은 '농자천하지대본(農者天下之大本)'이라는 전통적인 농업입국에서 세계 최강·최선진의 IT산업국가, 세계 최선두의 조선 수주국가라는 산업입국으로 변화하면서 매우 위축되고 그 중요성이 전도된 상황에서 구조적 변화가 시급히 요구되고 있다.
 현실적인 당면 문제로는 농업인구의 감소와 노령화 및 근시안적인 도시화 계획의 진전은 한국 농업의 미래를 어둡게 만들고 있다. 이에 더하여 시장중심체제로 단일화된 글로벌 사회의 시대적 환경을 반영하는 WTO 체제의 원칙에 입각하여 진행되는 각종 농업협상의 환경변화들, 한·미 FTA의 협상과정에서 논의되는 농업의 현안들 및 쌀 가격으로 대량으로 몰려오고 있는 주변국 농산품의 공세는 한국농산물의 입지를 파멸로 몰아가고 있다.
 과거 역사의 체험은 미래의 진로 결정에 유용한 벤치마킹이 될 수 있다. 오늘날 한국의 농업이 직면한 국내외적인 환경은 산업혁명 이후 경제의 도약단계에서 직면하고 고심했던 영국의 농업 체험과도 매우 흡사하다. 19세기 중엽 산업혁명을 세계 최초로 성공적으로 수행한 작은 섬나라 영국의 경제는 '세계의 공장', '세계의 은행'으로서 이들 경제력 모두를 해외로 수출하는 수출입국이 되면서 논란 끝에 농업을 개방하는 처지에 직면하였다. 이른바 1846년 '곡물법 철폐'라는 조치를 취하면서 영국 내의 농산물시장 여건은 세계 최대의 수입시장이 되어 세계 각처에서 유입되는 각종 농산물의 경쟁시장이 되고, 결과적으로 19세기 후반기 내내 장기적인 대불황 상태에 빠져들어 국내 생산비도 건지지 못하는 파멸상태에 직면하였지만 그렇다고 즉각적으로 농업정책기조를 변경할 수도 없는 상황이었다.
 이 시기 지대(地代) 없는 광대한 자유지에 계속 유입되는 이민과 기계화된 농업기술과 조화된 농업구조를 갖춘 미국의 농업은 영국의 시장을 지배해 가는 농업입국으로 변하여 영국농업을 공략하였다.

　위기에 처한 영국의 농산물 개방정책은 제1차 세계대전이 경과하고 1930년대의 세계적인 대공황기에 직면하면서 세계경제의 흐름에 따라 보호정책으로 전환하였다. 이 과정에서 미국의 농업은 제1차 세계대전으로 초토화된 유럽 농업의 파괴로 수반된 수출 수요증대와 국내적인 합리화 운동에 힘입어 기계화 영농이 일반화되면서 농산물 수출이 미국 경제성장의 견인차 역할을 하는 계기가 되었는데, 이러한 기조는 현재에도 진행중이다.

　한 국가의 경제가 성장하고 발전하는 이면에는 반드시 최선의 경제정책이 뒷받침하고 있음을 역사는 증명한다.

　이러한 의미에서 이 책은 국토나 인구의 규모, 지리적인 위치(위도상으로), 나아가 산업화 이후 국가의 경제가 처하게 된 환경이 한국과 유사한 영국이 산업화 이후 채택했던 농업정책과 그의 시행과정, 즉 개방화 과정에서 영향을 크게 미친 미국의 농업정책 내용을 비교하여 소개함으로써 산업화 이후 오늘날의 세계화 시대에 한국의 농업정책기조를 어디에 두어야 하는지 재고해 보는 계기를 제공하고자 하는 데 있다. 따라서 이에 대한 연구대상의 시기는 영국이 세계 최강대국가로서 입지가 굳혀져 농업개방을 실시한 이후 독점자본주의 형성기인 1870년대부터 유럽경제 흐름의 대세를 거스르지 못하고 유럽통합경제체제로 편입되어 독자적인 농업경제정책기조를 버리고 유럽경제공동체로의 공동농업정책(CAP)을 채택하게 되는 1970년대까지 1세기에 걸친 양국의 농업정책의 변화과정과 그의 논쟁점들을 고찰하였다. 이 책에서 언급한 내용들이 오늘날의 한국농업의 현상을 정확히 파악하고 건실한 미래의 정책수립에 참고가 되는 하나의 자료가 되기를 기대한다.

　이 책이 나오기까지 많은 도움을 준 한국방송통신대학교출판부 및 관계자 여러분께 깊은 감사의 마음을 표한다.

차례

제 I 부 영국의 농업편

제1장 19세기 후반기 영국의 농업 상황 / 3

1. 서 언 ·· 4
2. 19세기 후반기 영국 농업의 실태 ································· 6
3. 19세기 후반기 영국 농업공황의 원인 ······················· 15
   운송수단의 발달 / 미국 농업의 발전 / 자유무역과의 경쟁
4. 19세기 후반기 영국 농업 상황의 특징 ····················· 24
   토지소유의 위기 / 농업공황 전개의 불균등성
5. 결 언 ·· 31

제2장 현대 영국 농정기조의 성립 / 35

1. 서 언 ·· 36
2. 농업 대불황 이후 영국의 농업구조 ··························· 38
   노동력의 토지 유출 / 새로운 농업정책의 전개
3. 변혁 전후의 사회경제적 상황 ····································· 44
   전시농정의 출현 / 농업의 위기 / 대공황
4. 보호농정의 출현 ··· 55
   농산물 판매조직의 재편 / 농산물 수입통제 / 보조금 지급정책 /
   농산물가격보증제도 / 생산조건의 개선
5. 결 언 ·· 69

제3장 영국 현대 농정의 운영실태 / 75

1. 서 언 ·· 76

2. 현대 농정제도의 개선 및 운영 ·········· 77
   농업법 개정의 전제적 상황 / 장단기 농업정책의 내용과
   그 성과

3. 농산물유통조직과 농민협동의 실체 ·········· 109
   농산물유통조직의 실체 / 농민협동의 실체

4. 결 언 ·········· 126

제Ⅱ부 미국의 농업편

제1장 19세기 후반기 미국의 농업구조 / 137

1. 서 언 ·········· 138

2. 19세기 후반기 미국 농업의 기본구조 ·········· 139
   농업생산의 증대 / 세계의 농장 / 유럽의 농업공황 시대 /
   농민운동의 전개

3. 19세기 후반기 미국의 농업문제 ·········· 154
   철도자본의 독점적 수탈 / 금융·재정상의 부담 / 농산물
   가격의 하락 / 토지보유의 변질

4. 결 언 ·········· 166

제2장 대공황기 미국의 농업 / 171

1. 서 언 ·········· 172

2. 1920년대 미국의 농업구조 ·········· 174
   전시 붐과 그의 붕괴 / 전후 농업공황의 메커니즘 / 상대적
   안정과 농업의 기계화

3. 대공황기(1929~1933년)의 농업 ·················· 191
　　전반적 상황 / 주요 농산물의 지표 분석 / 농업 쇠퇴화의 구조

4. 결　언 ·· 204

제3장　뉴딜(New Deal)의 농정기조 / 207

1. 서　언 ·· 208

2. 뉴딜 농업정책 등장의 대전제 ······························ 209
　　토지소유제도와 농장구조의 정착 / 미국 농업의 위상 제고 /
　　농업기계화와 연구 시스템의 진보 / 농촌 신용대출의 확충 /
　　농업생산성의 향상 / 무역정책과 시장개입

3. 뉴딜 농업정책의 출범 ··· 227
　　농업의 구제와 균등화 / 농업가격 지지제도의 통합 /
　　농업기술 변화의 유도

4. 결　언 ·· 242

제4장　현대 미국의 농정기조 / 249

1. 서　언 ·· 250

2. 전후 미국의 농업 상황 ·· 252
　　제2차 세계대전 종전~1953년의 농업 상황
　　1954~1960년의 농업 상황
　　1960~1970년대의 농업 상황

3. 전후 미국의 농업정책 운영에 대한 논쟁 ············· 266
　　전후~1950년대의 농업정책 논쟁 / 1960년대의 농업정책 논쟁 /
　　1969~1970년대 초의 농업정책 논쟁

4. 결　언 ·· 275

제 I 부

영국의 농업편

제1장_ 19세기 후반기 영국의 농업 상황
제2장_ 현대 영국 농정기조의 성립
제3장_ 영국 현대 농정의 운영실태

제 1 장
19세기 후반기 영국의 농업 상황

1. 서 언   4
2. 19세기 후반기 영국 농업의 실태   6
3. 19세기 후반기 영국 농업공황의 원인   15
4. 19세기 후반기 영국 농업 상황의 특징   24
5. 결 언   31

제Ⅰ부 영국의 농업편

1. 서 언

　19세기 4/4반기는 영국 경제사에서 하나의 큰 전환기였다. 그것은 빅토리아 번영기라는 장기간에 걸친 고도 경제성장의 이면에 싹트고 있던 여러 가지 문제점과 모순이 한꺼번에 노출된 결과이기도 했다. 즉 신공업과 신지역들이 성장과 확장의 기치 아래 19세기 중반 이후 수십 년 동안에 걸친 공업 독점 주도자로서의 우월성에 맹렬히 도전해 옴으로써 영국의 산업사회는 경제적 · 사회적 긴장이 갑자기 고조되어 중대한 시련에 직면하게 되었다. 왜냐하면 이 시기에 즈음해서 자국이 주축이 되었던 세계경제체제가 종지부를 찍고, 미국 · 프랑스 · 독일 등과 경쟁을 벌이는 다축적 경제체제가 성립되어 산업자본주의는 단일적이고 통일된 세계적 규모로 만개된 동시에 산업자본주의 단계에서 독점자본주의 단계로 이행되던 독점자본의 형성기요, 자본주의 사상 최초로 나타난 장기적 대불황기였기 때문이다.

　이 대변혁기에 영국 산업혁명의 기축이 되어 산업 부문의 주요 부문을 담당하여 성장을 계속해 왔던 농업 부문도 산업혁명 이후 공업화의 심화가 가속화함에 따른 산업자본주의 자유무역정책 구현이라는 시대적 요청에 편승한 곡물법 폐지[1]와 함께 생산자의 이익 옹호를 지향했던 국가의 농업보호정책이 종식되고 전 산업 분야가 자유무역에 완전 노출된 상황에 대한 결과가 나타나기 시작하였다.

---

1) 영국의 곡물법은 원래 일정 수준의 국내 곡가를 유지하여 지주와 농업자의 이익을 보호한다는 목적을 가졌던 농업보호정책의 일환이었으나 1846년 이 법률이 폐지됨으로써 농업에 대한 국가의 보호정책은 종결되었다고 할 수 있다. 그러나 곡물법 철폐의 초기에는 농산물 수입자유화에 의한 값싼 외국 곡물의 대량 유입으로 영국 내의 농업은 커다란 타격을 받을 것으로 예측했었지만, 오히려 이 곡물법 폐지 이후 30여 년간은 농업의 황금시대를 누렸다. 이것은 내부적인 요인보다 1850년대의 크림전쟁으로 인한 러시아산 곡물의 수입이 용이하지 못했고, 1770년대 이전까지는 미국 곡물생산이 여의치 않는 등 외부적 요인이 성숙하지 못했기 때문이었다(필자 주).

원래 이 곡물법은 영국 내의 곡물가격을 일정한 수준으로 유지시킴으로써 농산물생산자의 이익을 옹호하는 방향으로 계속 시행되어 오던 국가의 농업보호정책이었다. 그러나 공업화의 심화와 도시화의 진전이 무르익어 가던 1830년대로 접어들자 산업자본가들은 종래의 지주 본위였던 보호정책에 반격을 가하면서 노임 인상으로 야기되는 문제를 해결하기 위해 곡물가격 인하와 농산물 수입자유화를 주장하였다. 그 결과 곡물법은 1846년 폐지되고, 영국의 농업은 값싸고 풍부한 외국 곡물과 경쟁하지 않으면 안 되는 입장에 놓이게 되었다. 그러나 정치적인 모든 요인을 포함하고 있던 곡물법 폐지 이후에도 영국의 농업은 예상과 달리 번영의 황금시대[2]를 구축하는 데 성공하였다.

외국산 곡물 수입이 자유화되었다고 해도 외부적인 경쟁조건의 미성숙과, 국내적으로는 산업혁명의 영향으로 인한 기계화 및 품종개량 등 집약농업을 적극적으로 추진하여 단위면적당 생산성을 높임으로써 외국과의 경쟁을 극복하면서 발전하였기 때문이다. 특히 도시화의 진전과 공업화를 수반한 실질소득의 상승은 식생활 패턴에도 변모를 초래하여 낙농제품과 육류제품에 대한 수요가 증대하기 시작함으로써 경작농업에서 양축산업으로 전환되는 양상을 보였다.

따라서 황금기의 영국 농업은 서부와 북부의 목초 지역에는 저장을 위한 동물사육을 장려하고, 전통적인 곡물재배 지역이던 남부 및 동부 지역에서는 곡물재배와 목축을 병행하는 혼합영농방식으로의 전환이 급증하게[3] 되었다. 이와 같은 집약적인 혼합영농방식의 추세는 인공비료와 사료 수입에 의해 더욱 촉진되었고, 배수기술면에서도 큰 발전을 가져와 새로운 농업생산의 가격구조를 채택하려던 농부들은 번영을 누렸다. 이것은 농업의 상대적인 중요성이 감소되어 가던 시기에 실질생산과 번영면에서 괄목할 만한 상승을 초래하였다.

그러나 결국 공업화의 심화에 반비례하여 영국의 농업은 국제경쟁에 견딜 수

---

2) 1846년 지주 및 농업생산자의 이익을 옹호한다는 입장에서 지켜졌던 곡물법이 폐지되고 자유무역주의에 입각한 경제정책 실시 이후 1873년 대불황까지의 기간을 흔히 황금시대(the golden age)라고 명명하는데, 이에 대해서는 학자들 간의 견해가 다양하다. 이를테면 존스(E. L. Jones) 같은 학자는 이 명명이 19세기 후반 고난의 25년간의 입장에서 상대적으로 붙여진 것이기 때문에 황금기라고 부르는 것은 의문스럽다고 주장한다(E. L. Jones, *The Development of English Agriculture 1815~1873*, Macmillan Press Ltd., 1976, p. 18).

3) R. A. Church, *The Great Victorian Boom 1850~1873*, Macmillan Press, Ltd., 1975, p. 28.

있는 힘을 상실해 갔다. 따라서 1850~1873년 사이의 황금기에 누렸던 번영의 물결은 사라지고 1870년대 중반부터는 공황국면에 접어들어 그 상황은 20년 이상이나 지속되는 장기화로 이어졌으며, 이 시기에 선진 각국의 공업화로 수반된 전반적인 과잉생산적 공업공황과 함께 경제순환 과정에 지대한 영향을 끼쳤다. 물론 이와 같은 농업공황이 세계적인 대산업공황과 시기적으로 동일하게 발현되었다고 하는 우연성은 농업 부문도 국민경제의 한 산업 부문일진대 전반적인 산업공황에 포함시켜 논급해야 타당하지 않느냐는 반론도 제기될 수 있을 것이다. 그러나 일반적으로 농업공황의 규정요인을 일반적인 공황과는 달리 만성적, 주기성의 결여, 장기성에서 찾는다고 하는 전통적인 농업공황론[4]에 귀결 짓는다면 19세기 4/4반기의 주기적인 순환성 공황과 독립·분리하여 자본주의 사상 최초로 엄습하게 된 장기적인 세계적 규모의 농업불황을 분석·규명하는 것은 당연한 일이다.

2. 19세기 후반기 영국 농업의 실태

19세기 후반 독점자본의 이행기에 발생한 영국의 농업공황은 어떠한 형태로 발전하였는가? 농업공황의 발발과 성숙은 공업에서의 공황과는 달리 공황 이전 수년간에 걸쳤던 순환성 호황의 재생산법칙의 모순들이 격화됨으로써 나타난 결과만은 아니었다. 그것은 전체적으로 보면 자본주의 세계의 경제면에서, 또한 세계농업에서 심각하고 장기간에 걸친 여러 과정의 결과였다. 말하자면 이 농업공황은 현대적인 재정위기 형태가 가질 수 있는 모든 특징을 다 갖추고

---

4) 자본주의적 과잉생산공황으로서의 세계경제공황은 역사상 1825년의 공황을 효시로 1837, 1847, 1857, 1866, 1873, 1882, 1890, 1900, 1907, 1920, 1929, 1937년 등 거의 주기적·규칙적으로 일어났다고 할 수 있다. 이에 반해서 농업공황은 종래 1873년에 시작하여 1890년대 중반까지 계속된 19세기 말의 농업공황과, 양차 세계대전 기간의 농업공황 등 역사상 두 번 일어났을 뿐이며, 게다가 그것은 주기성이 없어 일반 경제공황과는 달리 독립된 것으로 생각하는 것이 보통이다. 따라서 농업공황에 대한 이와 같은 견해를 장기 농업공황 또는 고전적 농업공황론이라고 부른다.

있었다.

　1870년 보불전쟁의 발발은 가격 인플레이션을 야기시켰을 뿐만 아니라, 독일과 프랑스 간의 가격경쟁의 철수현상을 수반함으로써 영국으로 하여금 수출품을 증가시킬 수 있는 호기를 마련해 주었다. 즉 1869년 수에즈 운하의 개방은 조선업을 증가시켰고, 독일과 미국의 철도산업의 발달은 석탄과 철광에 대한 예외적인 수요를 창출하였다. 또한 무역의 확대는 소비력을 증가시켰을 뿐만 아니라 농업생산가격을 유지시키는 역할을 하였다. 동시에 대부분의 지대(地代)가 상승하였고, 농장은 토지에 대한 정열 때문에 무분별하게 경쟁입찰을 하게 되었으며, 이 같은 무분별한 경쟁입찰은 지대 및 지가 상승을 부채질하였다.

　1874년 이와 같은 현상에 대한 반발이 시작되어 수요는 다시 정상상태로 되돌아왔으나 과잉생산의 결과 비정상적인 공급이 계속되었다. 석탄과 철광무역이 쇠퇴하고, 휴업하는 목면공장의 수가 늘어났으며, 노사 간의 대립, 터키의 채무 불이행 및 금·은 구매력 파동 등으로 인한 가격하락이 전 산업을 침체시키는 데 합세하였다. 이러한 공황의 뚜렷한 특징은 그것이 일부 지역이 아니라 전 세계적이라는 데 있었다. 새로운 교통·통신 수단이 국민경제의 장벽을 제거했기 때문에 선진세계는 다같이 고통을 겪게 되었다. 그리고 세계 전 지역의 상품가격은 하락하였고, 무역이 정체되었으며, 채무 불이행이 곳곳에서 증대하였다. 1873~1874년 미국의 산업이 붕괴한 간접적인 결과로 인해 영국 농업의 참상은 더욱 배가되었다. 당시 영국의 농업은 기타 모든 국내 산업에서와 같은 요인 때문에 고통을 겪고 있는 데다가 농장도 그 나름대로의 어려움을 안고 있었다.[5]

　이 시기의 영국 무역의 붕괴는 국내소비력의 격감현상과 압도적으로 치열해진 외국산품과의 경쟁, 나아가 장기적으로 지속된 한랭한 기후의 영향으로 인한 농업의 참상에서 비롯된 것이었다. 영국의 농업은 1873, 1875, 1877, 1878년 및 1871년의 파종기에 나타났던 지속적인 한랭한 기후조건과 하절기의 과도한 강우량으로 인해 저질의 농작물과 곰팡이가 슨 밀을 거두어들였을 뿐 아니라, 가축에는 질병이 만연하였고, 초지의 풀들을 악조건으로 몰아넣어 경작자

---

5) Lord Ernle, *English Farming Past and Present*, in P. J. Perry(ed.), British Agriculture 1875~1914, Methuen & Co. Ltd., 1973, p.3.

나 초지업자에게 막대한 손실을 안겨 주었다.[6] 그러나 이와 같은 상황에 대처하기 위한 대규모의 농산물 수입증가는 과거 상기한 바와 같은 상황에서 농부들에게 보상해 주었던 농산물가격의 상승을 억제시키는 역할[7]을 하였다. 이는 전기통신 및 해상과 육상에서의 증기수송 수단의 발달과 운임 인하가 시간과 거리를 초월하여 자연적 기후조건 때문에 발생하게 된 자연적 독점현상을 붕괴시켰을 뿐만 아니라, 1846년 곡물법 폐지 이후 개막된 자유무역의 물결로 인해 영국의 생산업자들은 전 세계가 동등한 조건으로 국내시장에서 경쟁하는 상황에 처했기 때문이었다.

1877년 러시아와 터키 간의 전쟁 발발은 농산물가격을 상승시키는 작용을 하였지만, 감자 수확의 실패와 가축 전염병의 재발 때문에 목축업자들은 궁지에 빠졌다. 10분의 1 지대[8]는 책정가격보다 12파운드 이상 상승하였다. 지대율의 급상승으로 이농하는 차지농이 증가했고, 토지관리인들은 경작하지 않은 채 방치된 옥수수 경작지가 증가하여 적절한 경작자가 없는 것을 불평하기 시작하였

---

6) William Ashworth, *An Economic History of England 1870~1939*, Cambridge, 1960, p.58.
7) 체임버스와 밍게이(J. D. Chambers & G. E. Mingay)는 "1930년대 이전까지의 농산물가격은 해외 농업자를 포함하여 농부들로부터 시장에 나오는 총공급과 식량 및 원자재에 대한 인구 수요와의 관계에 의존하였고, 가장 중요한 생산물 수요의 비탄력성과 작황에 미치는 기후의 효과와 동식물의 질병, 가뭄이나 홍수 같은 천연적 기후 및 농부들 자신들에 의한 농산물재배 결정 변화에 영향을 받는 농부들의 산출에서의 변인은 농산물가격 변동에 현저한 역할을 한다고 하였다(J. D. Chambers & G. E. Mingay, *The Agriculture Revolution 1750~1880*, B. T. Batsford Ltd., London, 1966, p.106). 그러나 그들의 주장은 19세기 후반 농업공황기, 특히 기후조건으로 인한 흉년에는 설득력을 잃었다.
8) 이것은 곡물법 폐지 이전 농업의 진보를 위해 크게 공헌했던 조치였다. 즉 1836년 10분의 1세 대금납법(Tithe Commutation Act)이 성립되었는데, 동 법은 물납의 10분의 1세를 금납의 지대지불로 전환한 것이었다. 원래 토지생산물 중 10분의 1을 교회에 지불하는 관행은 기독교 교도에게 과해졌던 도덕적 의무에서 시작된 것으로, 970년 에드거 국왕(King Edgar)에 의해 합법적으로 부과되었다. 그러나 19세기까지 계속되던 성직자들에 의한 현물 징수는 시대착오라고 하여 1836년 동법이 개정된 것이다. 즉 밀·보리 및 귀리의 과거 7년간의 평균 가격을 기초로 매년 화폐로 지불하는 지대지불로 바뀌었다. 이같이 복잡한 관행의 금납화는 물가 하락기에는 7년간의 평균 가격에 의해 가격 하락이 조정되는 시간간격이 지대지불을 현 곡물가격보다 훨씬 더 높은 수준으로 책정하는 사례가 늘게 되었다. 이와 같은 10분의 1세와 그에 대신한 10분의 1 지대지불이란 분명히 농업자의 의무였다. 그러나 농업공황기였던 1891년 이 지불의 법적 의무는 차지농에서 지주에게로 이전되었다.

다. 1879년 여름에는 한랭한 비가 계속 내렸다. 이같이 이상기후로 인해 최저의 곡물수확고를 기록함으로써 19세기 최악의 흉년을 맞이하게 되었고, 가축들은 폐렴과 간디스토마가 만연하여 목축업자도 막대한 손실을 입은 액운의 해였다. 그해 영국의 밀은 에이커당 15.5부셸을 가까스로 생산하였다. 이와 같은 환경에서 농부들은 농산물가격의 등귀로 부족한 수확량에 대한 보상을 받으리라고 기대하였으나, 이러한 농부들의 기대는 또다시 좌절되지 않을 수 없었다. 그 원인은 미국이었다. 미국은 대풍작을 거두어 막대한 양의 밀을 생산함으로써 밀가격이 전년도의 유리했던 가격 이하로 하락하였고, 치즈 생산도 바겐세일의 선전이 계속될 정도로 지나친 공급과잉 사태가 발생하였다. 이와 같은 미국산 밀과 낙농제품이 유럽 대륙에 염가로 대량 유입되었기 때문에 영국 내의 밀가격은 작황 상태와 아무런 관계 없이 터무니없을 정도로 하락하였다.

따라서 영국 농민들은 자본의 손실 때문에 무기력해 있을 때 범람해 오는 염가의 미국산 농작물과의 경쟁으로 엄청난 이중의 타격에 직면하였다. 다시 말해 영국 농민들은 악조건의 기후와 함께 홍수처럼 밀려오는 저렴한 외국산 농산물가격과도 경쟁해야 하는 이중부담을 안게 되었다. 그러므로 당시 영국의 농민들에게 당면한 문제는, 시비가 필요없고 더구나 값싸게 임차한 광대한 처녀지(virgin soil)와 온대의 유리한 기후조건에서 경작하는 신대륙의 농업조건과는 대조적으로, 농지 증대의 노력이 계속 요구되고 동시에 고가로 임차한 토지와 믿을 수 없이 변덕스러운 기후조건에 어떻게 대처해야 할 것인지 하는 문제였다.[9] 외국 농산물의 경쟁출현이라는 새로운 변화는 토지에서 모든 것을 획득할 수 있었던 황금시대라는 장기간의 번영에 익숙해 있던 영국의 구세대 농부들에게는 이해하기 어려운 일이었다. 그들은 이 새로운 변화를 초기에는 이해 부족으로 감지하지 못하였다.

따라서 영국의 농촌은 이 같은 농업공황의 원인을 기후의 악조건과 완전히 조성하지 못한 목초지 조건 때문이라는 자연조건의 우연성에 돌렸다. 지대를 지불하지 못한 차지농들은 부유한 지주들이 지대를 경감해 주어 파산은 면하였지만 그것이 전체적인 현상은 될 수 없었다. 경우에 따라서는 관대하거나 부적절한 과거의 지대에 대한 경감이 성립되고 새로이 수정되기도 했으나, 대부분의 경우 지

---

9) Lord Ernle, *op. cit.*, p.4.

대의 경감은 쉽사리 이루어질 수 없는 부분이어서 지주와 차지농 간에는 지대경감 문제를 놓고 끊임없는 분쟁이 계속되었다. 이리하여 필요한 계약이 이루어진 것은 수많은 차지농들이 파산하고 새로운 차지농들과의 새로운 차지계약이 이루어질 때에 성립되는 경우가 많았다.[10]

그 결과 1879~1882년 사이에 농업공황의 발생원인을 조사하려는 리치먼드 공작위원회(the Duke of Richmond's Commission)가 설립되었다. 동 위원회는 농촌의 빈곤이 심각하다고 인정하면서 불황의 요인을 한랭했던 기상조건과 외국과의 경쟁 때문이라고 분석하고, 이를 타개하기 위해서는 주요 농산물에서 이윤감소가 만성화되었기 때문에 지대 하락이 수반되어야 한다고 결론을 내렸다.[11] 이에 따라 1880~1884년 사이에 대규모적으로 지대가 하락하여 잉글랜드와 웨일스 지역에만도 농지에 대한 연간 임대가격이 575만 파운드나 감소되었다. 그러나 대부분의 경우 지대는 명목상 과거의 가격을 유지한 채 감면만이 승인되고 있어서 이러한 형태의 지대 감면은 유명무실한 결과를 안겨 주었을 뿐이다. 1886년 왕립위원회에 제출된 제임스 케어드 경(Sir James Caird)의 무역불황에 관한 보고서에는 지대와 차지농 및 농업소득자들의 연간 소득은 1876년 이후 4,280만 파운드(1파운드=0.45킬로그램)가 감소되었다고 하였다.[12]

그러나 경작농업 부문에서의 공황국면은 그것으로 끝나지 않았으며, 외국 경쟁의 압력은 타 분야의 농업 부문까지 확대되었다. 그동안 밀과 보리 및 귀리 등 곡작물의 가격이 계속 하락하여 19세기 중 최저를 기록하자 농업의 목표와 농경방법은 점차 변화되는 조건에 적응하여 경지를 변경하여 영구목장으로 교체하는 경우가 현저하게 증가되는 동시에 채원작물과 과일 및 가금과 같은 소규모 생산물에 관심이 집중되는 양상을 보였다. 이와 같은 곡물재배에서 축산업으로의 전환은 경작지역의 감소를 초래하여 잉글랜드와 웨일스 지역의 옥수수 경작면적은 1871년 824만 4,392에이커(1에이커=4,046.8제곱미터)에서 1901년 588만 6,052에이커로 감소하였다. 그러나 이와 같은 축산과 낙농업으로의 대체현상이 완전히 뿌리를 내

---

10) エリ・ア・メンデリソン 著, 飯田貫一外 3人 譯, 『恐慌の理論と歷史 Ⅲ』, 靑木書店, 1970, p. 234.

11) T. W. Fletcher, op. cit., pp. 425~427.

12) Lord Ernle, op. cit., pp. 5~6.

리기도 전에 이 부문의 농부들도 좌절을 맛보게 되었다.

이제까지의 경험으로 보면 육류가격이 하락하면 곡물가격이 상승한다는 것이 일반적인 경험이었다. 그러나 대불황기를 맞이하여 이 부문의 가격도 하락하였다. 1885년까지 비육우의 가격은 그런대로 잘 유지되어 왔고 양의 경우에도 1890년대까지는 적정 가격을 유지하였으나 외국의 경쟁력 앞에서 가격이 계속 하락하였다. 또 수입대상 국가도 1877년까지 소와 양은 주로 유럽 대륙에서 산 채로 수입하였으나 이제 미국과 캐나다가 이 부문의 무역에 개입함으로써 도살된 육류의 수입도 생활향상과 비례하여 급속하게 증가하였다. 이어 뉴질랜드와 아르헨티나까지 여기에 개입하여 더욱 치열한 외국과의 경쟁에 직면하게 됨으로써 가격은 더욱 하락하였다. 수입품목도 다양해져 쇠고기와 돼지고기만으로 제한할 수 없었다. 더욱이 1880년대에는 냉동법의 발달로 새로운 식품저장법에 의하여 통조림으로 가공된 양고기가 1882년에는 18만 1,000cwt(uk1 cwt=50.8킬로그램), 1899년에는 냉동 처리된 채 350만cwt가 수입되었다. 치즈의 수입량도 3분의 1 이상이 증가하였고, 버터와 양모의 수입 역시 2배 이상 증가세를 나타냈다. 반면 영국 국민들의 지출은 계속 향상 추세에 있어 생산비는 이윤의 감소분만큼 증가하였다.

이와 동시에 의회에서는 농업을 구하려는 일련의 시도가 이루어져 리치먼드 공작위원회가 작성했던 건의사항들이 점차 실행에 옮겨졌다.[13] 그러나 어떠한 물질적 도움도 주지 못한 채 지주나 차지농 모두 수입 감소를 수반하는 일에만 종사하게 되는 결과를 초래하였다. 가장 고통을 겪었던 지역은 남동부의 경작재배 지역, 특히 옥수수재배 지역으로서, 이 지역은 1850년대와 1860년대 농업의 황금시대에 양질의 농장들이 최고의 호황을 누렸던 곳이다. 예를 들어 에식스(Essex) 지방의 수천 에이커에 달하는 중토양(heavy clays) 지역은 황금기에 대량의 농산물을 생산하여 고가의 지대를 지불하던 농경지역이었으나, 당시 가축이나 양의 임시이동 코스인 목초지로 바뀌어 갔고, 투자된 기술과 자본으로 악조건의 자연에서 거대한 이익을 획득하던 노퍽(Norfolk)의 경토양(light soil)

---

13) 당시 농업을 구해 보려는 정책적 차원에서 입법부가 제시했던 구체적 방안으로는 ①가축질병의 근절과 불량사료 판매로부터 농부를 보호하는 보조금제도, ②고정토지조례, ③철도 및 해상운송조례, ④농업소작지조례, ⑤농업원(Board of Agriculture)개설 등을 들 수 있다.

지역은 파산과 파멸만이 광범위하게 펼쳐져 갈 뿐이었다. 따라서 영국의 곡물지대였던 동부와 중부 및 남부 지역은 동일한 조건하에서 자본가나 농업경영자가 모두 극심한 고통을 받았으나 전통적으로 축산 지역인 서북 지역에서는 그런대로 고통의 정도가 곡물 지역보다는 적었다.[14] 그 이유는 공황기에 동일한 가격하락을 경험하면서도 축산 지역인 서북부 지역에서는 목장의 농부들이 동남부 지역의 옥수수재배자들을 파멸에 빠뜨리게 했던 곡물가격(사료가격) 하락을 통해 값싼 옥수수를 구입하여 염가의 사료비로 이익을 올릴 수 있었기 때문이다.

이 같은 지형적 특성 때문에 형성되었던 농업경영상의 전문화는 양 지역에 상반되는 목표를 가진 농업경영이 이루어져 국내에서도 농업경영상의 보이지 않는 경쟁이 있었음을 쉽게 판단할 수 있다. 경작농부들은 건초나 밀짚 및 곡물산출량에 대해서는 비싼 가격이 형성되기를 원할 것이고, 축산업자들은 옥수수나 밀짚 및 건초 등은 산출량이 아닌 생산 투입요소가 되기 때문에 곡물이나 사료비의 하락을 원하였을 것이다. 이러한 이유 때문에 동남부 지역에서는 계속적인 곡물가격 하락에 직면하여 생산된 곡물을 시장에 판매하지 않고 가축을 사육함으로써 생산되는 사료를 직접 축산에 이용하는 혼합농법으로 대체하는 경향[15]이 강하였고, 아예 경작지의 윤작을 포기한 채 목초지로의 전환이 증대하여 경작지역의 감소현상이 수반되기도 하였다.

1883~1890년 동안은 비교적 양호했던 기후조건과 지대 경감, 지대에서의 10분의 1 조세 세율의 하락 및 제반 세율 경감 등으로 공황국면은 다소 억제되는 듯했으나, 지주들과 차지농들은 아직도 파산의 늪에서 헤어나오지 못하였다. 1891~1895년 사이의 가뭄에도 불구하고 경작 부문과 축산 부문에서의 가격 하락은 1879년과 거의 같아 농업은 또다시 제2의 공황국면[16]에 접어들었다. 이와

---

14) 영국의 농업은 19세기 중반 황금시대에 이미 지형에 따른 농업의 전문화가 발생하였다. 대체로 영국의 남동부 지역은 옥수수·밀 등을 주로 경작하는 경지 재배지역으로 곡물생산이 그 주종을 이루어 영국 내의 농작물 및 목초지의 4분의 1과 밀 재배지의 2분의 1을 차지하였으며, 서북부 지역은 가축이나 낙농을 주로 생산하는 축산물 생산지역으로 영국 내 젖소 총수의 절반 이상을 사육하였다(T. W. Fletcher, *op. cit.*, p. 423).

15) *Ibid.*, p. 422.

16) 제2의 공황국면이 존재했다는 것을 제시한 학자로는 앞서 언급했듯이 영국의 어늘 경(Lord Ernle)과 러시아의 조토브(A. Zotob)였다. 러시아의 조토브는 "1883~1891년 사이

같이 만성적인 후기 농업공황에서 지속적인 불합리한 기상조건은 불황을 자극하는 데 과거와 같이 중요한 역할을 하지 못했으나 농업 부문 전반을 종합해 보면 농업종사자들의 경제적 지위는 초기 불황 때보다 더 불리해졌고, 해마다 수입되는 농산물의 양은 증가되었다. 따라서 1875~1879년 사이의 밀 수입량은 5,831만 4,000cwt, 1893~1895년에는 9,925만 7,000cwt로 증가했고, 보리의 수입량은 1,126만 1,000cwt에서 2,590만 2,000cwt로 증가세를 나타냈다. 이리하여 1875~1877년 50%이던 밀의 해외 의존도가 1893~1895년에는 77%로 증가하였다.[17] 또한 축산물 수입도 1876, 1878~1893, 1895년 사이에 두 배로 증가하였다. 즉 1895년에는 쇠고기와 송아지고기의 28%, 양고기의 31%, 돼지고기의 소비량 중 49%가 수입되었다. 그것은 가중되는 외국 농산물의 수입경쟁이 그 범위와 강도에서 더욱 확대·심화되었기 때문이다. 이에 따라 이 시기에 야기된 농업공황에서의 영국 농업은 경작 부문에서나 그 어느 부문에서도 외국의 영향을 벗어날 수 없었다.

1893년 9월 농업공황 상태를 조사하기 위하여 왕립위원회(the Royal Commission on Agricultural Depression)가 설치되었다. 동 위원회는 2차에 걸친 보고서를 통하여 다음과 같이 밝혔다. 즉 ① 차지농 및 토지 자체는 1879~1882년의 리치먼드 공작위원회(the Duce of Richmond's Commission)의 보고 이래 생산치가 반감한 반면, 생산가격은 증가하여 농경지의 규모에 변화를 가져왔고, 농경지의 용도변경은 지주가 감당할 수 없는 거액의 비용이 들었다. ② 외국과

는 계절이 순조로웠던 점과 풍작으로 인해 불황의 정도는 약간 완화되었지만, 이어 1892~1895년 사이에는 농산물가격이 하락하고 새로운 흉작이 계속 겹쳤기 때문에 제2의 격심한 공황이 일어났다"고 주장하고 있다(A. Zotob, *op. cit*., pp.176~178). 이에 반해서 멘데리존은 "평정의 해에도 농산물가격의 하락은 멈추지 않고 점점 더 분명히 나타났던 시기였다. 그것은 영국의 밀가격이 1쿼터당 1882년 45실링 1펜스에서 1883년 41실링 7펜스로, 1884년 35실링 8펜스, 1885년 32실링 10펜스, 1886년 31실링, 1889년 29실링 9펜스로 하락하였는데, 1883년부터 농업공황이 약화되었다고 어떻게 말할 수 있겠는가? 따라서 농업공황은 결국 1883~1891년에 중단되었던 것이 아니고, 또 1892년 제2의 공황이 도래했다고 주장하는 근거는 어디에도 없다"(メンデリソン, *op. cit*., p.229)고 반박함으로써 역사적인 사건에서 시기 설정과 사건을 보는 학자들의 시각과 관점의 다양성을 알 수 있다. 따라서 필자는 편의상 1890년대 이후의 농업공황을 후기 농업공황이라고 부르겠다.

17) *Final Report of the Royal Commission on Agricultural Depression*, London, 1897, XV, pp.55, 64 ; W. Ashworth, *op. cit*., p.54.

의 경쟁은 전 농업 부문에 걸쳐 모든 전망을 흐려 놓아 시간이나 운임과 같이 천연적인 보호를 제공하는 거리조차 아무런 도움이 되지 못했다. ③그 결과 농업공황기를 겪는 동안 지주나 차지농의 생활이 계속 악화되었고, 토지는 농산물가격 하락→차지농의 수익 감소→지대 체납→차지 반환현상이 증대하여 감에 따라 방치된 채 황폐해졌다. ④대규모적인 자본과 에너지, 그리고 최신식 농기구가 있는 농장을 소유하고 농작물 파종에 대한 자유를 가졌던 고도 농업자들은 척박한 토지에서도 활로를 찾았다. ⑤적절한 토양에 도시시장을 상대로 하는 야채나 과일 재배 등과 채원업이 바람직했고, 버려진 땅에서도 낙농업자들은 생계를 유지할 수 있었다.

　이 보고를 계기로 농업에서의 손실과 고통의 정도가 건의되어 입법부에서는 그 치유책[18]을 채택하였으나 근본적인 영향력을 발휘하지는 못하였다. 결국 농업종사자들은 의회의 구조를 받지 못한 채 스스로 자구책을 강구해야 하였다. 그것은 지주와 차지농 사이에 저곡가라는 경제적 압력을 공정하게 조정한 지대의 실질적 경감에 의해서 이루어질 수밖에 없었다.

　1894~1895년의 농업공황은 최악의 상태에 이르렀던 시기로서 밀가격은 임페리얼 쿼터당 22실링 10펜스와 23실링 1펜스로서 150년 이래 최저가격을 기록하였다. 그 후부터 1914년 제1차 세계대전 발발시까지 점진적으로 이루어진 꾸준한 가격 상승과 1895년부터 19세기 말까지 명백하게 나타난 임금 상승은 20여 년 이상 지속되었던 자본주의 사상 최초로 세계적 농업공황의 한국면으로, 영국 농업이 겪어야 했던 고통을 일단 회복국면으로 접어들게 하는 계기를 마련하였다. 이러한 농업공황기를 벗어나면서 밀은 일반적으로 농부들에게 덜 중요한 생활용품이 되었고, 계속적인 인구 증가와 산업혁명으로 낙농제품의 수요가 증가하여 그 이상 더 소득을 올릴 만한 농업 부문이 없게 되었다. 지대는 1895년 시세로 적절하게 조정되고, 토지는 자신의 노동을 직접 제공하는 자작농에게 임대하는 대신 지주의 토지 점유면적은 증가하기 시작하였다.

---

18) 이 시기에 규정되었던 농업보호규정들로는 ①비료 및 사료에 관한 법, ②식품 및 의약품 판매법, ③시장판매를 위한 채원업자보상법, ④토지개량법, ⑤가축질병에 대한 법, ⑥농업비용법 등을 들 수 있다.

3. 19세기 후반기 영국 농업공황의 원인

19세기 후반의 영국 농업은 1873년 세계적인 과잉생산공황과 기후 같은 자연조건의 악화로 인한 흉년에도 불구하고 농산물가격 상승이라는 보상을 받지 못하고, 공업화의 열성과 심화에 따른 공업우선주의라는 국제분업적 지상목표에 희생된 채 무역자유화라는 거센 파도에 휘말리게 되었다. 이리하여 〈표 1-1〉에서 보는 바와 같이 영국에서는 농산물가격이 지속적으로 하락하는 현상이 20여 년간이나 지속되었다. 그 결과 영국의 농업경영자는 경영자대로 가격 하락→이윤 감소→지대 체납→파산이라는 비극적인 악순환을, 지주는 지주대로 가격 하락→지대의 미수→지대의 감면→수입(소득) 감소→농업투자 중지→경지의 방치→경작지 감소라는 악순환을 거듭하게 되었다.

이와 같은 장기적인 농산물가격 하락현상은 세계 농산물시장이 재편성된 결과였다. 따라서 다음에서는 이 같은 장기 가격 하락현상으로 농업공황이 도래하게 된 요인들이 무엇이었는지를 규명해 보고자 한다.

〈표 1-1〉 영국의 농산물가격 지수(1870~1913년)

(1867~1877=100)

연도	밀	보리	귀리	감자	1등품 쇠고기	1등품 양고기	영국산 양모	일반가격
1870~1874	101	99	97	98	102	102	110	104
1875~1879	88	96	98	112	103	109	82	91
1880~1884	78	82	83	84	99	109	60	83
1885~1889	58	69	70	69	81	92	53	70
1890~1894	54	68	73	63	80	87	50	69
1895~1899	51	62	63	61	79	87	51	63
1900~1904	50	62	69	68	85	91	39	71
1905~1909	58	65	70	63	84	92	56	75
1910~1913	59	69	74	69	91	93	54	82

출처 : A. Sauerbeck, "Prices of Commodities and the Precious Metals" in *Fourn of the Stat. Socy.*, XLIX(1886), pp. 642~646 ; W. Ashworth, *op. cit.*, p.57

1. 운송수단의 발달

19세기 후반 세계 자본주의의 발전은 운송수단의 급속한 발달에 의해 특징지어진다. 당시 전반적인 철도망의 발전 상태는 〈표 1-2〉에 나타나 있는 바와 같이 1870년 이후부터 아메리카 대륙 철도망의 현저한 발전이 주목된다. 〈표 1-2〉에 나타난 것을 보면 1880년에는 1870년의 거의 2배에 달하고 절대수에서도 유럽을 능가하며, 1890년에는 세계 철도망의 54%를 점하였다. 아메리카 대륙의 이러한 철도 발전은 주로 북미주 철도망의 발전 때문이었다. 그중 미합중국의 철도망은 1860년 3만 626마일에서 1880년에는 16만 3,597마일로 5배 이상 증가하였다. 한편 캐나다에서는 1871년에는 695마일이었던 철도가 1891년에는 1만 3,838마일로 증가하였다. 그 밖에 1860년 이후 세계 철도망의 발전은 〈표 1-2〉

〈표 1-2〉 세계 철도 연장 상황

(단위 : 마일)

연도 대륙명	1850	1860	1870	1880	1890	1895
유 럽	14,551	33,354	64,667	105,429	141,552	155,284
아 메 리 카	9,604	33,547	58,848	109,521	212,724	229,722
아 시 아	-	844	5,118	9,948	22,023	26,890
오스트레일리아	-	350	1,042	4,889	13,332	13,888
아 프 리 카	-	278	956	2,904	6,522	8,169
총 계	24,155	68,373	130,631	232,691	396,153	433,953

출처 : K. Kausky, *Die Agrafrage*, Stuttgart, 1899, p.237.

〈표 1-3〉 해상 운송수단의 발전 상황

연도 및 집계국가 수	선박 총톤수	증기선 톤수	비율(%)
1872(38개국)	137,226,600	52,908,900	39
1876(45개국)	189,785,300	100,754,700	53
1880(41개국)	360,970,800	287,965,100	80
1892(41개국)	382,480,600	313,393,100	82

출처 : *Ibid.*, p.237.

에 수록되어 있는 바와 같이 1860~1895년에 유럽은 약 5배, 아메리카는 7배, 기타 3대륙에서는 30배 이상으로 발전하였다.

이와 동시에 해상 운송수단도 상당히 발전하여 1870년대에 접어들면서 증기선이 점하는 비율이 압도적으로 많았다. 카우츠키(K. Kautsky)가 작성한 〈표 1-3〉에서 보는 바와 같이 1872년 38개국의 선박 총톤수 중 증기선 톤수가 차지하는 비율이 39%였다. 1876년에는 53%를 차지하고 있어 4년 사이에 2배 가까이 증가하였다. 또 그다음의 4년 사이에는 그전보다 3배가량이 증가하여 1872년에 비해 1880년에는 5배 이상 증가하였다. 따라서 선박 총톤수 중 증기선 톤수가 차지하는 비율은 80%에 달하였고, 1892년에는 82%를 차지했음을 알 수 있다.

이 같은 육상 및 해상 운송 교통수단의 비약적인 발전은 철도운임과 병행하여 화물운임의 인하 및 저렴화를 가져왔다. 예를 들면 시카고에서 뉴욕까지의 1부셸(1부셸=27.2킬로그램)당 밀 운임이 1868년에는 42.6센트, 1880년에는 19.9센트, 1890년에는 14.3센트, 1900년에는 9.9센트로 계속 인하되었다. 동시에 이러한 운수 교통수단의 발전과 운임의 저하는 세계시장의 범위를 하나로 확대시켜 수많은 국가들을 세계적 상품교환망에 흡수하고, 농업을 비롯한 전 세계경제의 통일적 시장을 완성시켜 농업공황기 농산물가격 하락에 주요한 일익을 담당하였다.

이리하여 먼 지역에 있는 곡물도 세계시장에 등장하는 결과를 초래하였고, 미국과 캐나다·오스트레일리아 및 그 밖의 신개척지에 대한 식민을 수월하게 하였다. 또한 새로운 운송수단은 농노제라는 구제도의 짐을 지고 있던 러시아나 아르헨티나 및 인도 등과 같은 후진국들의 상품과 화폐 관계 및 자본주의 이전적인 생산형태 등을 해체시킴으로써 자본주의적 발전을 촉진하였다.[19]

이와 같이 농산물의 세계시장은 19세기 중반경부터 형성되기 시작하여 4/4반기에는 이상에서 언급한 바와 같은 운송 교통수단의 비약적 발전을 매개로, 식민지 영역을 포함한 통일적인 세계 곡물시장을 형성하는 계기를 만들었다. 19세기 후반의 농업공황은 이와 같이 세계 곡물시장을 형성하는 동시에 전반적인 농산물 세계시장의 형성 및 국제분업의 재편 과정의 표상이 되었다. 그러므로 농산물 세계시장의 형성은 19세기 4/4반기의 세계 교통수단을 급속히 발전시켰

---

19) エリ・ア・メンデリソン, op. cit., p. 200.

고, 그 운수 교통수단의 비약적 발전 자체는 유럽 자본주의의 일환이 되어 19세기 후반 농업공황 과정에 중요한 역할을 하였다.

2. 미국 농업의 발전

이 시기 농산물가격을 하락시킨 또 다른 원인은 미국 농업의 발전과 이에 수반된 대량 수출이었다. 미국은 남북전쟁 이후 10년 동안 농가호수가 1850년 226만 호에서 1880년에는 400만 9,000호로 증가하였고, 경지면적은 4억 770만 에이커에서 5억 3,601만 에이커로 약 1억 3,000만 에이커가 증가하였다. 또 1870년부터 1900년 사이에 농가 총수는 2배 이상 증가하여 1900년에는 573만 7,000호가 되었고, 경지면적도 4억 3,000만 에이커가 증가하여 1900년에는 8억 3,860만 에이커가 되었다. 그 밖에도 중요한 식량작물(밀·보리·귀리 등)의 경작면적도 1866년 5,561만 3,000에이커에서 1880년 1억 2,760만 7,000에이커에 달하여 15년 사이에 2배 이상 증가[20]하였다. 따라서 미국의 밀생산은 15년 사이에 1866년 1억 6,970만 부셀에서 1880년 5억 230만 부셀로 약 3배 증가하였고, 그 수출량은 1866년 1,080만 부셀에서 1880년 1억 8,820만 부셀로 17배 이상 증가하였다.[21]

이렇듯 미국의 농업은 남북전쟁을 비롯한 1870년 이후 급속히 발전하였다. 미국의 농업이 이같이 비약적으로 발전하게 된 데에는 유럽 대륙에서는 볼 수 없던 독특한 특수성을 가지고 있었기 때문이었다.

그것은 첫째, 당시의 곡물생산이 확대되고 있던 미국 서부 지방에는 토지소유의 독점화 현상도 절대지대도 존재하지 않았다는 점이다. 이 같은 상황에서는 다른 모든 조건이 동일하다고 해도 절대지대를 부담하고 있는 토지에서 생산된 곡물보다 값싸게 판매할 수 있음을 의미한다. 절대지대는 농산물의 가치를 생산물가격에 귀착시키는 것을 불가능하게 하고 생산가격보다 높은 가치에 접근하게 하든지, 그와 같은 수준으로 유지시켜 결국 농업생산가격을 높이는 역할을 한다. 따라서 당시의 미국 서부 지역에는 농산물가격 등귀의 가장 중요

---

20) 常盤政治, 『農業恐慌の研究』, 日本論評社, 1966. p. 146.
21) Abstract of the 15th Census of the U.S., 1937, p. 9.

한 요인이 될 수 있는 합법칙성이 아직 작용하지 않았다.

둘째, 미국의 서부 지역에는 자본주의적 토지경영의 독점화 현상이 일어나지 않은 광대한 자유지가 존재하여 신기업 창설이나 현존 기업의 확대에 장애가 되지 않았다는 점[22]이다. 따라서 미국에서는 차액지대도 차지계약이나 토지가격 등이 고정된 지대로 되어 있지 않은 데다, 상대적으로 더 비옥한 토지에 한해서만 지대가 존재하고, 그나마 고정되어 있지 않아서 유동적이었다. 그러한 점에서 고정지대를 지불해야만 했던 유럽 대륙의 토지 농장경영자들은 이 점에서 훨씬 불리한 조건에 놓여 있었다.

셋째, 미국에서 새로이 개척된 처녀지는 일찍부터 경작되던 기존 경작지보다 수확면에서 뛰어났고 생산비도 적게 들었다는 점이다. 따라서 이 지역에서 생산되는 곡물은 그 가치 이하로 팔릴 뿐 아니라 생산가격 이하, 다시 말해서 기존의 여러 국가에서 평균 이윤율에 의해 규정된 생산가격 이하에서 판매될 수 있었다.[23]

넷째, 미국의 농업은 유럽 대륙보다 많고 보다 광범위한 규모로 기계가 사용되고 있었는데, 이것은 유럽 대륙보다 노동력이 직접적으로 부족하여 농업노동자의 임금이 높고 경영하는 토지면적이 광활하여 작은 면적보다 농기구의 사용이 유리했기 때문이었다.

다섯째, 미국 곡물생산의 우월성은 생산의 집적이 높다는[24] 데 있었다. 이와 같은 고도의 생산집적은 생산비도 낮추어 주는 특성을 가진다. 당시 영국의 농업경영자들은 유럽 대륙의 소규모적 자작농의 농장에 비해 대농장을 경영하고 있었으나, 인간과 말과 농기계로 이루어진 본격적인 조직적 경작경영을 하는 미국의 프레리(prairies) 대초원농장에 비하면 상대가 되지 않았다.

높은 고정지대가 항상 따라다니던 유럽과 미국 동부 지역에 비해 미국 서부의 곡물생산비와 생산가격 수준이 낮았던 이유는 앞에서 지적한 요인들에 기인하였다고 할 수 있다. 그러나 곡물에 대한 수요와 공급이 균형 잡힌 시기에는 하등의 위험도 존재하지 않았으나 수요와 공급의 불일치에서 초래되는 혼란, 즉 과잉생산의 노정은 곡물가격의 하락을 수반하지 않을 수 없었을 뿐 아니라 곡물의 시장가치와 생산 조절가격에도 변화를 가져오지 않을 수 없었다.

---

22)~24) エリ・ア・メンデリソン, op. cit., pp. 202~204.

미국의 농업발전은 당시에 수행되었던 운수 교통수단의 발전과 함께 세계 농산물시장의 본격적 형성을 위한 물질적 기초가 되어 그 자체가 유럽 자본주의의 합측적 산물[25]이 되었던 것이다. 동시에 그것은 국제분업을 발생시켜[26] 통일된 자본주의적 세계경제권 형성을 추진해 주었다. 다시 말해 미국의 농업발전에 수반된 농산물 세계시장의 형성은 통일적인 자본주의적 세계경제권의 형성으로 자본주의적 농업이 국민경제적 기반에서 세계경제적 기반으로 재편성되는 과정을 의미한다.

그리하여 농산물가격의 규정자는 종래의 국민경제적 기반의 규제자가 아니라 세계시장 가치가 되었다. 그런데 19세기 후반 농업공황기를 통하여 그 같은 세계시장 가치는 지대가 없었던 미국 농산물의 시장조정적 생산가격에 의해 규정되었던 것이다. 따라서 유럽의 자본주의 국가, 특히 영국의 농산물가격도 종래와 같이 자국의 최열등지를 기준으로 설정되었던 것이 아니라 지대가 없어 저렴했던 미국 농산물가격에 의해서 규정되었기 때문에 19세기 후반 시장 가치가 하락하는 농업공황이 출현하였던 것이다.

어쨌든 19세기 후반 농업공황이 유럽 자본주의의 발전과 지금까지의 자본주의적 발전의 소산인 운수 교통수단의 발전에 편승하여 미국에서 유럽으로 농산물의 유입이 쇄도하였기 때문에 발생했다면 미국과 유럽을 하나의 경제권으로 파악해야 하며, 동시에 그것은 유럽 자본주의의 일정 발전단계에서 필연적으로 발현된 것이었다.

3. 자유무역과의 경쟁

19세기 후반의 농업공황에서 나타났던 장기적인 농산물가격의 하락현상은 앞서 언급한 바와 같이 두 가지 요인에 의해서만 작용되었다고 할 수는 없다. 당시 영국은 곡물법 폐지 이후 농산물 수입개방정책으로 인하여 〈표 1-4〉에서 보는 바와 같이 국내의 생산량보다 외국에서 경쟁을 통하여 수입된 값싼 곡물의

---

25), 26) 常盤政治, op. cit., p.148. 도키와 마사하루(常盤政治)는 이 같은 미국 농업의 발전은 유럽 자본주의(영국을 의미한 것임. 필자 주) 발전의 결과로 대공업의 산물이라고 주장한다. 즉 공업화된 자본주의 영국은 미국 및 기타 대서양 연안 제국에 식민을 조장했으며, 지구의 일부는 공업생산을 주로 하고 다른 일부는 농업생산에 종사케 하여 국제적 분업을 발생시켰다는 견해를 가지고 있다.

〈표 1-4〉 영국 국내에 공급된 밀의 내역

(단위 : 쿼터)

연도	경지면적* 1년 평균	국내 생산고	수입고(A) (재수출공제)	공급고 총계(B)	A/B(%)
1855	4,076,447	13,992,801	3,056,845	16,979,646	18.00
1860	3,992,657	11,078,948	7,410,197	18,489,145	40.07
1865	3,646,691	13,975,936	5,966,403	19,972,339	30.01
1870	3,761,457	14,105,464	7,994,591	22,100,055	36.16
1875	3,503,709	10,018,418	13,841,342	23,859,760	58.01
1880	3,057,784	9,364,464	15,531,621	24,896,085	62.37
1885	2,549,335	9,639,673	18,719,295	28,358,968	66.01
1890	2,482,728	9,499,235	19,001,621	28,500,856	66.68
1895	1,456,045	4,785,638	24,802,539	29,585,197	84.01
1900	1,901,038	6,790,262	22,992,342	29,952,501	76.79
1905	1,836,598	7,541,582	25,992,342	33,533,924	77.52
1910	1,857,671	7,074,179	27,166,003	34,240,182	79.36

출처 : *Economic Series*, No. 2, Report of Committee on Stabilization of Agricultural Prices, 1925, pp. 92~98 ; 山田勝次郞, 『近代農業における資本蓄積と恐慌』, 靑木書店, 1949, p. 67.
*경지면적 단위는 표시되어 있지 않으나 ha로 환산된 에이커로 보는 것이 좋다.

비율이 1860년대 이후 계속 증가하였다. 그리고 영국의 곡물 수입대상국도 〈표 1-5〉에서 보는 바와 같이 미국이 가장 높은 비율을 차지하였지만, 시베리아 철도 개설 후 산업화를 시도하던 러시아나 식민지 인도 및 오스트레일리아 등 세

〈표 1-5〉 영국의 곡물 수입량

(단위 : 10만 웨이트)

구분	1865		1870		1875		1880		1885		1890		1895	
	실수	%	실수	%	실수	%	실수	%	실수	%	실수	%	실수	%
미 국	1,434	5.8	14,520	41.0	25,082	44.5	43,064	65.4	36,004	46.6	29,226	38.3	40,215	40.2
러 시 아	8,093	32.5	10,315	29.0	10,127	17.5	2,947	4.5	12,061	15.6	19,585	25.6	23,051	23.0
인 도	-		8		1,334	2.3	3,229	4.9	12,174	15.7	9,111	11.8	8,803	8.8
캐 나 다	484	1.9	3,289	9.0	3,980	6.9	4,412	6.7	2,025	2.6	2,061	2.7	4,187	4.2
오스트레일리아	-		91		1,243	2.1	4,539	6.9	5,410	7.0	2,216	2.9	3,559	3.5
아르헨티나	-		-		-		25	0.1	334	0.5	2,810	3.7	11,423	11.4
기 타 제 국	14,854	59.8	7,480	21.0	15,424	26.7	7,600	11.5	9,321	12.0	11,462	15.0	8,876	8.9
합 계	24,865	100.0	35,703	100.0	57,190	100.0	65,816	100.0	57,190	100.0	76,471	100.0	100,114	100.0

출처 : 石渡貞雄, 『農業恐慌論』, 理論社, 1953, p. 223.

계 각국이 그 대상으로 되어 있어 영국 내의 수요가 증가함에 따라 세계 각국은 영국을 상대로 농산물을 수출하기 위해 치열한 각축전을 전개했음을 입증해 준다. 이러한 현상은 비단 미국의 농업발전에 의한 영국과의 곡물시장 가치와 생산가격 수준 차이만이 가격 하락현상의 초래요인이 되었던 것이 아니라, 농노제 폐지 이후 전체적으로 생산능력을 발전시킴으로써 농산물의 증가를 급속히 촉진하던 러시아나 영국의 식민지 지배에 의한 세금의 중압이 극도로 강화되어 가던 인도와 같은 후진국들이 세계 농산물시장에 등장함으로써 더욱 큰 결과를 초래한 것이었다.

다시 말해 당시 러시아나 인도 같은 후진국들의 곡물은 노동지출로 계산되는 생산비가 더욱 높게 책정되었음에도 불구하고 서부 유럽에서 생산된 곡물보다 낮은 가격에 팔 수 있었다. 왜냐하면 러시아나 인도같이 봉건적 농노제의 제한, 자본주의적 제한과 식민지적 제한 및 조세의 제한 등으로 고통을 당하던 소생산자들은 생활수단조차 보장받을 수 없는 가격으로라도 판매할 수밖에 없었기 때문이다. 이러한 형편에서 과잉생산의 강화에 의한 생산물이 국제시장에 유입되었을 때 경쟁은 종래 가격 수준의 붕괴를 조장했고, 또 그것은 곡물을 새로이 저하된 시장가격 수준에 적응시키는 과정을 촉진하여 농업불황의 심화에 가속적 역할[27]을 하였다.

이와 같이 격변하는 19세기 후반의 세계경제 환경에서 영국의 경제정책은 곡물법 폐지 이후 자유무역정책이 고수되어 왔고, 그 공과야 어찌 되었든 다국가 간에 자유로운 수입개방이 보장되어 이러한 외국과의 경쟁에 직면했던 것이다.

---

27) エリ・ア・メンデリソン, *op. cit.*, pp. 205~206. 미국의 농업발전이 19세기 후반 농산물가격 하락의 원인이 되었다는 원칙에는 이견이 없는 것 같으나, 러시아나 인도 등과 같은 후진국의 등장으로 인한 곡물수출 경쟁현상에 대해서는 견해차가 있는 것 같다. 예를 들어 멘데리존이나 이시와타 사타오 등은 후진국 경쟁이 농산물가격 하락현상에 중요한 역할을 했다고 보고, 19세기 후반 농업공황은 자본주의적 성질뿐만 아니라 인도나 러시아 등이 매우 큰 의미와 역할을 하여 그것은 외적 계기로 주도적 지위를 점하고 있다(石渡貞雄, 『農業恐慌論』, p. 225)고 보는 데 반해, 도키와 마사하루는 농업공황시 후진국들에서 수입되는 영국의 곡물 수입총량 비율은 점감하고, 그 크기도 대단치 않다고 하여 후진국의 경쟁개입을 과소평가하였다(常盤政治, *op. cit.*, p. 149).

영국의 자유무역정책이 세계경제나 세계무역 발전에 지대한 공헌을 하였지만 이러한 자유무역정책의 촉진이 과연 영국의 경제발전에 어떠한 이익과 대가를 가져다주었는지에 대해서는 많은 논란이 있다.

역사적으로 1850~1860년대 세계무역의 조류는 (남북전쟁기의 미국 관세입법을 제외하면) 자유무역이 전성기를 맞이하고 있었으나 그 성과는 물가 하락현상과 유럽 선진공업국의 공업화를 기점으로 역전되기 시작하였다. 즉 이때부터 구미제국에서는 관세를 신설하는 동시에 관세율도 인상하기 시작함으로써 자유무역은 보호무역의 대두라는 와중에서 영국을 중심으로 명맥을 유지하고 있을 뿐 보호무역주의가 팽배하고 있었다. 원래 영국의 자유무역정책은 산업혁명의 완수와 함께 세계공업을 독점함에 따라 저렴한 공산품을 대량 수출하고 후진국들로부터 저렴한 원료와 식량을 자유롭게 수입함으로써 국제분업의 이익을 최대한 향유하기 위하여 중상주의적 국가보호와 간섭이 오히려 자본주의 발전에 저해요인이 된다는 고전학파 이론을 정당화시켰던 것이었다.

따라서 영국의 자유무역정책은 국내적으로 보면 공업화의 촉진과 더불어 농·공업 발전의 불균형 속에서 농업에 대한 후진국의 의존도를 높이고 공산품 수출을 증가시켜 국제경쟁력을 강화하려는 공업 우선정책을 추구하려던 것이었다. 그러나 19세기 후반기에 이르러 후발 자본주의 국가들의 공업성장과 보호무역정책의 대두라는 여건에서 이와 같은 이념에 바탕을 둔 영국 자유무역정책의 기조를 국내외적인 경제환경에 어떻게 정당화할 수 있었는가 하는 것은 논의의 대상이 되지 않을 수 없다.[28]

특히 1870년대에 접어들면서 국내적으로는 자연적인 악조건으로 인한 흉년의 연속과 앞서 언급한 바와 같은 요인으로 인한 신천지에서의 값싼 대량 곡물생산과 대량 유입현상으로 자유무역정책에 완전 노출된 농업이 어떠한 득실을 가져왔는지에 대한 문제는 자료의 미비로 정확한 통계치를 얻을 수 없으나, 먼저 자유무역과 관세수입 면에서 보면 영국은 자유무역을 추진함에 있어서 1840년대 초 총수입의 32%에 달하던 관세수입이 1870~1914년 사이에는 5.5~7%선으로 감소하는[29] 세입손실을 감수함으로써 영국 국민의 조세부담률이 증가하였

---

28), 29) D. H. Alderoft and H. Richardson, *The British Economy 1870~1939*, Macmillan, 1969, pp. 77~78.

다. 이러한 근거에서 이 시기의 농업에 대한 자유무역의 취약점은 해외시장에 전적으로 의존했던 농산물에 대한 곡물 수입관세를 지나치게 무시하여 영국 농업이 더욱 큰 고통을 당하는 요인이 되었고, 나아가 이 시기를 통하여 전 산업부문 중 가장 극심한 피해를 입었던 것이다.

4. 19세기 후반기 영국 농업 상황의 특징

앞서 언급한 바와 같이 19세기 후반의 농업 상황은 대륙간 횡단의 기선과 남북아메리카와 인도 및 시베리아 등지의 철도 개설로 전혀 별개의 지역산 곡물들이 영국내의 곡물시장에서 경쟁하는 입장으로 바뀌어 갔다. 따라서 광대한 미국 서부의 대초원으로부터 거두어들인 값싼 대량의 곡물과 또 한편으로는 러시아나 인도같이 국가의 무자비한 전제정치에 의해서 강제로 부과되는 조세를 납부하기 위해 생산비에도 못 미치는 수준 이하의 가격으로 생산물을 팔지 않으면 안 되는 토지와의 경쟁 때문에 영국의 농산물가격은 장기적인 하락세를 보였다. 바로 이러한 이유 때문에 영국의 지주들과 차지농들은 종래의 지대로는 도저히 장기적인 농산물가격 하락현상을 극복할 수가 없었다. 따라서 영국 농경지의 일부분이 곡물재배용으로서는 경쟁권 밖으로 밀려났고, 지대는 도처에서 감소하여 지가 하락까지 동반하였으며, 곡물생산량이 저하하고 농업에 대한 추가적인 투자요인들이 감소한 것이 이 시기 일반적인 통칙이 되었다고 엥겔스(F. Engels)는 지적한다. 이러한 지적은 19세기 후반 영국의 농업 상황 내지 공업 상황의 역사적 근원뿐만 아니라 그 일반적인 특징을 이해하는 데 아주 중요하다.

1. 토지소유의 위기

앞서 언급한 바 있는 농업 상황이 진행되는 과정에서 시종일관 반복된 현상은 무엇인가? 그것은 곡물가격 하락→지대 경감이라는 악순환의 반복이다. 이러한 지대의 하락은 지주에게는 직접적인 소득 절감을 가져왔고, 소유지에 대해서는 수입 손실을 초래했다.[30] 즉 에이커당 28실링의 지대를 100으로 간주했을 때 잉글랜드와 웨일스 지역의 평균 지대는 1870~1874년에는 101, 1875~1879년에는 104, 1880~1884년에는 94, 1885~1889년에는 83, 1890~1894년에는 79, 1895~1899년에는 74, 1900~1904년에는 72, 1905~1909년에는 74, 1910~1914년에는 75로 변동[31]되었다. 이러한 변동은 상공업공황의 순환과는 매우 다른 토지소유 관계에 완전한 혁명을 초래하는 사태로서 농산물가격의 장기 하락에 대한 토지소유의 위기가 출현[32]했음을 의미한다.

1860년대 이전의 농업불황은 농산물의 세계시장이 본격적으로 형성되어 있지 않았고, 영국에서도 농산물의 대부분은 국내 생산에 의지하고 있어서 시장조정가격은 국내의 지대를 반영하여 최열등지를 기준으로 규정되었다. 그와 같은 상황에서는 곡물가격의 하락도 토지소유의 위기를 수반하지는 않았다. 왜냐하면 농산물가격의 하락현상은 일시적인 현상으로 농산물 수요증대에 의해 회복되었고, 또 시장조정 가격이 저하함에 따라 수반된 가격 하락에서도 그것은 절대지대의 성립을 감소시킬 뿐만 아니라, 농업생산물 수요증대에 의해 추가자본의 투여가 촉진되어 차액지대가 증가하는 경향을 보였기 때문이다.

그러나 영국의 밀 수입량은 1870년대 이후 급격히 증가하여 1870년의 수입량은 국내 밀 총공급량의 36.1%였던 것이 1895년에는 총공급량의 84%를 점하고 있어 밀 경지면적이 감소하고 있음을 간접적으로 시사하는 동시에, 영국의 밀 총공급량에서 차지하는 국내 생산량과 수입량의 위치가 농업공황기를 통해서 역전하고 있음을 의미한다. 이것은 앞서 기술한 〈표 1-4〉를 보면 여실히 알 수 있다. 이와 같이 국내 밀 소비량의 대부분을 수입에 의존한다는 것은 영국 내 밀의 가격은 과거와 같이 국내 생산물에 의해 규정되는 것이 아니라 수입가격에 의해 규제됨을 말해 준다. 따라서 1870년대 이후 농산물의 세계시장 형성에 의해 영국 농산물가격은 지대 부담이 없어서 매우 값이 쌌던 미국 농산물의 시장가치에 의해 규제되었기 때문에, 지대를 기반으로 한 영국 농업은 지

---

30) W. Ashworth, op. cit., p. 62.
31) Central Landowner's Association, *The Rent of Agricultural Land in England and Wales 1870~1946*, 1949, pp. 41~42.
32) 常盤政治, op. cit., p. 147.

대 인하가 불가피하여 자본주의적 토지소유에 일대 위기가 출현하였으며, 지주들이나 농업경영자들 모두 수시로 지대를 보다 대폭 감소하거나 농장을 비워두는 상태를 선택하지 않으면 안 되었다. 이는 결과적으로 곡물경지의 경작면적이 감소하는 현상을 초래하였다.

요컨대 농산물의 시장조정 가격이 지대 부담이 없는 시장조정 생산가격에 의해 규정되려면 절대지대로 전환해 가는 초과 이윤은 소멸하고 구래의 시장조정 가격의 기초가 되었던 최열등지는 경작권 밖으로 밀려나 차액지대로 돌아갈 초과 이윤도 감소되는 것이다. 따라서 이러한 현상이 출현하는 시기에는 현실적으로 차지료나 저당 부채이자가 생산비로 흡수되어 평균 이윤을 감소시키거나 혹은 농업자본을 축소시켜 차지농업자나 자작농민을 몰락시키고 농업자 소득을 감소시킨다는 것이 농업공황에서 지대가 담당하는 역할인 것이다.

이와 같은 지대의 정상적 원천인 초과 이윤이 감소·소멸되고 고정화된 지대로서의 차지료가 인하되지 않았거나, 인하되었다고 해도 대폭적인 농산물가격 하락폭에 비해 소폭적으로 지대가 떨어지는 현상 때문에 19세기 후반 농업공황기에 영국의 농업자들은 고통을 당하였다. 따라서 그와 같이 고정화되었던 지대는 농업공황의 전체 진로를 간섭하여 그것을 심각하게 하고 장기화시킨 결정적 요인으로 영국의 농업발전을 저해하는 역할을 했다는 것은 앞서 언급한 바와 같이 영국의 농업공황 원인 조사에서 여실히 나타난 농업공황의 중요한 특징을 이룬다.

2. 농업공황 전개의 불균등성

이 시기에 직면했던 농업공황의 두 번째 특징은 무엇인가? 영국이 농업공황 전 기간을 통해서 직면했던 것은 미국의 값싼 대량 곡물과의 경쟁이었다. 그러므로 이 시기 농업공황의 주요 원인은 특히 지대가 높고 자유무역국가인 영국의 곡물경영에 있었다. 공황은 이곳에서 가장 먼저 발생하여 최대의 강도를 나타냈다. 그러나 융커(Junker)가 중심이 되어 농업보호정책으로 전환하였고, 농업공황의 부담을 대부분 소비자 대중에게 전가시키는 데 성공한 독일 같은 나라에서는 농업공황의 고통이 더욱 미미한 편이었다. 나아가 농산물가격의 장기 하락현상은 경작 부문보다 축산 부문에서 훨씬 완만한 형태로 진행되었다. 축산은 구입사료를 근거로 이루어진다는 점에서 농업공황의 중압감은 사료가격 하락이 축산물가격 하락보다 훨씬 더 심각했기 때문에 미약할 수밖에 없었다. 이렇듯 농업공황은 부문이나 국가에 따라 불균등하게 나타났다.

농업 부문에서 이와 같은 공황발전의 불균등성은 축산 또는 도시 근교의 채원업자 등과 같이 공황에 의한 피해가 비교적 적었던 부문으로 자본과 노동의 유입을 조장하였다.

이 같은 새로운 변화는 도시노동자 계층의 실질임금이 상승하게 된 영향으로 식료품에 대한 소비형태가 바뀌었음을 시사해 준다. 영국의 인구는 1851~1871년 사이에 연 1.3%의 증가율을 보였고 1871~1901년 사이에는 1.5%의 증가율을 보였는데, 그것도 황금기였던 20년 동안은 500만 명 이하의 증가율을 보이다가 대불황기를 포함한 30년 사이에는 1,000만 명 이상의 인구가 증가하였다. 실질임금의 증가율도 1851~1871년 사이에는 연 1% 이하로 상승하던 것이 1871~1901년 사이에는 2%의 증가율을 나타냈다.[33] 임금 상승으로 인해 문명화된 인간이 값싼 음식보다는 좀 더 비싸고 식욕을 돋우는 동물성 단백질을 구입하려는 성향은 당연한 현상이었다.

그리고 대불황기에 축산물 생산가격보다 빵과 감자 등 곡물가격이 더 하락하였을 때 증가하는 임금 중 어느 정도까지는 단백질 소비를 위한 지출에 사용할 수도 있었을 것이다. 1871년 최고도에 달했던 1인당 감자 소비량이 19세기 말에는 3분의 1로 감소하였고, 1840년대부터 1870년대 사이에는 완만한 상승 추세를 보이던 밀 소비량도 그 이후부터 매우 완만한 하향세를 나타내어서 사람들은 빵과 감자 대신 육류와 유제품을, 그리고 과일과 녹색 야채를 더욱 많이 원하게 되었음을 발견할[34] 수 있다.

이와 같은 수요의 형태 변화에서 영국 농부들에게 준 효과는 밀과 감자의 생산가격 대신 육류와 우유 및 낙농산물 생산에 자연히 자극을 주었다. 이와 동시에 영국 농부들에게 가장 중요한 점은 이같이 수요가 증가하는 소수의 몇몇 품목들을 공급하는 데는 해외 경쟁이 거의 없었다는 점, 강력한 해외 경쟁에 직면해야 했던 부문에서는 해외의 공급자들이 곡물의 경우에 볼 수 있었던 대자연의 유리

---

33) W. J. Layton, *An Introduction to the Study of Prices*, 1912, p. 150.
34) R. N. Salaman, *The History and Social Influence of the Potato*, 1949, pp. 613, 616~617.

한 입장을 갖고 있지 않은 점과, 그 밖에도 국내의 공업 및 상업조건에서 파생된 것으로 도시 및 국내 유통이 지속적으로 성장하여 국내 수송에 이용하기 위한 말〔馬〕의 수요와 그에 수반되는 사료의 수요가 서서히 증가한 점[35]이 약간은 유리하게 작용하였다.

이와 같이 농업공황이 국가와 농산물생산 부문에 걸쳐 불균등하게 전개된 결과 이 시기의 농업공황이 어쩌면 ① 영국을 위시한 유럽 대륙에만 국한되는 공황에 불과하고, ② 곡물공황에 국한되는 것이 아닌가 하는 입장에 설 수도 있다. 이러한 입장은 19세기 후반의 농업공황을 지대공황과 미국의 곡물 경쟁만으로 일어난 공황이라고 보는 해석과 관련되는 문제이다. 이 점에 대해 멘데리존은 높은 고정지대의 부담을 가졌던 곳과 미국 경쟁의 영향은 유럽의 곡물경영에 대공황 상태가 심각하다고 느끼게는 하였지만, 동시에 그 이외의 사실들은 19세기 4/4반기의 농업공황을 유럽의 곡물경영에만 귀착시키는 것은 옳지 않으며, 부문별로 보아도 축산물가격의 하락이 곡물가격의 하락보다 낮았다는 사실이 명확하나 축산 부문에도 공황의 여파가 파급되었던 사실을 부정할 만한 근거는 없다는 결론을 내리면서 다음과 같이 주장하였다.

19세기 말의 농업공황은 각 국가별로 또는 농업 부문별로 불균등하게 시작되어 각각 다른 힘으로 발전하여 세계적 공황이 되어 전 농업 부문을 휩쓸었는데, 이와 같이 공황이 비동시적으로 또는 불균등하게 전개된 것은 세계공업의 전반적인 과잉생산 공황에서도 볼 수 있으며, 어떠한 자본주의적 공황에서도 전형적인 것이었다. 그런데 농업공황이 세계적인 성격의 것이었는가 하는 문제에 대한 결정적인 요인은 미국 농업이 농업공황에 휩싸였는지의 여부이다. 미국이 농업공황권 외에 놓여 있지 않았음을 나타내는 첫째 이유로는 〈표 1-6〉에 나타난 각국의 밀가격 지수 동태에 의해서 알 수 있다.[36] 이 표에 나타난 바와 같이 1892~1897년 사이의 미국 밀가격은 1868~1873년 대비 거의 2분의 1로 하락하고 있음으로 보아 이 같은 대폭적인 가격 하락현상은 미국의 곡물경영도 역시 농업공황의 와중에 있었음을 입증하는 것이라고 판단된다.

---

35) W. Ashworth, *op. cit.*, p. 55.
36) *Ibid.*, p. 56.

〈표 1-6〉 주요 국가의 밀가격 지수(1868~1873=100)

연도	영국	독일	프랑스	미국	러시아
1868~1873	100	100	100	100	100
1874~1879	84.9	92.1	97.7	91.9	91.1
1880~1885	70.7	84.8	86.5	75.8	91.3
1886~1891	56.0	80.7	69.3	65.9	74.3
1892~1897	44.8	69.0	58.4	51.9	52.9

출처 : エリ・アメンデリソン, op.cit., p. 211.

둘째로 지적할 점은 미국의 밀 경작면적이 증가 정체 내지 감소하는 현상으로 미루어 보아 미국도 농업공황에 빠졌다는 것이다. 이는 미국의 밀 경작지가 1866~1880년 사이에 1,540만 에이커에서 3,810만 에이커로 2.5배 증가했는데, 1881~1890년 사이에는 3,850만 에이커에 달했던 1884년만을 제외하면 한 번도 3,700만 에이커에 이른 적이 없고, 몇몇 해는 3,500만 에이커까지 감소한 것을 보아도 10년 이상 지속된 밀 경작면적의 증가 정체 및 감소현상은 농업공황의 단적이고도 직접적 작용을 반영한 것[37]이라고 할 수 있다.

셋째로 미국의 밀 수출고 감소[38]에서도 농업공황현상은 나타나 있다. 실로 1878~1882년 사이에 미국의 연평균 수출고는 1억 5,900만 부셸이었고, 다음 8년간의 연 수출고는 1억 1,700만 부셸로서 그전 5년간의 그것과 비교하면 24% 감소하였다.

이상과 같은 멘데리존의 지적 내용에서도 알 수 있듯이 농업공황은 말할 것도 없이 영국이 가장 심각했으나, 미국에도 파급되었고, 농업보호정책이 철저히 지켜져 가격 하락이 저지되었던 독일보다는 미국이 더 심각했었음을 〈표 1-6〉을 보아도 판단할 수 있다. 이런 면에서 보면 19세기 후반의 농업공황은 전 세계가 겪었던 농업 부문의 진통이었다고 할 수 있다.

다음으로 축산 부문에 대한 농업공황의 파문은 사료가격이 축산물가격보다 더 하락했다는 것을 근거로 제시하면 부정될 수도 있다. 실제 독일의 반트루프(Ciriacy-Wantrup)가 작성한 1871~1875, 1894~1898년 사이의 영국 농산물가격

---

37), 38) エリ・ア・メンデリソン, op. cit., pp. 211~214.

을 보면 밀 51%, 보리 39%, 귀리 38%, 감자 39%, 쇠고기 29%, 베이컨 26%, 양고기 25%, 버터 25%의 비율로 하락[39]하였다. 이를 근거로 하면 축산물가격 하락률은 25~29% 사이로 평균 26% 하락했음에 비하여, 보리·귀리 및 감자와 같은 사료가격은 대략 40%의 하락세를 보였다. 이 같은 현상에 대해 축산 부문을 어떻게 설명할 것인가?

  이 점에 대해 멘데리존은 자가 생산사료에 의지했던 축산경영은 자가 생산사료를 사용하지 않고 그 사료를 판매했을 경우 상태는 더욱 악화되었을 것이라는 점을 감안하지 않는다고 하더라도 축산 부문에도 공황은 완화되지 않았을 것이라고 단정짓는다. 그에 의하면 다소라도 구입사료에 의지하고 있던 경영이 그와 같은 가격 관계에서 어느 정도의 이득은 있으나, 그것은 공황으로 받은 손실을 조금 줄여 줄 뿐 손실을 면할 수는 없었다는 것이다. 예컨대 1910년 미국의 구입사료 비율은 축산물 가치의 15%에 해당하며, 이러한 비율하에서 사료의 40% 저렴화는 축산물가격 하락에 의한 손실 26% 중 6%가 구입사료 생산자에게 전가되고 20%는 축산경영이 부담하는 것을 의미하였다. 소비하는 사료를 100% 시장에서 구입하는 소수의 경영조차 공황에 의한 손실을 완전히 피할 수 없어 그것을 26%에서 8%로 줄였을 뿐이고, 그 외 다른 손실을 사료의 생산자에게 전가한 것이라고 예증하면서 설사 축산물가격의 하락이 점점 심화되어 가는 사료가격의 가치 하락에 의해 완전히 보충된다고 해도 그것 자체가 축산 부문이 공황을 피할 수 있음을 의미하지는 않을 것이라면서, 19세기 4/4반기의 농업공황에서도 축산물가격의 하락보다 사료가격의 하락이 컸던 것은 축산에서 농업공황의 작용을 약간 부드럽게 한 것뿐이지 그것을 피한 것도 아니었고 피할 수도 없었다는 점을 역설[40]하고 있다.

  이와 같은 주장에 대해서 당시 농업공황의 원인에 관한 영국 왕립위원회의 보고서에도 축산 부문에 공황이 파급되었던 것을 부정하지 않는다. 1897년에 작성된 동 보고서에는 영국 각지에 농업불황의 영향은 동일하지 않고······ 축산지방에서의 불황은 더욱 완만한 성격을 지니고 있다. 그러나 이들 대부분의 지역에서는 1886년부터 1893년까지 전체 가축에 가치 저하와 양모가격의 계속적

---

39) Ciriacy-Wantrup, *Die Agrarkrisen und Stockwngsspannen*, Berlin, 1936, S.109.
40) エリ・ア・メンデリソン, *ibid.*, pp. 216~217.

인 하락으로 차지농업자의 수입이나 지대도 상당히 감소하였다. 낙농·채원업·가금류에서 발생한 지방과 농산물 식품의 수요가 많은 시장·채석장·대공업 중심지나 도시 근교에서 농업공황은 더욱 완만한 성격을 지녔다는 것[41]이다.

이와 같은 것을 근거로 하면 축산 부문에서의 공황의 심각도에 관해서는 논쟁의 여지가 있다고 하겠으나, 축산경영의 상태가 곡물경영의 상태보다 양호했다는 점을 부정할 수 없을 듯하다. 특히 축산이 완전히 독립되어 전적으로 구입사료에 의지하면서 전문화된 생산 부문으로 특화되었던 지역에서는 그 증상이 더욱 명백하였다. 이와 동시에 어떤 공황하에서도 더욱 높은 이윤율을 가진 부문으로 자본이 유입되는 것이 통례인데, 이러한 현상이 19세기 후반 4/4반기의 농업공황기 때 곡물경영에 사용되었던 자본이 경작경영에서 축산 및 채원업으로 어느 정도 재분배되어 가는 형태를 취하게 되었던 것이다.

5. 결 언

이상으로 19세기 후반 영국의 농업 상황을 규명하고 정리하기 위하여 당시에 발생하였던 농업공황의 전개 과정과 그 발생원인 및 그와 관련된 공황의 일반적인 특징들을 정리·논평하였다. 다음에는 그 내용을 간단히 요약하는 동시에 농업공황이 어떠한 사회적인 결과를 초래하였는지에 대해 몇 가지 사항을 지적함으로써 결론에 대하고자 한다.

1870년대 이른바 산업자본주의에서 독점자본주의 단계로의 이행기를 맞이하여 영국의 국내외적인 농업환경이 변화하고 있었던 것은 앞에서 논급한 바와 같다. 19세기 후반 영국의 농업공황이 공교롭게도 전반적인 산업공황과 병존하여 20여 년 이상이나 장기화했던 데에는, 국내적으로 가축의 질병, 악천후로 인한 자연적 조건과 수입개방으로 인하여 보상받지 못한 영농인계층, 지대 경감의 반복 사태에 직면한 지주계층의 고통, 외부적으로는 과잉생산된 외국의

---

41) Royal Commission on Agriculture, Final Report of Her Majesty's Commissioners Appointed to inquire Into Subject of Agriculture Depression, London, 1897, p. 21.

값싼 곡물이 교통수단의 발달로 운임 저하를 수반하여 영국 시장에 쇄도·유입 됨으로써 파생한 영향 등이 결합되어 발생했다고 볼 수 있다.

따라서 19세기 후반 영국 농업공황의 발생과 전개 및 그 극복의 역사는 순환적인 성격의 것은 아니었다. 그것은 사회적 재생산의 순환적 동요와는 상대적으로 독립된 농업공황이 갖는 이론적인 특수성과 그 이외에 경제순환의 여러 국면의 교차와 밀접히 연관되어 전개된 것이었다.

다시 말해 19세기 후반 영국이 직면했던 농업공황은 1870년대 초반의 순환성 호황이 붕괴되면서 1873년 세계공황의 도래를 조장했던 것인 동시에 농업공황 그 자체 역시 세계의 전반적인 과잉생산공황의 구성성분으로 시작되었던 것이다. 그렇기 때문에 공업은 호황국면이었음에도 불구하고 농업은 여전히 공황상태에 시달리고 있는 형편이었다. 따라서 농업에서의 공황은 그 자체적인 기초와 특이한 형태를 가지고 있어서, 공업에서처럼 과잉생산의 단순한 결과가 아니라는 것을 보여 주었다.

이와 같은 농업공황으로부터의 탈출은, 자본주의적 공황에서 일반적으로 나타나는 것과 같이, 농업공황에서 나타난 것과 같은 과정들에 의해서 극복되었다.

생산증대의 급격한 정체와 생산의 직접적인 저하가 곡물판매를 용이하게 하였으며, 식량가격의 심각한 장기적인 하락이 많은 도시주민으로 하여금 식량수요를 증가시키는 데 필요한 조건을 조성하였기 때문에 차츰 극복되었다. 그 결과 영국을 위시한 유럽에서는 농업의 재편성을 위해 축산과 채원업의 비중을 높였던 것이 공황을 극복하는 데 큰 역할을 하였으며, 또한 이와 같은 축산과 채원업이 해외의 경쟁에서 비교적 피해를 적게 입었던 부문으로서 공업화가 성공하고 도시가 급성장하는 과정에서 더욱 많은 이익을 보았던 것이다. 그러나 더욱 집약적인 농업형태로의 이행은 어느 지역에서나 가능했던 것은 아니며, 가능할 수 있었던 것은 주로 더욱 강력한 자본주의 경영뿐으로, 그 이행은 대량의 소농민을 몰락시킨 길고도 괴로운 과정이었다.

영국이나 그 밖의 나라에서는 저하된 가격 수준에 농업을 적응시킨 점에서 본질적 역할을 했던 것으로 그것은 지대의 저하였다. 1873년 에식스(Essex)와 링컨셔(Lincolnshire), 하트퍼드셔(Hertfordshire) 및 북웨일스(Northwales) 지역에서 1에이커당 20실링 6펜스 하던 평균 차지료가 1887년에는 15실링 10펜스, 1897년에는 14실링 2펜스로 거의 3분의 2까지 저하되었다. 이러한 지대의 저하는 각 지방과 관할구역에 따라 각양각색이어서 1879~1899년 사이에 10%에서 50~55% 사이를 오르내렸다. 따라서 곡물생산 지방이 더욱 심각했고, 생산물가격이 심하게 하락하지 않은 축산 지역은 별로 심하지 않았다. 따라서 1879~1894년 사이 전자의 지역에 해당하는 16개 주 관할구역의 평균 지대는 43.5%, 후자의 지역에 해당하는 18개 주의 관할구역에서는 평균 21.4%의 지대 저하가 발생하여 영국 전체로 보면 평균 30% 정도였다. 이에 따라 잉글랜드 및 아일랜드 지방의 토지 임대수입은 1843~1888년 사이에 5,400만 파운드에서 7,000만 파운드로 증대했지만 19세기 말에는 5,300만 파운드까지 감소하였다.[42]

이와 같은 지대의 저하율은 언제나 농산물가격의 하락률보다 작았다. 이것은 농산물가격에서 지대가 차지하는 비율이 저하되지 않고 오히려 상승했음을 의미한다. 따라서 이와 같은 지대의 저하는 차지농과 지주 간의 완강한 투쟁 과정에서, 그것도 다수의 차지농이 몰락하여 경작을 계속할 수 없게 된 이후에야 비로소 실현되었다. 몰락해 가는 차지농과 지대 수준을 일정하게 유지하려는 지주들의 상반된 이해관계 때문에 경작하지 않은 채 방치되는 토지가 증가하였고, 이로 인해 공황으로부터의 탈피가 늦추어져 지주들이나 농업경영자들에 대한 공황의 중압감이 가중되었다. 어떠한 공황에도 적용되는 것이지만 이 농업공황에서도 자본주는 생산자에 대한 착취를 강화하여 생산비를 절감함으로써 활로를 구했다.

본문에서는 당 시대의 농업노동자에 대한 언급은 자료의 미비상 언급하지 않았지만, 영국에서 1875~1886년 사이에 농업노동자의 명목 임금지수는 14%로 떨어졌다고 한다. 이와 같은 소농민의 몰락과 토지 상실 및 농촌에서의 자본주의적 관계의 발전은 농업공황 전체에 나타남으로써 촉진되었다고 할 수 있다.

---

42) Ciriacy-Wantrup, *op. cit.*, S.119.

참고문헌

Alderoft, D. H., *The Development of British Industry and Foreign Competition 1875~1914*(London, 1968).

Ashworth, W., *An Economic History of England 1870~1939*(Cambridge Univ., Press, 1960).

Capham, J. H., *An Economic History of Modern Britain*(Cambridge, 1932).

Chambers, J. H. and Mingay, G. E., *The Agricultural Revolution 1750~1880*(B.T. Batsford Ltd., 1968).

Church, R. A., *The Great Victorian Boom 1850~1873*(The Macmillan Press Ltd., 1975).

Conacher, H. M., "Causes of the Fall of Agricultural Prices between 1875 and 1895", *Scottish Journal of Agricultural*, Vol. XIX(1936).

Coppock, J. T., "Agricultural Changes in Chiltern 1875~1900", *Agricultural History Review*, Vol. IX(1961).

Deane, P. and Cole, W. A., *British Economic Growth 1688~1959*(Cambridge, 1962).

Fletcher, T. W., "The Great Depression of English Agricultural, 1873~1896", *The Economic History Review*, 2nd ser., Vol. XIII(1960~1961).

_____, "Lancashire livestock farming during the Great Depression", *Agricultural History Review*, Vol. IX(1961).

Jones, E. L., *The Development of English Agricultural 1815~1873*(The Macmillan Press Ltd., 1976).

Lord Ernle, *English Farming Past and Present*(London Heinemann, 1961).

Macdonald Stuart, *Agricultural Response to a Changing Market during the Napoleon Wars*, *The Economic History Review*, 2nd ser., Vol. XXXIII(1980).

Moore, D. C., "The Corn Laws and High Farming", *The Enonomic History Review*, 2nd ser., Vol. XVIII(1965).

Perry, P. J.(ed.), *British Agricultural 1875~1914*(Methuen & Co. Ltd., 1973).

Saul, S. B., *The Myth of the Great Depression*(The Macmillan Press Ltd., 1969).

Orwin, C. S., 三澤嶽郎 譯, 『イギリス農業發達史』((御)茶の水書房, 1980).

石渡貞雄, 『農業恐慌論』(理論社, 1953).

椎名重明, 『イギリス産業革命期の農業構造』((御)茶の水書房, 1982).

常盤政治, 『農業恐慌の研究』(日本評論社, 1966).

メンデリソン, エリ・ア, 飯田貫一外 3人 譯, 『恐慌の理論と歴史 Ⅲ』(青木書店, 1970).

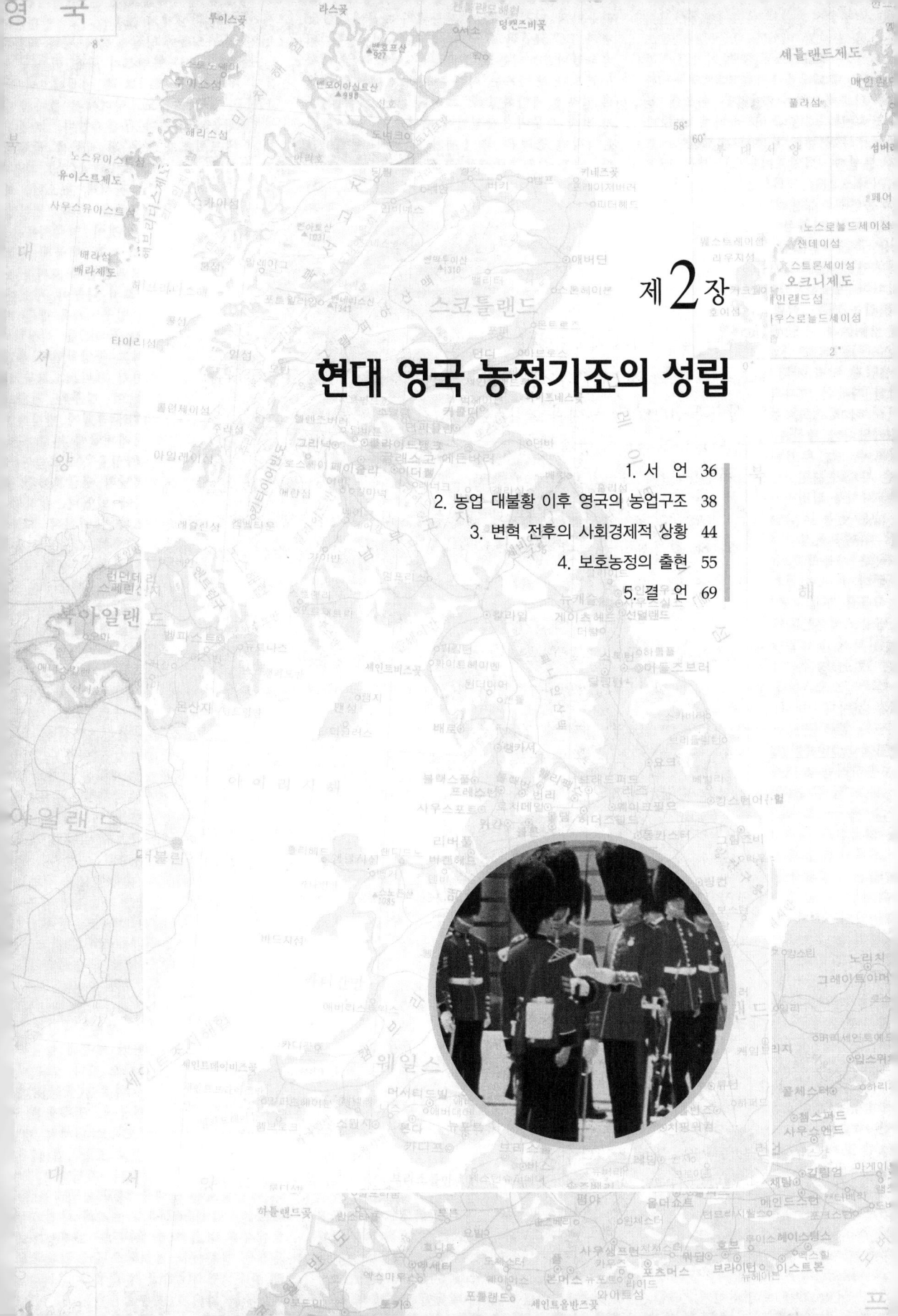

제 2 장

현대 영국 농정기조의 성립

1. 서 언 36
2. 농업 대불황 이후 영국의 농업구조 38
3. 변혁 전후의 사회경제적 상황 44
4. 보호농정의 출현 55
5. 결 언 69

1. 서 언

19세기 4/4반기에 지속되었던 장기적인 농업 대불황기 영국의 농업이 직면한 환경적 조건으로서, 일반적으로 자연조건 악화로 인한 연속적인 흉년과, 공업화의 성숙과 심화에 따른 해외 농업과의 경쟁격화(가격폭락) 및 농외인구의 격증에 수반된 농산물 수요의 양적 증대와 질적 변화가 지적되고 있다. 이 시기 해외 농업과의 경쟁격화는 자유무역정책 구현이라는 시대적 요청에 편승한 곡물법 폐지 이후 영국 농산물시장의 완전개방과 철도수송, 쾌속증기선, 냉동수송선 등의 기술 진보에 수반하여 이른바 '제3차 농업혁명'[1]이라고 일컫는 수송수단의 변혁과 냉동 보존기술 진보의 영향을 받아 파급된 결과였다. 따라서 그것은 그때까지 영국 농업의 경쟁자로 전혀 예상하지 못하였던 미국과 캐나다의 곡물, 아르헨티나와 오스트레일리아 및 뉴질랜드의 축산·낙농이 영국 농업의 직접적인 경쟁자로 출현한 데서 연유된 것이었다. 즉 지대(地代)가 없는 광대한 대륙의 토지에서 생산되는 값싼 농산물에 대응해서 영국의 농업은 타격을 면할 수 없었다.

그러나 19세기 후반의 장기적인 대불황에도 불구하고, 영국의 농업정책은 보호농정을 도입하지 않고 무역입국으로서의 면모를 공업·금융 부문에서 유지하였기 때문에 여전히 완전개방에 입각한 자유무역정책을 고수하고 있었다. 이러한 상황에 대해 클래팜(J. Clapham)은 영국의 농업은 공업과 무역에 희생된 자본주의였으며, 이러한 균형 부재의 자본주의는 강대국의 기록에는 없었다[2]고 주장

---

[1] 애슈비(A. W. Ashby)는 18세기 터닙과 클로버의 도입에 의한 윤작방식의 발달과 축산의 개량을 토대로 했던 농업구조의 변혁을 제1차 농업혁명(the first agricultural revolution), 19세기 2/4반기 수확기·자동이앙기 등과 같은 기계적 농업생산 수단의 도입과 가축개량에 기초를 둠으로써 농업생산력의 비약적 발전을 초래했던 변혁을 제2차 농업혁명(the second agricultural revolution), 19세기 말부터 20세기 초에 걸쳐 표출된 수송수단의 발달, 냉동 보존기술의 진보에 의한 경쟁격화에 자극받았던 농업구조의 변화를 제3차 농업혁명(the third agricultural revolution)이라고 부른다(A. W. Ashby, *Agricultural Conditions and Policies 1910~1938*, Oxford, 1929, p. 52).

[2] John Clapham, *An Economic History of Modern Britain* Ⅲ, Cambridge, 1951, p. 2.

하였다. 이 시기 농산물의 개방=외국과의 경쟁=가격폭락이라는 농업불황의 와중에서 영국 농업은 해외 농업과 경쟁하지 않아도 되는 농업 부문으로 활로를 전향함으로써 자구책을 강구하고 있었다.

예컨대 영국 농업은 공업화의 심화에 수반된 국민소득의 증대에 비례하여 수요가 격증한 고급 농산물이나 야채 및 화훼류의 재배로 전향한다든지, 해외에서 값싼 가격으로 공급되는 사료를 이용하여 축산을 행하는 동시에 비교적 유리한 풍토적 조건을 이용하여 초지농업으로 중심을 옮김으로써 장기적인 농업 대불황에 대처해 나갔다.

결국 장기적인 대불황의 환경적 조건변화에 대응하는 과정에서 영국의 농업은 곡작 중심의 농업경영에서 축산·원예 부문에 중점을 둔 경영으로 농업구조를 변혁하는 한편, 경쟁이 격화된 곡작 중심의 농업경영은 기계화와 규모의 대형화에 의해서 생산력을 제고하는 경영구조로 변혁되고 있었다. 이와 같은 영국 농업구조상의 변혁시기는 19세기 말~20세기 초에 걸쳐 지속되었던 것으로, 이 시기가 바로 장기적인 농업대불황에서 회복되는 시기와 일치하였다.

자본주의의 발전 과정상 공업화의 심화에 수반된 자유무역정책의 고수로 극심한 희생의 대가를 지불해야 했던 영국의 농정이 보호농정으로 전향하게 되기까지는 제1차 세계대전으로 인한 전시농정의 출현 및 그 이후 이른바 농업위기[3]라고 불리는 농업공황에 대응한 제1차 세계대전 이후 세계 자본주의 재생산구조의 새로운 형성이라는 역사적 과정을 거쳐야 했다.

다음으로는 자본주의 발전 사상 전형적인 공업화 과정을 최초로 체험하면서 공업화에 편승한 자유무역(완전개방)정책을 고수하기 위해 농업 부문에 격심한 희생을 지불했던 영국의 농업이 제1차 세계대전 이후 미국·독일·일본 등 신흥자본주의 국가들이 대두함으로써 세계 자본주의 재생산구조에 변화를 일으키는 과정에서 어떻게 보호농정으로 정책기조를 변혁하여 갔는가를 규명하는 데 중점을 둔다. 이에 대한 상세한 변혁 과정을 규명하기 위해서 이 장에서는 첫째로 19세기 말 영국의 장기적인 농업 대불황 이후의 농업구조는 어떠한 상황에 있었는지 살펴보고, 둘째로 제1차 세계대전 이후 농업정책의 변혁을 전제로 하는 영국의 사회경제적 상황은 어떠했는지 분석하고, 마지막으로 영국에

---

3) R. R. Enfield, The *Agricultural Crisis 1920~1923*, London, 1924, pp. 1~13.

보호농정이 도입되는 배경과 그의 구체적인 내용을 분석해 본다. 그럼으로써 산업화 과정에서 농·공업 부문에 대한 균형정책의 선택이 얼마나 많은 시간이 걸리고 시행착오를 겪은 과정이었는지를 재조명해 보고자 한다.

2. 농업 대불황 이후 영국의 농업구조

19세기 말 4반세기 동안 지속되었던 장기적인 농업 대불황을 경과한 이후 영국의 농업구조는 어떠하였는가? 공업화의 성숙 과정에서 초래되는 농업불황의 진행상의 사회적 특징으로는 농·공업 부문의 소득격차로 인한 농업인구의 감소와, 농외인구의 증대 및 이로 인한 사회적 결과로서의 노동력의 토지 유출현상이 일반적으로 지적된다. 영국에서도 이 같은 특징들이 19세기 말 농업 대불황 이후 영국의 농업구조를 변혁케 하는 주요인으로서 작용하였다. 따라서 다음에는 19세기 4/4반기의 대불황 이후 영국의 농업구조는 어떠한 상황에 처하게 되었는지를 규명하고자 한다.

1. 노동력의 토지 유출

19세기 말 농업 대불황의 영향이 영국의 사회경제구조에 막대한 변화를 초래하였다는 증좌는 영국의 인구증가와 그 인구구조의 변화에서 단적으로 판단할 수 있다. 이 시기 영국의 인구는 현저하게 증가하여 1851년과 1911년을 비교하면 1851년의 1,792만 8,000명에 비해서 1911년에는 3,607만 명으로 약 2배 증가하였다.[4] 이에 반해서 동 기간 중 농업 취업인구는 약 14%의 감소세를 보였

---

4) 영국 최초의 공식적인 인구조사는 1801년 리치먼(John Richman)의 책임하에 실시되었고, 그 이전 시기에 대한 통계는 그리피스(Griffith)와 리치먼 같은 학자들의 추계에 불과했다. 그러나 그것이 비록 추계에 불과한 것이었다고 해도 양자의 추계치 사이에는 격차가 크지 않아 신뢰성이 높은 편이었다. 그 이후 영국의 공식적인 인구조사는 1801년부터 10년을 주기로 정기적으로 실시되었다(Patrick Rooke, *Agriculture and Industry*, London, 1970, p. 11).

〈표 2-1〉 영국 농업 취업인구의 추이

(단위 : 천 명)

연도	농업 취업인구(A)		남성 농업 취업인구(B)		B/A(%)
	실수	지수	실수	지수	
1871			1,366	113	
1881	1,591	113	1,319	109	83
1891	1,492	106	1,253	104	84
1901	1,408	100	1,209	100	86
1911	1,497	106	1,267	105	85
1921	1,318	94	1,212	100	92
1931	1,198	85	1,120	93	93

출처 : Viscount Astor & B. Seebohm Rowntree, *British Agriculture, The Principles of Future Policy*, London, 1938, p. 306 ; 小林茂, 『イギリスの農業と農政』, 成文堂, 1973, p. 115.

고, 농외인구는 약 2.1배의 증가세를 나타냈다. 이와 같은 농업 취업인구의 감소와 농외인구의 증가라는 상반되는 사회현상은 농촌의 노동력이 토지에서 유출되었음을 의미한다. 토지로부터 농촌노동력이 유출된 현상은 1861년 175만 명이던 남성 농업 취업인구가 1901년에는 그 70%에 불과한 125만 명으로 감소된 것에서도 유추할 수 있다. 당시 농업 취업인구의 상세한 변화추이는 〈표 2-1〉에 나타나 있다.

이 표에 나타난 영국 농업 취업인구의 변화추이는 1881년 159만 1,000명이던 것이 10년 후인 1891년에는 149만 2,000명으로, 1901년에는 140만 8,000명으로, 1881~1901년 사이에는 매 10년 주기마다 6%씩 감소하는 추세를 보였다. 이어 1901~1911년의 10년 사이에는 140만 8,000명에서 149만 7,000명으로 오히려 6%의 증가 추세로 반전되어 1891년의 수준으로 회복세를 나타냈다. 또한 남성 농업 취업인구의 변화추이를 보아도 그 변동형태는 전 농업 취업인구의 변동추이와 유사한 경향을 나타낸다.

이와 같은 농업 취업인구의 증감현상은 19세기 말의 장기적인 농업공황을 경과하면서 농업노동력이 토지에서 이탈되었음을 의미한다. 토지로부터 농업노동력이 유출된 원인은 여러 가지가 겹쳐 복합적일 수 있겠으나, 입수된 자료를 근거로 추정하면 당시의 영국 사회는 산업화의 성숙에 수반된 농업노동 임금과 도시노동 임금 간의 격차가 심화되어 갔다는 사실과, 도시로의 통근을 가능케 하는 자동차

〈표 2-2〉 직종별 평균 주 임금의 추이

연도	농업노동자 임금		지수	도시노동자 임금		지방직인 임금		런던직인 임금		건설업 노동임금		벽돌직인 임금	
	실링	펜스		실링	펜스	실링	펜스	실링	펜스	실링	펜스	실링	펜스
1795	9	0	64	12	0	17	0	25	0	-		-	
1807	13	0	93	14	0	22	0	30	0	-		-	
1824	9	6	68	16	0	24	0	30	0	-		-	
1833	10	6	75	14	0	22	0	28	0	-		-	
1867	14	0	100	20	0	27	0	36		-		-	
1897	16	0	114	25	0	34	0	40	0				
1913	18	0	129	-		-		-		27	0	40	0
1924	28	0	200	-		-		-		55	6	73	5
1929	31	8	226	-		-		-		54	1	72	4
1933	30	6.5	218							49	2	65	6
1936	32	4	231							52		69	4

출처 : Viscount Astor & B. Seebohm Rowntree, *Ibid.*, p. 313.

의 보급 및 철도망의 확충 등과 같은 대중교통수단의 발달에 있었다.

〈표 2-2〉는 1795년부터 1936년까지의 농업노동 임금과 도시노동 임금을 연도별로 대조한 것이다. 이 표에 의하면 농업노동 임금과 도시노동 임금 모두 동일 기간 중에 상승하였으나, 도시노동 임금이 농업노동 임금보다 1.5배 이상의 상승세를 유지하였다. 이와 같은 도시와 농촌 간의 임금격차는 농업노동력이 도시노동력으로 흡수되었던 데 주요 원인이 있었을 것이다. 그 이외에도 자동차의 보급이라든지 철도망의 정비가 농촌의 노동력이 농촌에 거주하면서 도시로 나가 도시노동으로 취업을 가능케 한 데 있었다.[5] 이와 같은 농업노동 임금과 도시노동 임금 격차의 심화현상과 교통수단의 발달은 당시 농업노동 인구의

---

5) W. H. Curtler, *A Short History of English Agriculture*, Oxford, 1906, p. 314. 이 저서에는 영(A. Young)이나 마셜(A. Marshall) 및 케어드(J. Caird)가 1901~1902년에 걸친 여행 중에 영국 농촌의 실정을 기사화하여 신문지상에 발표한 여행기를 많이 인용하고 있어서 19세기 말과 20세기 초 영국 농촌의 실정이 상세히 소개되어 있다(필자 주).

토지에서의 가속적인 이탈현상을 부채질하는 역할을 했다. 그러나 농촌노동력의 도시로의 유출은 농업노동력의 부족현상을 초래하는 동시에 농업노동 임금을 인상시키는 작용을 하여 결과적으로 잔류 농업노동자에게 이익을 주었다. 그리하여 농업자는 농업노동력의 부족과 농업노동 임금의 상승에 따르는 역작용 때문에 점차 기계화에 의한 노동절약적인 농업경영 등 좀 더 유리한 농업 부문으로 옮겨 가게 되었다. 또한 농업노동 임금이 인하하는 데 주요 원인이 되었던 교통수단의 정비 및 발달로 농촌과 시장의 거리가 단축됨으로써, 시장지향적인 화훼 및 야채 재배 가능 지역이 확대되었다. 결과 농업 대불황 이후 영국의 농업이 더욱 노동절약형이면서도 자본집약형으로 방향을 전환하고, 시장지향적인 화훼 및 과일·야채 재배 등 농업경영의 전환을 가속시키는 작용을 하였다.

2. 새로운 농업정책의 전개

전통적으로 영국 농업정책의 주요 변수로 작용하던 곡물법 철폐 이후 영국의 농업은 장기적인 농업 대불황기를 거치면서도 자유무역주의 및 자유방임주의에 방치되어 있었다. 그러므로 그 기간 중 영국 정부는 농업정책에 관한 한 다른 적극적인 정책을 강구하지 않았다. 그러나 사반세기라는 장기간에 걸친 대불황을 경과하면서 영국 정부는 장기 불황에 대한 대책을 전개할 기미를 보이기 시작하였다. 그 최초의 증좌가 1889년에 계획한 신제(新制) 농업원(農業院)[6]의 설립이었다.

당시 이 신제 농업원이 중점을 두고 행하였던 정책 내용은 다음과 같다. ① 가축병역예방(家畜病疫豫防), 종자 및 사료의 청결과 소독·멸균과, 우량품종을 개선하는 등의 기술적 원조, ② 차지농의 토지개량투자에 대한 보상 및 차지조건 개선에 관한 입법화, ③ 소농지 보유의 창설 및 장려, ④ 농업자의 부담을 줄이기 위한 지방세 경감조치, ⑤ 농촌의 생활개선과 후생설계를 위한 조치와 농

---

6) 영국 최초의 농업원(Board of Agriculture)은 1793년 피트(Pitt)가 설립했고, 그 당시 최초의 농업원 장관은 싱클레어(John Sinclair)였다. 그러나 1889년에 설립된 신제 농업원의 초대 장관인 런치맨스(Walter Runcimans)는 실무에 밝은 전문가라기보다 정치가 출신이었다 (R. E. Prothero, *English Farming Past and Present*, London, 1917, p. 196).

업교육 및 연구를 촉진하기 위한 입법조치 등이다. 상기한 다섯 가지의 중점 사업정책 내용을 더욱 적극적으로 실시하기 위해서 1910년에는 개발위원회(Development Commission)를 설치했다.

이들 신제 농업원이 중점을 두고 행한 정책들은 장기적인 농업 대불황하에서 농촌의 빈곤을 적극적으로 구제한다기보다는 당시 영국의 농업이 전적으로 의탁하고 있던 자유방임정책에 경각심을 불러일으키는 정책으로 질적 전환을 하는 초발적 조치였다.[7] 그러나 이들 신제 농업원이 전개했던 농업정책 가운데에서 간과할 수 없는 것은 대불황을 경과하면서 대토지 소유보다는 소토지 소유를 장려했고, 이 정책이 바로 20세기 영국 농업의 토지 보유구조를 고찰하는 중핵심이 되었다는 점이다.

앞서 설명한 바와 같이 19세기 말 농업 대불황 이후에 나타났던 영국 농업인구의 '토지에서의 유출'은 영국 내의 농업이 정체되었음을 의미하는 동시에 미숙련 노동력의 도시로의 유입을 의미할 뿐 아니라 도시의 노동 임금이 하락하는 요인이 되었다. 때문에 영국 정부는 농업에서 노동력이 유출되는 것을 방지하기 위한 한 방편으로 소토지 보유를 장려하였다. 이는 소토지 소유자가 효율이 높은 농업생산자라는 일반적인 신앙을 기초로 고안된 것이기도 하였지만, 그 이면에는 소토지 보유의 증가현상은 농촌에 거주하는 사람들에게 사회주의가 퍼지는 것을 방지하는 역할을 하게 될 것이라는 보수주의자들의 견해도 있었다.[8]

1892년에 들어서면서 영국 의회는 소토지 보유법(Small Holdings Act)을 제정하여 각 주의 지방의회에 충분한 수요가 있을 때에는 소토지 보유를 창설할 수 있는 권한을 부여하였다. 동시에 토지 구입자금은 공공토목사업자금 대여위원회(Public Works Loan Commission)가 관리하고 소토지 구입 희망자는 토지 구입금액의 20%만 지불하면 잔여액은 대여위원회에서 장기 연부로 상환하도록 제도화하였다. 그러나 사실상 이 법률은 실제로 운용하는 주가 적었기 때문에 실효를 거두지 못하였다. 반면에 동 법률에 대한 실효조사를 위해 임명된 위원

---

7) 三澤嶽郎, 『イギリスの農業經濟』, 農林水産業生産性向上會議, 1958, p. 52.

8) Load Salisbury, Speech at Exeter, 3 Feb, 1982, Quoted by G. Shaw-Lefevre, Agrarian Tenures, London, 1893, p. 83 ; 小林茂, 『イギリスの農業と農政』, 成文堂, 1973, p. 120.

회는 소토지 보유에 대한 요구가 강하다는 것을 인식하고 1908년 새로운 소토지보유·할당지법(Small Holding and Allotments Act)을 입법화하는 데 적극적인 역할을 하였다. 이 신법에서는 종전보다 간소화하여 소토지 보유의 허가를 받는 데 그치지 않고 주의회에서 계획 중인 소토지 보유의 수와 성격 및 규모, 그리고 이를 위해 필요한 토지 확보에 관한 계획안을 작성하여 농무성에 제출하도록 제도화하였다. 그리고 그것에 기초를 두고 주의회에 토지 확보를 위한 강제권을 부여했다.[9]

이 신법률은 그 철저한 성격 때문에 성공을 거두어 시행 첫해에는 대략 1만 2,000건의 신청서가 제출되었고, 1908~1914년까지는 약 20만 에이커의 토지를 주의회가 획득했으며, 소토지 보유가 1만 4,000건 이상 판매 또는 대출되었다. 이와 같은 현상은 1936년경에 이르러 영국 농장의 약 44.8%가 1~50에이커 미만의 소토지 보유현상이 일반화되는 현실의 기초적 역할을 하였다.

앞서 세계 역사상 최초로 산업혁명을 성공적으로 완수하고 경제적으로 독보적인 우월성을 확보했던 영국이 전 산업 부문을 자유무역·완전개방정책에 노출시킨 후, 19세기 후반에 이르러 후발 국가들의 성장과 그에 수반되는 국제경쟁 속에 초래된 장기적인 대불황을 체험하면서 영국의 토지가 어떠한 상태로 구조적 변화를 겪었는지 고찰하였다. 19세기 말 농업 대불황기를 경과하면서 영국의 농업은 해외와의 경쟁에 대처하여 변신을 시도, 그에 적응하는 과정에서 새로운 농정을 전개하기 시작하였다. 이 과정을 통해서 20세기 초에 이르러 영국의 농업은 불황의 터널을 벗어나 회복의 기미를 보이게 되었다.[10]

---

9) C. S. Orwin & E. H. Whetam, *History of British Agriculture 1846~1914*, London, 1964, pp. 333~334.

10) 영국의 농업발전 과정을 보면 20세기 초에는 2회에 걸친 단기적 경제공황이 있었으나, 그것이 농업공황 국면으로까지 이르지는 않았다. 오히려 이 단기 공황으로 인하여 농산물가격은 상승 경향을 나타냈다. 그러나 영국의 농업이 번영 국면에 접어든 것은 1914년 제1차 세계대전이 발발한 이후의 일이라고 보아야 할 것이다(필자 주).

3. 변혁 전후의 사회경제적 상황

20세기 초엽, 특히 제1차 세계대전 직전의 영국은 아직도 국내에서 소비하는 식료의 3분의 2를 해외로부터 수입하고 있었다.[11] 나아가 국제수지는 실질적으로 흑자를 유지하고 있었어도 수입액은 항상 수출액을 능가하였다. 사실상 영국은 1816년 이후부터 무역수지면에서 수입 초과현상을 그대로 답습하고 있었으며, 이 같은 무역수지 적자는 상선대의 수입이나 해외투자에 대한 이자 수입 등과 같은 무역외 수지에서 보완하여 왔다. 특히 1913년에 이르러 영국의 상선대는 전 세계의 39%에 달하는 큰 비율을 점하면서 대수송 선단을 보유하고 있었고 해외에서의 이자배당 수입도 200만 파운드에 달하였다.[12] 이 같은 경제적인 잠재력에 더하여 강대한 해운력까지 과시하고 있었기 때문에 영국은 어떠한 위기상황에 처한다고 할지라도 해외에서 안전하게 식량을 확보할 수 있을 것이라고 확신하였다.

그러나 제1차 세계대전이 발발하자 상황은 이러한 예상에서 빗나가게 되었다. 대전 중 영국의 상선이 독일의 잠수함에 의해서 무제한 공격을 받게 되자[13] 식료품의 대부분을 선박수송에 의한 해외 수입에 의존하고 있던 영국 정부는 그 위험성을 감지하고 종래의 소극적인 농업정책을 일신하여 식료증산정책을 강구하기에 이르렀다.

다음에는 제1차 세계대전을 경과하면서 이른바 전시농정이 어떠한 형태로 전개되어 곡물생산법(Corn Production Act)을 제정하게 되었으며, 또한 종전 이후 동 법률이 철폐되면서 어떠한 농업현상을 도래했는지 고찰하고자 한다.

---

11) C. P. Hill, *British Economic and Social History 1700~1939*, London, 1961, p. 374.

12), 13) 제1차 세계대전 중 독일의 U형 잠수함에 의해서 영국의 상선대가 받은 피해액은 800만 톤 이상에 달하였다. 그 가운데 인력 및 철재의 부족 때문에 상선대의 새로운 보충은 절망적이 되었다. 그리하여 1919년의 영국 상선대는 대전 발발 직전보다 14%나 감소했다 (C. P. Hill, *British Economic and Social History 1700~1939*, London, 1961, p. 374).

1. 전시농정의 출현

제1차 세계대전이 발발했던 1914년 9월 영국 정부는 곡물 경작면적을 확대하기 위해 농민에게 재정적 원조를 해야 할 필요성을 인정하지 않는다는 정책을 발표하였다. 사실상 당시의 영국 농업은 참전하기 위한 병력소집으로 잉글랜드 및 웨일스의 농업노동력이 6분의 1로 감소되었지만 잔류 노동력에 의한 노동강화와 기후의 혜택으로 1914~1915년까지의 농산물 수확은 평년작을 상회하였다.

그런데도 자유시장에 의한 가격조절 작용이 도입되어 밀 및 귀리 가격이 급상승하고 보리 및 축산품은 완만한 상승세를 나타내고 있었다. 그 결과 밀 및 귀리 경작이 증대하고 보리 및 목초의 윤작재배 시도가 축소되었다. 이러한 현상은 정책적 수단을 강구하는 요인이 되어 전시농업에 적합한 형태로 이행하려는 기미를 보였다. 1915년에 들어서 영국 정부는 밀너(Milner) 경을 의장으로 하는 위원회를 설치하고, 잉글랜드와 웨일스에 1916년 이후까지도 대전이 계속된다는 가정에서 식량증산계획을 검토하였다. 그러나 동 위원회는 위원들이 의견을 통일하지 못하여 적극적인 시책을 강구할 수 없었다.

1916년에는 악천후와 노동력의 부족으로 영국 내의 식량농산물 생산은 감퇴하고 경작면적도 축소되었다. 더구나 해외 농업의 부작현상 증대와 독일의 U형 잠수함 공격이 격화함에 따른 영국 상선대의 손상으로 수송능력이 현저히 감소하고 해외 농산물의 수입이나 비료수입이 더욱 어렵게 되었다. 이 때문에 대전 발발 후 3년을 경과하면서 영국 정부는 식량농산물 증산에 노력을 경주하지 않으면 안 되는 상황에 직면하게 되었다.

1917년 1월 영국 농무성은 밀너 위원회의 건의를 받아들여 적극적인 식량증산정책의 제1보를 내디뎠다. 그 내용은 농무성 내에 식량생산부(Food Production Department)를 신설하여 노동력, 농업용 기계기구, 사료, 비료 등과 같은 농업생산재 공급과 적정 분배의 임무를 수행하도록 하였다. 이어 전국의 각 주에 주 농업실행위원회(County Agricultural Executive Committee)를 설치하여 초지개간과 경작 및 기타 식량증산에 필요하다고 인정되는 제반 조치를 농민에게 시달하는 권한을 부여했다. 동년 2월 영국 정부는 식량농산물 증산을 자극하는 재정적 유인을 부여할 필요성을 인정하고, 4월에는 곡물생산법을 제정하였다. 이 곡물생산법은 곡물에 대한 최저 가격의 규정, 지대 인상의 금지 및 농업노동자의 종별에 따른 최저 임금률의 공정화라는 세 가지 주요한 농업정책을 규정한 것이었다.[14]

첫째, 곡물에 대한 최저 가격의 결정은 밀과 귀리에 대한 최저 가격을 공정하게 보증한다는 사상을 도입했던 것으로 이는 영국의 농정 사상 획기적인 사건으로 간주되는 것이었다.

둘째, 지대 인상의 금지 문제에서는 19세기 4/4반기의 농업 대불황 시대를 통해서 지대는 인하 일변도로 치달아 오다가 제1차 세계대전의 발발을 계기로 상승세로 전환되어 왔음을 앞에서 언급하였다. 따라서 동 법률조치는 이와 같은 지대의 상승현상을 정책적으로 금지한 것이었다.

마지막 내용인 농업노동자에 대한 최저 임금률의 공정화는 이 공정화를 실현하기 위해서 영국 정부는 농업임금청(Agricultural Wages Board)을 설치하여 농업 업종별 최저 임금률을 공정화하였다. 이 조치는 당시 대전으로 인한 병력소집으로 감소된 농업노동력을 확보하는 것이 농업증산을 위해 불가결한 대책이었기 때문에 최저 임금률의 공정화는 아주 중요한 정책이었다. 식량증산을 위한 또 다른 정책은 초지개간의 촉진이었다. 이를 위해 1917년 1월 초지개간에 따르는 경지 확장면적의 목표로 300만 에이커를 상정하였다.

앞에서 설명한 바와 같은 정책 시행에 자극되어 제1차 세계대전 중 영국의 농업은 번영을 누리게 되었다. 독일 잠수함이 영국을 계속 봉쇄했음에도 불구하고 1918년까지 영국은 육류나 계란 및 버터, 심지어 설탕에 이르기까지 배급제를 도입할 필요가 없을 만큼 순탄한 과정을 걸었다.

한마디로 제1차 세계대전 기간 중 영국 내의 농업은 가격이 상승하고 농업자가 취득하는 이윤이 높았기 때문에 번영을 누릴 수 있었다. 역사적으로 영국의 농업은 전시 중에 번영을 누리는 전통이 있었다. 이 시기보다 100년 전인 나폴레옹 전쟁시에도 영국의 농업은 나폴레옹의 대륙봉쇄에 대한 역작용으로 농산물가격이 상승하면서 국내의 농경지가 확대되는 동시에, 높은 이자율로 자금을 차입하면서까지 새로운 농장을 구입하는 투기열이 일어 열등지까지 농경지로

---

14) 小林茂, *op. cit.*, p. 124.

환원되는 등 전시에 농업이 번영을 누렸던 바 있다.[15] 바로 이러한 현상이 제1차 세계대전 중 영국의 농업에 재래하였던 것이다.

그러나 전쟁에 의한 번영은 오래 지속되지 못했다. 1918년 대전이 종식되고 평화가 오자 1815년의 경우와 마찬가지로 농업은 후퇴의 기미를 보였다. 즉 제1차 세계대전을 경과하면서 곡물생산법의 제정 등 정책적인 배려에 힘입어 번영을 누리던 영국 농업은 종전 이후 전시경제에서 평시경제로 이행에 수반되는 투기적인 소비수요에 촉발되어 1919년부터 1920년에 걸쳐서 단기적인 전쟁 붐을 경험하였다. 실제로 보리 및 밀을 비롯해 육류·낙농품까지 농산물가격은 전시 및 전후 시기를 통틀어 최고치에 달하였다(〈표 2-4〉 참조). 그러나 이후 1920년 말부터 농업은 공황 상태로 급전하게 되었다.

2. 농업의 위기

제1차 세계대전과 그 직후의 영국 농업의 번영시기는 1810년대의 나폴레옹 전쟁 시기의 경우에 비해서 현저히 짧았으나, 그와 반대로 전쟁 직후 영국 농민이 받았던 고통의 정도는 가일층 심한 것이었다. 다시 말해서 영국의 농업은 대전 이전의 상태로 돌아가 해외 농업과 격심한 경쟁에 직면하게 되었다. 그런데도 1921년에는 대전 중에 제정했던 곡물생산법을 철폐했다. 이 영향으로 수많은 농민들이 파산하였고, 소밀의 경지는 또다시 초지로 변하여 육류 및 낙농으로 이행이 시도되었다. 이리하여 종전 이후 수년이 지나면서 국내 농업생산력은 대전 직전의 수준 이하로 떨어졌다. 이것을 이른바 1920~1923년의 '농업 위기'라고 일컬었다.

물론 이 시기는 농업 분야뿐만 아니라 경제 전반이 공황상태에 있었고, 그 규모도 세계적이었다. 다시 말해서 이 시기는 전후 공황으로 주기적인 순환 공황과는 그 특성이 달랐다. 즉 대전 이후의 세계는 상대적인 과잉생산 영역과 상대적인 과소생산 영역으로 나뉘어 국제적 분업체제가 균형을 유지하면서 공업국과 농업국으로 분리되었다. 이 같은 공업국과 농업국의 균형은 무역 관계에서 유지되고 있었으나 대전 중에는 종래와 같은 무역 관계가 단절되었다. 즉 전시하에서는 농업국에서도 국내의 공업생산 기반을 확립할 필요성을 절박하게 느

---

15) E. L. Jones, *The Development of English Agriculture 1815~1873*, London, 1968, p. 10.

끼고 그에 대응하기 위한 공업화가 촉진되었다. 그리하여 대전이 종식되어 평시 상태로 회복되는 단계에서 종전의 농업국들이 신흥공업국가로 전환하여 상당한 공업생산력을 보유하는 국가로 성장하였다.[16]

〈표 2-3〉은 1891년부터 1916년까지 잉글랜드와 웨일스의 농용지 이용 상황의 추이를 나타낸 것이다. 이 표에서 잉글랜드 총경지면적의 비율추이지수를 1901년을 100으로 보았을 때 1911년에는 94, 1913년에는 92, 1915년에는 91로 감소하다가 1916년에는 92로 약간 증가세로 반전하였다. 즉 20세기 초부터 제1차 세계대전이 발발하던 1914~1915년경까지 농용지면적은 약간 감소하면서 정체하고, 총경지면적도 감소 일변도로 치닫다가 대전 발발 후 3년이 지난 1916년부터는 농용지 및 총경지 면적 모두가 증가세로 전환되었다.

이러한 현상은 대전의 영향이 표면화되고 있음을 의미하며, 경지면적의 감소는 곡작농업이 후퇴하고 축산을 주축으로 하는 초지농업으로의 이행을 뜻하는 동시에 19세기 4/4반기의 장기 농업불황기 이후 일관된 동향을 의미한다. 그러나 대전 발발 후 3년을 경과하면서 나타난 지수의 경향은 바로 이 대불황기 이후의 지속적 경향이 단절되어 갔음을 말해 준다.

〈표 2-3〉을 통해서는 영구목초지와 곡작 및 윤작목초지가 상반되는 추이를 주목해야 할 것이다.

영구목초지는 1914년까지 계속 증가 추세를 나타내지만 1915년 이후부터 감소 추세로 전환되고 있다. 요컨대 영국은 제1차 세계대전 2~3년을 경과하면서 곡작과 윤작목초는 종래와 반대로 증가 추세로 전환한 데 반하여 영구목초지는 감소세를 나타내고 있다. 이러한 경향은 ① 영국의 곡물은 대전의 영향으로 수입이 어려워졌으며, 식량농산물의 자급을 위해서 대불황 중에 축산으로 이행했던 영국 농업이 다시 곡작으로 역행하기 시작하였다는 것, ② 그와 같은 전시농업의 형태로 이행은 대전 직후가 아니라 대전 발발 후 1~2년을 경과한 다음 시

---

16) R. R. Enfield, *The Agriculture Crisis 1920~1923*, London, 1924, pp.1~13 ; *Ibid*., p.125. 예컨대 이러한 신흥공업국으로는 미국의 발전, 아시아에서 일본의 대두, 방적업에서 인도의 진보 등을 지적할 수 있다. 이들 신흥자본주의 세력의 출현으로 대전 전의 세계 자본주의 재생산구조가 근저에서부터 파괴되고 있었다. 고전적인 재생산구조상에 있던 영국 경제는 종전과 함께 그 기초를 상실해 가고 있었기 때문에 장기적으로 1923년까지 공황 상태가 지속되었다(필자 주).

<표 2-3> 영국 농용지 이용 상황의 추이(비율)

연도			1891	1901	1911	1912	1913	1914	1915	1916
잉글랜드	농용지면적		102	100	99	99	99	99	99	98
	곡물	밀	135(18.4)	100(14.6)	111(17.2)	113(17.4)	103(16.2)	109(17.4)	131(20.9)	115(18.3)
		보리	108(14.9)	100(14.7)	82(12.8)	83(13.0)	90(14.3)	87(13.9)	70(11.3)	76(12.2)
		귀리	91(14.0)	100(16.5)	100(17.6)	102(17.8)	97(17.3)	94(17.0)	103(18.6)	102(18.3)
		곡작계	113(52.2)	100(49.7)	99(52.4)	101(53.2)	98(52.6)	98(53.3)	101(52.7)	97(52.7)
	청과		105(21.2)	100(21.6)	97(22.3)	100(22.9)	93(21.9)	96(22.6)	90(21.2)	87(20.6)
	윤작목초		96(23.2)	100(25.9)	81(22.2)	78(21.3)	78(21.9)	74(20.8)	73(20.7)	81(20.6)
	총경지면적		107(100.0)	100(100.0)	94(100.0)	94(100.0)	92(100.0)	92(100.0)	91(100.0)	92(100.0)
	영구목초지		97(109.8)	100(121.1)	103(132.8)	103(131.8)	104(136.7)	104(137.9)	104(138.1)	104(137.5)
웨일스	농용지면적		102	100	98	98	98	97	97	98
	곡물	밀	132(7.1)	100(5.3)	100(5.2)	87(5.6)	81(5.5)	79(5.3)	104(7.1)	100(6.7)
		보리	132(13.4)	100(11.6)	85(12.0)	89(12.3)	87(12.8)	82(12.1)	78(11.6)	85(11.6)
		귀리	112(26.8)	100(23.8)	99(8.5)	99(28.0)	97(29.1)	96(28.9)	95(28.8)	106(29.7)
		곡작계	115(47.7)	100(41.1)	92(46.1)	95(46.5)	92(47.8)	90(47.0)	91(47.9)	100(48.40)
	청과		111(14.0)	100(12.5)	84(14.2)	95(14.1)	91(14.4)	92(14.6)	87(13.9)	93(13.6)
	윤작목초		81(37.2)	100(45.5)	71(39.0)	72(38.8)	64(36.8)	65(37.6)	65(37.6)	70(37.3)
	총경지면적		99(100.0)	100(100.0)	82(100.0)	84(100.0)	79(100.0)	79(100.0)	79(100.0)	85(100.0)
	영구목초지		104(230.0)	100(220.6)	104(274.0)	104(296.1)	106(296.1)	106(297.0)	106(296.5)	103(268.3)

출처 : R. E. Prothero, *English Farming Past and Present*, Appendix IV Table 1, London, 1917.

작되었음을 의미하는 것으로서, 이는 앞서 언급한 바와 같이 영국 정부가 식량증산정책을 뒤늦게 시행하였음을 시사해 준다.

그러나 여기서 간과해서는 안 될 것은 전시체제하에서 영국의 농업이 곡물증산 정책을 중요시했다고 해서 축산정책을 경시하였다고 단정할 수는 없다는 점이다. 여기에서는 당시의 영국 축산에 관한 정확한 통계를 제시할 수는 없으나 <표 2-3>에 나타난 영구목초지의 지수가 미소한 변화추이를 나타내고 있음을 보아, 전시경제하에서 영국의 농업은 곡작의 증산과 축산 중시 정책을 동시에 추진하였음을 추측할 수 있다. 따라서 대전 중의 영국 농업정책은 축산을 중시한 곡작증산정책을 병행해서 실시하였다고 판단된다. 이러한 축산 및 곡작증산의 병행정책은 농용지의 집약적 이용과 노동강화에 의해서 달성될 수 있는 것으로, 그러한 현상이

〈표 2-4〉 작목별 평균 가격 추이 지수

(1911~1913 : 100 기준)

연도	곡작			육축			낙농			양계		건초	감자	과실	양모	콩류	야채	농산물총계
	밀	보리	귀리	쇠고기	양고기	돼지고기	우유	버터	치즈	닭고기	계란							
1914	107	96	105	106	113	106	103	101	104	95	107	77	85	84	109	108	108	101
1915	162	131	152	136	130	129	117	117	124	113	130	106	109	95	159	141	124	127
1916	179	188	168	158	157	167	157	136	149	136	160	152	188	138	146	170	154	160
1917	232	228	251	205	197	226	191	177	203	169	211	157	237	154	162	270	238	201
1918	223	208	249	211	210	266	251	209	233	259	358	187	179	411	174	477	257	232
1919	223	267	264	232	230	276	300	215	269	227	355	257	235	318	308	319	257	232
1920	247	315	287	263	287	330	303	299	240	241	339	292	306	379	353	288	219	292
1921	219	184	172	172	217	228	263	215	171	212	242	151	232	283	84	196	246	219
1922	146	141	147	163	200	187	179	161	143	192	193	140	179	188	114	180	196	169

출처 : R. R. Enfield, *The Agricultural Crisis 1920~1923*, London, 1924, Appendix Table I & III.

농업자의 이익을 높여 주는 결과를 초래하여 전시 중 농업 번영의 기반이 되었다.

앞서 언급한 영국 농업의 번영은 길지 않았다. 1918년 독일의 항복으로 대전이 종식되고 1919년 파리 강화회의로 평화가 회복되자 전시경제 붐으로 초래되었던 영국 농업의 일시적 번영은 단기간의 전후 붐을 경과하다가 1920년 말 공황국면으로 돌입하였다. 공황현상을 단적으로 표현할 수 있는 것은 가격변동의 추이일 것이다.

〈표 2-4〉는 제1차 세계대전 중과 그 직후에 추계한 영국의 농산물가격 변동지수를 나타낸 것이다. 이 표를 통해서 우리는 전반적인 농산물가격, 즉 곡물 및 육류 가격이 전시 중에는 해마다 상승하고, 대전이 종료되어 평시경제로 이행되었던 1920년까지 계속 상승하다가 그 이후에는 급격히 하락함을 알 수 있다. 다시 말해서 농산물가격은 1914년 이후에는 급속한 상승경향을 띠면서 밀·보리·귀리는 1917년부터 1918년에 걸쳐 일시 침체한 후 곧이어 급상승으로 전환하고 있으나, 육류는 일관하여 상승세를 유지하면서 1920년에는 최고점에 달하였다. 그러나 그 이후에는 곡류 및 육류 모두 급락세를 띠는 동시에, 특히 곡물가격의 상승세가 육류가격의 상승세보다 급격히 선행함을 알 수 있다.

〈표 2-5〉는 1914~1922년까지 농업생산비의 변화를 나타내는 지표로서 비료 및 사료 가격변동을 지수로 나타낸 것이다. 이 표에는 유산암모니아, 과린산염,

⟨표 2-5⟩ 비료 및 사료비용 추이 지수

(1911~1913 : 100 기준)

연도	유산암모니아	과린산염(30%)	인산석회(30%)	사료
1914	81	102	100	100
1915	104	122	122	133
1916	126	168	163	190
1917	119	225	188	273
1918	115	236	199	279
1919	128	265	210	257
1920	165	322	283	262
1921	133	258	324	183
1922	109	157	195	149

출처 : R. R. Enfield, *The Agricultural Crisis 1920~1923*, London, 1924, Appendix Table IV.

⟨표 2-6⟩ 영국의 농업노동 임금 변동추이

(1911~1913 : 평균 기준 100)

연도	지수
1917	139
1918	150
1919	190
1920	240
1921	245
1922	150

출처 : 小林茂, *op. cit.*, p.139., 第4圖 ⟨農業生産財價格推移⟩에서 작성.

인산석회 등 세 가지 비료시장 가격동향이 나타나고 있으나, 이들 지수 모두 ⟨표 2-4⟩에 나타난 곡물가격변동 지수보다 늦게 상승하여 늦게 하락하고 있음을 알 수 있다. 그러나 사료가격은 육축·낙농품 가격 상승에 비해서 조기에 상승하여 조기에 하락하였다.

⟨표 2-6⟩은 제1차 세계대전이 종식되어 가던 1917년부터 1922년에 이르는 기간까지 영국의 농업노동 임금 변동추이를 나타낸 지수이다. 이 표에 의하면 1917년 이후부터 1921년까지 농업노동 임금은 상승 일변도 추세를 보이다가 1922년 급하락세로 역전되었다.

⟨표 2-4⟩, ⟨표 2-5⟩ 및 ⟨표 2-6⟩을 종합하여 그 상호관계를 보면 다음과 같은

결론을 도출할 수 있다. ① 유산암모니아는 농산물 총합보다 낮은 비율로 가격이 상승하다가 하향세로 바뀌었으나 다른 두 가지의 비료, 즉 과린산염이나 인산석회는 농산물 총합보다 급격히 상승하다가 그것보다 늦게 하락세를 나타냈다. ② 농업임금동향도 농산물 총합 가격 상승보다 늦게 상승하고 늦게 하향한다. 이러한 경향은 농산물, 특히 곡작물은 그 가격 상승이 생산비용보다 1920년도까지는 선행하였고, 또한 그의 하락시기도 농산물가격 쪽이 생산비용보다 선행하였음을 말해 준다.

나아가 이러한 경향은 농산물가격이 상승하던 제1차 세계대전 기간에서 1920년경까지는 농업생산이 유리한 입장에서 높은 수익을 올릴 수 있었으나, 반대로 농산물가격이 하락세를 나타내던 대전 종료 후, 특히 1920년 이후 농산물 매상이 하락하던 시기에는 생산비용이 하락하지 않아 농업생산이 괴로운 입장에 놓이게 되었음을 말해 준다. 즉 전후 공황기이던 농산물가격 하락기에 영국 농민들은 어려운 입장에 놓이게 되었다.

나아가 사료가격과 농산물가격 총합의 관계는 상기한 분석과 역의 관계에 있다. 따라서 구입사료에 의한 축산은 가격 상승기에는 상대적으로 고통을 받고, 하락기에는 상대적으로 낙관적이었다고 말할 수 있다.

종합하면, 제1차 세계대전 중 영국의 농업은 곡작물을 중심으로 번영하다가 종전 후, 특히 1920년 이후 급격히 후퇴하게 되었고, 바로 그 후퇴기에 축산이 상대적으로 유리한 입장에 놓이게 되었다고 판단할 수 있다.

3. 대공황

1924~1928년에 이르는 기간은 농외산업의 시대적 안정기를 맞이하여 농업생산도 상승하면서 이른바 상대적 안정기에 접어들었다. 그러나 영국 경제에 관한 한 이 상대적 안정기에서도 선철이나 조선 등의 부문에서는 대전 이전의 수준에도 이르지 못하였을 뿐 아니라 기타 부문에서도 안정의 정도는 낮은 수준에 머물렀다. 따라서 농업에서 안정의 정도도 낮은 수준에 있었다고 쉽게 판단할 수 있다.[17]

이 상대적 안정기에 영국의 농업은 곡작물의 후퇴와 축산·원예 부문 중심 경영

---

17) 류보시스(エル·イ-·リュボッッツ)는 1920~1923년의 전후 농업공황이 그 후 제2차 세계대전이 시작되는 시기까지 지속되었다고 이해하였다. 즉 1924~1928년에 이르는 상대적

〈표 2-7〉 각국별 농산물가격 지수 변동추이

연도	독일	영국	미국	캐나다	아르헨티나	뉴질랜드	이탈리아	네덜란드
1928	100	100	100	100	100	100	100	100
1929	98	98	98	100	95	96	96	93
1930	89	91	85	82	79	76	78	80
1931	84	82	58	56	59	57	65	60
1932	68	78	44	48	54	52	64	52
1933	65	76	47	51	53	53	65	58
1934	72	81	60	59	65	62	56	54

출처 : 常盤政治, 『農業恐慌の硏究』, 日本評論社, 1966, p. 315.

체제로 이행이 계속되었던 동시에 농업기술의 진보와 기계화·대형화도 현저히 진행되어 총체적으로 농업생산력이 발전하였다.

그러나 1929년 10월에 발발한 미국의 주식거래소 공황이 계기가 되어 상품가격의 하락, 생산의 축소, 실업인구의 급증으로 공황국면이 표면화되고 그것이 자본주의 국가들에게 파급, 미증유의 세계적 공황을 야기하였다. 세계적 규모로 시작된 1929년의 주기적 과잉생산공황은 마침내 농업 부문을 엄습, 농업공황을 야기하였고, 또한 그것이 공업공황과 상호작용하여 심각한 장기 공황으로 연결되었다. 〈표 2-7〉은 이 시기 각국의 농산물가격 지수를 나타낸 것이다.

이 표를 보면 농산물 수출국이었던 미국·캐나다·아르헨티나·뉴질랜드 등과 유럽 대륙 내에서 축산물 수출국이었던 네덜란드, 밀과 쌀 등 일부 농산물 수출국이었던 이탈리아 등이 모두 1930년 이후의 농산물가격 동향에서 현저한 하락 일변도를 나타내고 있음을 알 수 있다. 1928년을 기초 연도로 했을 때 미국의 최저 가격연도는 1932년으로 44, 캐나다 역시 1932년 48로 양국 모두 40대 수준으로 자

안정기도 공황이 계속된 기간이라고 이해하고 있는 것이다. 단지 이 기간의 상대적인 안정도를 인정하여 이 시기를 '농업공황 완화단계'라고 일컫는다(エル·イー·リュボツッツ, 『農業恐慌理論の諸問題』, 農業理論家硏究會譯). 이 견해에 동조하는 일본 학자로는 도키와 마사하루(『農業恐慌の硏究』, 日本評論社)가 있다. 이 경우 영국의 농업에 한해서 보면 류보시스의 견해는 상당히 설득력을 가지며, 이를 받아들일 경우 이 상대적 안정기에서 농업의 안정도는 낮은 편이었다.

본주의 국가 중 최저 지수 국가군에 속한다. 뉴질랜드와 네덜란드 등도 1932년이 최저치로 52, 아르헨티나와 이탈리아는 1933년이 최저로 공히 53의 지수를 기록하고 있다. 이에 반해서 농산물 수입국이었던 독일과 영국의 농산물가격 하락 경향은 타 농업국에 비해서 현저하지 않음을 알 수 있다. 즉 양국 모두 1933년에 최저 가격수준에 달하였으나 그 최저 가격의 크기는 독일이 65, 영국이 76으로 타 농업국가들에 비해서 큰 지수치를 보인다. 이러한 현상은 당시 독일이나 영국의 농업이 유리한 입장에 있었음을 의미하는 것이 아니라, 농업생산성이 여타 농업국들에 비해서 상대적으로 낮았음을 뜻한다.

〈표 2-8〉은 제1차 세계대전이 발발한 해(1914년)와 그 말기(1918년)의 영국 농업 상황과 대공황기인 1932년의 농업 상황을 대비한 표이다. 이 표를 통해서 우리는 대공황시 영국 농업의 정체를 추정할 수 있다. 즉 표를 통하여 제1차 세계대전 말기와 대공황기를 비교할 경우, 대체적으로 곡작물을 중심으로 하는 경종농업 부문이 밀 49.2%, 보리 37.6%, 귀리 39.1%씩 현격히 감소한 데 비해서 축

〈표 2-8〉 1914·1918년 및 1932년도 영국 농업의 대비표

구분		1914	1918	1932	증감률(%)	
					1932 / 1914	1932 / 1918
경종농업 (만 에이커)	밀	187	264	134	▲28.3	▲49.2
	보 리	170	165	103	▲39.4	▲37.6
	귀 리	285	402	245	▲14.1	▲39.1
	터 닙	191	171	116	▲39.3	▲32.2
	감 자	61	80	65	6.6	▲18.7
	윤작목초	386	345	392	1.6	13.6
	경지합계	1,429	1,585	1,241	▲13.2	▲21.7
영구목초지		1,761	1,589	1,742	▲1.1	9.6
축 산 (만 마리)	소 우 유	294	303	334	13.6	10.2
	소 쇠고기	415	438	425	2.4	▲3.0
	소 소 계	709	741	759	7.1	2.4
	양	2,429	2,335	2,641	8.7	13.1
	돼 지	263	182	335	27.4	84.1

출처 : K. A. H. Murray, *History of the Second World War, Agriculture*, London, 1955, p. 371. Appendix Table II.

산 부문은 증가세를 띠고, 우유 10.2%, 양 13.1%, 돼지 84.1%의 증가세를 나타냈음을 알 수 있다. 이는 영국의 농업이 이 시기를 통하여 축산 중심 경영으로 정책을 일관하여 지속해 왔고, 또한 그 현상이 대공황기에 더욱 심화되었음을 말해 준다. 이를 통해서 대공황기 영국의 농업은 근대화를 추진하는 과정에서 경종농업이 후퇴하게 되었으며, 그 과정에서 이 부문의 농업이 받았던 고통을 추측할 수 있다.

그와 같은 현상은 농산물 수출국이었던 미국을 위시한 농업국가들은 농업의 생산 과정이 자본주의화되어 대규모 기계체계의 도입에 의한 생산력의 진보가 농업 부문에도 현저히 나타나 본래적인 과잉생산공황을 야기했고, 그 영향이 농산물을 수입하던 영국 농업에 미친 것이라고 할 수 있다.

4. 보호농정의 출현

지금까지는 ① 제1차 세계대전 중에 영국 농업의 번영은 농업기술의 진보나 농업생산력의 발전에 기초를 두고 이루어졌다기보다는 대전의 영향으로 농산물 수입이 난관에 직면하자 국내 농산물의 상대적인 수요증대에 대응하여 경제적 채산을 도외시한 국내의 증산으로 달성된 것이었고, ② 대전이 종식되고 평시경제로 복귀함에 따라 영국 농업은 또다시 해외 농업과 격심한 경쟁에 직면하게 되었고, 그에 수반해서 본질적인 취약점이 폭로됨으로써 심각한 농업불황에 빠지게 되었으며, ③ 1924~1928년의 상대적인 안정기에 농업생산성은 절대적으로는 상승하였으나 상대적인 생산성의 향상은 여타 자본주의 농업국가들의 급속한 농업생산력 신장에 비해서 낮은 수준에 머무르다가 끝내는 1929년 세계대공황에 휩쓸리게 되었음을 설명하였다.

1929년부터 시작된 세계적 대공황으로 1932~1933년에 이르기까지 생산 부문에 있어서 생산이 계속 감소하였으나, 1933~1934년에 들어서면서 그 감소경향이 정체기에 접어들었다. 그러나 이 대공황은 이제까지의 주기적 공황과는 달리 자동적인 회복력을 상실하였다. 따라서 각 자본주의 국가들은 여러 가지 인위적인 정책을 강구함으로써 공황에서의 탈각을 시도하였다.

따라서 미국은 루스벨트의 뉴딜(New Deal)정책으로 공공투자를 증가시켜 일반 대중의 구매력을 자극하는 데 성공함으로써 불황에서의 탈출을 도모하였고, 이탈리아와 독일 및 일본에서는 이른바 파시즘(fascism)에 의한 경제군사화에 의해 구매력의 강제적 보강을 시도함으로써 공황에서의 탈출을 시도하였다. 이와 같은 현상은 두말할 것도 없이 세계경제가 강력한 내셔널리즘(nationalism)에 입각한 산업보호정책으로 기울어져 갔음을 의미한다. 이에 따라 당연히 각국에서는 자국의 농업을 보호하는 조치를 강구하는 경향이 강하게 나타났다.

앞서 설명한 바와 같은 국제적 추세의 영향으로 영국도 산업혁명 이후 거의 1세기 이상 동안 전통을 지켜 오던 '자유방임·자유무역'의 개방정책기조를 파기하고 보호주의 체제로의 전환을 시도하게 되었다. 이 영향으로 1931년 이후부터 영국의 농정기조도 보호주의 체제로 변혁이 이루어지기 시작하였다.[18]

1846년 곡물법 철폐 이후 완전개방·자유무역주의를 무역정책의 기조로 삼아 왔던 영국의 농정이 보호농정으로 전환을 시도한 것은 농산물가격의 안정화라는 당면 목적을 가지고 있었기 때문이다. 당시 농업적 자연조건의 혜택이 없던 영국의 입장에서 국내 농산물가격의 안정을 꾀한다는 것은, 결국 국제가격 수준보다 높은 수준으로 농산물가격을 안정시키는 것이 되어 공업입국으로의 위치를 자랑하던 영국 국내의 도시노동자들에게 불리하게 작용함으로써 노임을 상승시키는 파급효과를 줄 수 있었다. 나아가 국내 농산물가격을 높게 유지함으로써 영국 내의 농업 생산물을 증대시킨다는 것은 세계경제의 동향에 역행하는 결과를 가져온다고 볼 수 있다.[19] 여기에 농정기조의 변혁을 단행하려는 영국 정부는 정책을 선택하는 데 고심하였다.

다음에서는 1929년 대공황 이후 세계의 변화추세에 따라 보호정책으로 전환될 수밖에 없었던 영국 농정의 내용은 어떠한 것이었는지 규명하기로 한다.

---

18) C. S. Orwin, *A History of English Farming*, Edinburgh, 1949 ; 三澤嶽郎 譯, 『イギリス農業發達史』, 日本評論社, 1958, p.106.

19) 당시 세계경제의 동향은 제1차 세계대전 후 농산물 과잉생산경향이 세계적인 대농업공황의 주요 요인이 되었다. 이와 같은 조건에서, 더구나 농업적 자연조건이 열악한 영국에서 국내 농업을 정책적으로 증산시키기 위해 수입 제한으로 가격안정을 꾀한다는 것은 시류에 역행하는 정책을 단행하는 셈이었다.

1. 농산물 판매조직의 재편

영국은 제1차 세계대전 후 전후 공황기의 격심한 농산물가격 하락에 대응하여 1924년 농무성에 린리스고 위원회(Linlithgow Committee)를 설치하여 농산물 배분 및 가격에 관한 연구를 착수한 바 있다. 이어 동 위원회의 건의에 따라 농무성 내에 시장부(Markets Division)를 설치하여 농산물의 판매개선시책을 강구하였다. 따라서 농산물을 효율적으로 판매하기 위해서는 표준화와 규격화가 필요하다는 건의를 수용하여 국정상표(National Mark Brand)를 제정하고 사과·배·토마토·딸기·계란·닭고기·쇠고기·밀가루 등의 농산물에 적용하였다.[20] 또한 1922년에는 우유제품에 관한 협정가격을 협의하는 기관으로 항구적 합동 우유협의회(Permanent Joint Milk Committee)를 설치하였다.[21] 상기한 바와 같은 농산물 통제에 대한 정책적 차원의 규정 위에 1931년 농산물거래법(Agricultural Marketing Act)이 성립되었다. 동 법률의 골자는 어느 특정 농산물에 대해 생산자 다수가 희망하고 정부가 허가할 경우 그 생산자 단체는 생산물에 대한 생산 및 판매를 통제할 수 있도록 규정한 것이다.

그러나 1931년에 제정된 동 법률은 국내 생산자의 생산물만을 규제하던 것으로서 수입된 외국 농산물이 국내 시장을 교란할 경우를 대비한 규제책이 없었다. 이 점을 보완하여 1933년에는 새로운 농산물거래법을 제정하여 국내 생산물만이 아니라 수입 농산물 공급판매에 대해서도 통제를 가할 수 있는 권한을 농산물 생산자 단체에 부여하였다. 이로써 농산물 공급판매 농민에 대한 보호책이 더욱 완전해져 이를 기초로 우유 및 유제품, 돼지고기나 베이컨 등의 생산자가 조직한 공사 또는 협회가 설립되었다.

이러한 농산물거래법에 기초를 두고 설립된 농산물판매공사(Agricultural Marketing Board)의 본래의 목적은 다수로 분산된 농산물 판매력을 생산자 수

---

20) Viscount Astor & Keith A. Murray, *Land and Life : The Economic National Policy for Agriculture*, London, 1955. p. 144.
21) V. Astor & B. S. Rowntree, *British Agriculture : The Principles of Future Policy*, London, 1938, p. 272.

중에 규합하여 독점화한 강력한 판매력을 유지하는 동시에, 확고한 농산물시장을 창조하여 안정된 가격을 유지하기 위한 수급계획을 세워 생산을 규제하는 데 있었다. 이와 같은 농산물 판매공사 중에서 우유판매공사(Milk Marketing Board)는 운영면에서 가장 성공을 거둔 케이스였다.

1933년 10월부터 운영을 개시한 우유판매공사는 처음부터 지역에서 생산되는 우유를 장악하고 한번에 판매하는 독점적 강제력을 보유, 생산자에 대해서는 매입가격을 결정하고 판매에 대해서는 최저 소매가격까지 결정하는 역할을 하였다.

그러나 그 후 생산자 단체가 생산물에 대한 판매를 통제한다는 것은 일반 소비자의 이익에 위배된다는 비판이 일었다. 따라서 국내 농업의 안정을 위해서는 판매통제가 필요하다는 것을 인정하는 동시에 소비자 측의 이익도 수호한다는 측면에서 가격결정 권한을 제3자에게 양도한다는 방책이 강구되었다. 이렇게 해서 밀(소맥)위원회(Wheat Commission), 설탕위원회(Sugar Commisssion), 가축위원회(Livestock Commission) 및 베이컨개발공사(Bacon Development Board) 등과 같은 통제기관이 설립되었다.

2. 농산물 수입통제

1931년 11월에 제정된 원예생산물 비상수입법(Horticultural Products Abnormal Importations Act)은 농산물 수입통제의 효시가 되었다. 동 법률은 특정 원예생산물 수입에 중과세를 부과하는 것으로서 영국 내의 원예생산물을 보호하기 위해서였다. 이어 1932년 3월에는 수입관세법(Import Duties Act)을 제정하여 수입품에 10%의 종가관세를 부과하였다. 여기에는 식량 및 원료를 포함한 대부분의 농산물과 영연방국가 내의 생산물에 대해서는 면세한다는 면세표가 첨부되었다.

이에 따라 1932년 오타와 영제국경제회의(Ottawa Imperial Economic Conference)에서 오타와협정(Ottawa Agreement)이 체결되었다. 이 오타와협정은 영국연방 간의 무역에 관한 특혜조치로 영제국 식민지나 자치령과의 수출입을 우선거래나 우대하고, 타국에서의 수입에는 관세장벽을 계획한 것이었다. 따라서 동 협정에는 공급국에 대한 수입 할당량에 따라 수입량의 통제를 규정하였다. 요컨대 이 협정의 목적은 영제국 경제 블록을 형성하는 데 있었고, 이 협정으로 인해 대공황 이후 세계경제가 블록경제를 형성하는 계기가 되었다. 이 협정에 의해서 영국 본국은 연방국가들에서 쇠고기·양고기·베이컨 및 햄 등의 수입량 할당을 규정하였고, 제한된 외국과는 임의협정에 의해서 육제품의 수입량을 별도로 결정하였다. 그 후 베이컨과 햄에 대해서는 1933년의 농산물거래법, 육류는 1937년 축산업법(Livestock Industry Act)의 제정으로 강권적인 통제조치를 취하였다. 또한 1993년 밀의 국제적 수급조정을 도모하는 국제밀(소맥)회의(International Wheat Agreement)가 22개국 간에 조인되자 영국도 주요 밀 수입국으로 참여함으로써 국제적인 밀 공급통제가 효력을 발생하였다.[22]

1937년에는 영국이 중심이 되어 쇠고기 수출국의 쇠고기 생산자와 영국 내 생산자 대표들이 모인 국제쇠고기회의(International Beef Conference)를 개최하였다. 여기에서는 영국의 쇠고기 수입에 관한 통제를 논의하였고, 이것과 관련해서 영제국 쇠고기협의회(Empire Beef Council)를 설치하여 냉동 쇠고기나 인공조미된 쇠고기에 대한 수입 할당량을 결정하였다. 이에 따라 1938년에 이르러 명실공히 쇠고기에 대한 국제적인 수입통제가 실현되기에 이르렀다.

설탕에 관한 수입통제 과정을 보면, 1935년에는 종래의 차드본 계획(Chadbourne Plan)이 파기되고 1937년 새로운 국제설탕회의(International Sugar Conference)가 개최되었다. 여기에서는 수입국이 시장의 특정 부문을 수출국에 보증하고, 그 조건으로 수출국은 수출 할당을 수락하는 관계를 골자로 하는 5개년 협정이 성립되어 관계국의 비준을 얻어 1937년부터 실시되었다.

이와 같이 1930년대에 들어서면서 오타와협정을 계기로 국제적인 식량농산물 공급을 통제하려는 국제회의들이 수없이 개최되었다. 당시 영국의 입장에서 가장 관심을 가졌던 것은 오타와협정 정신[23]이었다.

오타와협정의 구체적인 실효는 1930년대 영국의 식량수입동향에서 명백히 나타났다. 즉 영국의 식량수입액을 영연방령에서 온 것과, 기타 외국에서 온 것

---

22) 이 협정에서 수출당국 및 가격에 관해서는 의견 일치에 실패하고 밀에 대한 국제적 통제만 유효하게 되었다(필자 주).
23) 오타와협정의 정신은 1938년 오스트레일리아의 시드니(Sidney)에서 개최된 영제국생산자회의(British Empire Producers' Conference)에서 재확인되었다(필자 주).

으로 나누어 1927~1929년의 연평균액을 기초 지수로 삼고 그 이후의 변동치를 살펴보면 먼저 영연방국에서의 수입가액은 1931년 117, 1932년 123, 1933년 142, 1934~1935년 137, 1936년 152, 1937년에는 다시 감소세로 돌아섰다. 이에 비해 기타 외국에서의 식량수입가액은 1931년 116, 1932년 99, 1933년 86, 1936년 75, 1937년 79로 나타났다. 이 지수들을 종합해 보면 영연방에서의 수입가액은 뚜렷한 증가세를 나타낸 반면, 기타 외국에서의 수입가액은 1930년대에 들어서면서부터 매년 감소하는 경향을 보였다.

요컨대 식량농산물 수입통제에 관해서 영국은 주로 영연방 이외의 국가들에 대해서는 엄격하고, 연방령에서의 수입에 대해서는 특혜조치를 강구하였다. 이는 당시 신흥 후발 자본주의 국가들과 경쟁적 입장에 서게 된 영국 경제가 연방 국가들과의 관계를 긴밀히 유지하려고 했던 의도를 반영한 것이다. 나아가 당시 영국의 수입통제품이 국내 생산품과 경합하는 품목에 국한하지 않았을 뿐 아니라 수입통제도 철저하지 않았다. 이러한 의미에서 수입통제정책은 국내 농민을 보호한다는 점에서는 실효를 거두었다고 볼 수 없다. 이는 앞서 언급한 바와 같이 농업보호정책으로서 수입 제한조치에 큰 의의를 인식하지 않았던 영국 위정자들의 사고에도 원인이 있다. 이런 의미에서 다음에 설명하는 보조금정책이나 가격보증정책 등이 농업보호정책으로서 중요한 의미를 갖는다고 하겠다.

3. 보조금 지급정책

영국 정부가 농산물을 장려하기 위해 생산업자에게 최초로 직접보조금을 지불한 것은 제당산업이었다. 당시 영국은 이 제당산업의 원료로 유럽 대륙에서 도입해 온 사탕무를 재배하여 사용하고 있었다. 이 사탕무는 경제적·상업적 요인 이외에 사탕무를 재배함으로써 잡초를 제거해 주는 등 토양을 정화하고 비옥하게 하는 효과가 있었다. 그리하여 1924년부터 제당산업에 대해 정부가 보조금을 지급하였다.

그것은 제1차 세계대전 후 곤경에 빠진 제당업자들이 정부에 국내산 설탕에 대한 국산세를 면제해 달라고 요구한 것이 계기가 되어 보조금이 나오게 되었다. 당시 영국 정부는 설탕생산이 상업활동을 활성화시키는 동시에 실업대책이라는 견지에서 동 산업에 대해 10년간 보조금을 지급하기로 결정한 바 있었다.

이에 따라 그 후 10년간 잉글랜드와 웨일스 지역의 사탕무 재배면적은 1924~1934년 사이에 2만 2,000에이커에서 39만 6,000에이커로 증가하고 설탕 생산량은 동 기간 중 2만 4,000톤에서 61만 5,000톤으로 증대되었다.

1934년에는 그린 위원회(Greene Committee)를 설립하여 제당산업에 관하여 전반적인 정세를 검토하고 동 산업에 대한 원조를 지속할 것인지의 여부를 논의하였으나 완전합의에 이르지는 못하였다. 보조금 철폐를 요구하는 위원은 보조금을 전환하여 생산자에게 작목전환보상금을 지불할 것을 주장한 반면, 보조금 존속을 희망하는 위원은 종래부터 지속되었던 보조금을 계속 지급하기를 주장하였다. 이에 영국 정부는 전시방위(戰時防衛)의 필요성을 위해 국내의 경종농업을 원조한다는 입장에서 후자의 의견을 채택하였다. 1935년 영국 정부는 제당업 재조직법(Sugar Industry Reorganization Act)을 제정하고 무기한의 항구적인 보조금제도를 확립하였다. 이에 따라 보조금교부 대상은 생산량에 제한을 두어, 백설탕의 연간생산량을 최고 56만 톤으로 하고 경작면적은 최대 37만 5,000에이커로 결정하였다.

쇠고기산업에서는 1932년 말 이래 여러 가지 수입제한정책을 강구함으로써 어느 정도 쇠고기의 가격 폭락을 방지할 수 있었다. 그러나 그것만으로는 국내 쇠고기 생산자의 수익성을 회복할 수는 없었다. 실상 영국 내의 쇠고기 생산은 해마다 하향하는 추세였기 때문에 이를 구제하기 위해 쇠고기 보조금제도를 도입하였다. 즉 쇠고기 가격이 폭락하던 1934년 동 산업의 파산을 방지하기 위한 임시 긴급조치로서 축산업 긴급조치법(Cattle Industry Emergency Provisions Act)을 제정했다. 동 법률은 일정률의 보조금 지출을 규정한 것으로서 소의 생체 1cwt당 5실링, 도살된 고기 1cwt당 9실링 4펜스 수준으로 축산위원회(Cattle Committee)가 관리하였다. 그러나 이 같은 임시조치법은 그 후 수차례의 개정을 거쳐 1937년의 축산업법(Livestock Industry Act)에 의해서 항구화되었다. 이때의 보조금 비율은 종전의 축산위원회에 대치된 가축위원회(Livestock Commission)가 시장의 조건이나 품질을 기준으로 하여 연 500만 톤을 한도로 정하고 그것을 초과하지 않는 범위 내에서 보조금액을 결정하였다.

4. 농산물가격보증제도

영국 농업보호정책의 중심은 바로 가격보증제도라고 할 수 있다. 영국에서 농산물가격 보호의 효시는 앞서 설명한 바와 같이 제1차 세계대전 중 1917년 4월에 제정된 곡물생산법의 규정에 있으나, 이 제도는 1921년 폐지된 전력을 가지고 있다.

농산물가격보증이 본격적인 농업보호정책으로 출현하게 된 것은 1931년이며, 밀(소맥)법(Wheat Act)의 제정이 그것이다. 이른바 '부족불(deficiency payment)'이라는 방식으로 운영된 이 형태는 영국의 밀가격을 보증해 준 전형이었다. 영국인들의 밀에 대한 의식은 "빵은 생명의 기본이고 밀은 빵의 원료이기 때문에 밀은 가장 중요한 식량이다. 때문에 밀의 생산은 보증되어야 한다"[24]는 전통적인 인식에서 "밀은 영국 농업의 기초이다. 때문에 밀 생산을 자극하는 방책은 단순히 국민에게 공급하는 식량만으로 그치는 것이 아니라 전체적으로 영국 농업을 발전시킨다"[25]는 인식으로 발전되어 있었다. 이 같은 의식 변화가 기초가 되어 밀에 대한 가격 보증이 조기부터 각종 곡물법 형태로 구체화되어 왔고, 또한 보호책으로 채택되기에 이르렀다.

1931년에 제정된 밀법의 가격보증원리는 밀 생산자가 판매할 밀에 대해서 일정한 보증가격을 결정하되 실제 거래시 시장가격이 그 보증가격을 상회할 경우에는 별 문제점이 없으나 시장가격이 보증가격을 하회할 경우에는 그 차액분을 정부가 생산자에게 지불하는 형태로 운영되었다. 그 경우 차액으로 지불되는 자금은 제분업자에게 과징하는 국내 생산세와 외국으로부터 수입하는 밀에 부과하는 관세로 충당되었다. 이와 같은 보증가격에 대한 부족분은 정부가 지불했다.

---

24) 농산물에 대한 재정적 지원방침에는 두 가지 종류가 있다. 하나는 농산물에 대한 직접보조금제도이고 또 하나는 가격보증(표준가격보증)제도이다. 전자는 농산물가격의 상승기에는 농업자에게서 사들여 유리하게 작용하나 가격 하락기에는 농업구제수단으로 충분한 효과를 나타내지 못한다. 이에 대해서 가격보증제도는 가격이 상승하는 경향일 때에는 그 기능을 충분히 발휘하고 반대로 하락기에는 표준가격이 적정선으로 결정되어 생산자의 이익을 보증할 수 있다 (三澤嶽郎 譯, 『イギリスの農業經濟』, 農林水產業生產性向上會議, 1958, p. 102).

25) V. Astor & B. S. Rowntree, *op. cit.*, pp. 82~83.

이 가격보증방식을 부족불제도라고 일컫는 이유도 여기에 있었다. 농업보호제도로서 이 부족불제도가 가진 장점은 두 가지였다.

첫째, 생산자가 밀의 판매량에 따라 전국 평균 시장가격과 보증가격의 차액을 보증가격이 시장가격보다 높을 경우에 한해서 정부에서 받는다는 점이었다. 그러나 생산자가 실제로 시장에서 실현했던 가격은 차액산정의 기준이 되는 전국 평균 시장가격과 일치하지 않을 수도 있었다. 그것은 출하되는 밀의 품질과 그때그때의 시장조건에 따라 변화하였다. 따라서 똑같은 전국 평균 시장가격과 보증가격의 차액을 수령하는 데도 실제로 입수하는 가격은 생산자에 따라 달랐다. 즉 생산의 능률을 향상시키고 생산 코스트를 저하시킴에 따라서 생산자가 받는 이익도 달랐다. 요컨대 이 농업보호의 방식에서는 일정한 보증가격을 결정하기 때문에 각 생산자에게 초과이윤을 추구하려는 기업활동에 자극을 주었다.

둘째, 이 제도는 국가의 재정적 부담 한도에 관하여 특별히 고려하였다는 점이다. 즉 영국 정부는 밀을 파종하기 전에 그 해의 보증가격과 예약 공급수량을 결정하여 공시하였다. 따라서 실제의 공급량이 예약 공급량을 상회하는 경우에는 그것에 반비례하여 부족불액은 인하하게 되었다. 요컨대 일정 수량에 대해서 일정 가격을 보증한다는 점을 제도적으로 장치하였기 때문에 실제의 생산량이 증대한다고 해도 정부가 보증가격을 부담하는 데는 일정 한도가 있었다. 예를 들면 어느해의 밀 보증가격이 cwt당 10실링이고 예약 공급량이 800만 쿼터, 평균 시장가격이 cwt당 6실링이라면 부족불액은 cwt당 4실링이 된다. 또한 실제 공급량이 예약 공급량을 크게 초과하여 960만 쿼터가 되었다면 실제 부족불액은 4실링×800/960=3실링 4펜스가 되어 본래의 부족불액 4실링보다 하회하게 되었다. 이 경우 정부가 부담하는 부족불 총액은 어느 경우에도 800만 쿼터의 소맥에 대해서 cwt당 4실링이 되는 것이다.

앞에서 설명한 바와 같은 장점이 있는 부족불제도로 철저한 보증정책이 가능하였던 것은 밀의 국내 생산량이 국내 소비량에 비해서 적은 비율을 차지했기 때문이었다. 1931년 당시 영국 내 밀의 생산량은 전 수요의 8분의 1 정도에 불과하였다. 그러나 이 가격보증에 의해 국내 밀 경작을 보호한 결과 영국 본토(Great Britain)의 밀 경작면적은 해마다 증가하여 1932년에는 134만 에이커였으나 1938년에는 192만 에이커로 규모가 증대하였다. 이로써 1938년에는 국내

〈표 2-9〉 밀가격보증의 추이

연도	가격보증(부족불) 총액(천 파운드)	cwt당 평균 수취 보증액(부족불분)	cwt당 평균 수취액
1932~1933	4,511	4실링 5.25펜스	9실링 9.75펜스
1933~1934	7,180	4실링 10.25펜스	9실링 6펜스
1934~1935	6,810	3실링 9.5펜스	8실링 8.5펜스
1935~1936	5,640	3실링 4.25펜스	9실링 1.5펜스
1936~1937	1,337	1실링 1.5펜스	9실링 11.5펜스

출처: V. Astor & B. S. Rowntree, *op. cit.*, p. 84.

수요의 약 5분의 1을 국내산 밀로 처리하는 상태가 되었다. 이는 부족불제도라는 가격보증·보호정책이 효과적이었음을 단적으로 말해 준다.

또한 이 정책은 농업자에게만 이익을 준 것이 아니라 행정적으로도 효과가 컸다. 즉 보증가격은 절대적으로 고정된 것이 아니라 생산량의 증대에 따라 하락하고 보증을 위해 필요한 기금이 무한 증가하는 것을 방지하였으며, 시장가격이 상승함에 따라 감소하였으므로 이 정책을 시행하는 데 필요한 국고 부담액에는 자동적으로 제어되는 한계가 있었다.

〈표 2-9〉는 밀의 가격보증제도가 시행되던 초기의 가격보증을 위해 국고가 부담한 부족불 총액과 평균 부족불액 및 그 결과 시행된 농민의 수취액과의 관계를 표시하고 있다. 이 표를 보면 국고 부담액(부족불 총액)은 1933~1934년에 크게 증대하였다가 그 이후로 해마다 감소하였다. 이는 1934년 이후는 공황이 회복되기 시작한 시기로 밀가격이 상승함에 따라 그 부족불액이 적어졌음을 의미한다. 그러나 실제 농민이 수취한 가격은 어느 해이건 cwt당 9실링대로 9실링이 넘지 않은 해는 1934~1935년의 8실링 8.5펜스였다.

그런데 앞에서 기술한 바와 같은 직접보조금을 받은 사탕무의 경작과 부족불제도에 의해 가격보증을 받은 밀의 경작은 영국 본토 지역에 한정되어 있었다. 따라서 그 같은 불공평을 없애려는 의미에서 1937년의 농업법에서는 보리 및 귀리에도 동일한 형태의 가격보증제도를 적용하였다. 보리 및 귀리에 대한 가격보증은 판매량에 상관없이 수확면적을 기준으로 부족불을 지급하였다. 그것은 밀은 수확량에 따라 판매되었으나 보리나 귀리는 수확량에 따라 판매되는 양은 일부분이고 대부분은 사료용으로 농장 내에서 자급되었기 때문에 가격보증을 판매량으로 제한하면 농민 대부분은 이익을 얻지 못하게 되기 때문이었다. 따라서 보리와 귀리에 대해서는 단위면적당 수확량의 기준을 미리 결정하고 그것만이 판매된다고 가정하여 보증가격과 평균 시장가격의 차액을 수확면적으로 계산하여 그것을 부족불이라고 한다는 편법이 강구되었다. 예컨대 귀리의 경우 처음에는 에이커당 6cwt의 수확이 있고, 그것이 전부 판매된다고 하는 관례를 기준으로 보증가격이 cwt당 8실링이기 때문에 시장가격이 cwt당 6실링 이하로 되었을 때 30에이커를 경작한 귀리 수확 농민은 18파운드의 부족불을 받았다.

보리의 경우는 더욱 복잡하여 부족불의 액수를 결정하는 기준이 되는 보리의 평균 시장가격은, 보리는 발효용과 사료용이 있어서 실제로 정산하기 곤란하기 때문에 귀리의 시장가격을 기준으로 산정하였다.

그러나 보리와 귀리의 경우도 밀의 부족불제도에 예약 공급량이 있는 것과 마찬가지로 예약적 수확면적(표준면적)이라는 제한이 있어서 실제의 수확면적이 그것을 초과했을 경우에는 그것에 반비례하여 단위량의 보증가격이 저하되는 경우가 있었다.

우유생산에도 가격보증제도가 도입되었다. 1934년 우유법(Milk Act)이 제정되면서 음료의 원유에 대해서 보증가격과 평균 실현가격(시장가격) 간의 차액을 우유판매공사가 생산농민에게 지불하였다. 이때 공사가 지불하는 부족불액은 정부에서 보조금으로 보전하여 주었다. 이러한 우유는 그 생산의 특질 때문에 동절기와 하절기의 보증가격이 달라 처음에는 동절기의 경우 1갤런당 6펜스였고 하절기는 5펜스였다.

이 우유생산에 대한 보호제도는 가격보증제도뿐만 아니라 양질의 우유에 대해서 생산장려금도 지불하였다. 물론 이 제도는 국가가 생산자 개개인에게 지불한 것이 아니라 공사에 대해 국고에서 보조하는 형태로 지불하면[26] 공사는 이것을 양질의 우유증산을 위해 사용하였다. 이 우유판매공사는 생산자 단체로서 당초 원유가격에서부터 소매가격까지 결정하는 권한을 가지고 있었으나, 이에

---

26) 영국 정부의 우유생산에 대한 국고보조의 목적은 양질의 우유를 증산한다는 것 이외에도 학교 아동들에게 저렴한 우유를 공급한다는 목적도 있었다. 이의 일환으로 영국 정부는 국고에서 학생 우유보조금(School Milk Subsidy)을 지출하였다. 이 제도는 우유의 국내 소비량을 증가시킴으로써 간접적으로는 우유생산 농가에 이익을 가져다 주었다(필자 주).

대한 비판이 일자 밀(소맥)위원회·설탕위원회·축산위원회 등과 마찬가지로 중립적인 우유위원회(Milk Commission)를 설치하여 가격에 대한 결정권을 위촉·운영하게 하였다.

이어 1938년에는 베이컨업법(Bacon Industry Act)이 제정되어 베이컨의 원료가 되는 돼지고기에까지 가격보증제도를 적용하였다. 이 제도는 1914년 이전까지는 영국 내에서 소비되는 베이컨의 70%, 돼지고기의 15% 등 종합적으로 돼지고기 제품의 57%가 수입이 억제되었으나 제1차 세계대전 이후 돼지고기 및 돼지고기 가공품의 소비량이 증가하여 베이컨 공급량의 85%, 돼지고기 공급량 중 50%까지 수입에 의존하게 됨에 따라 수입이 확대되었다.

그러나 대공황기에 들어서 덴마크가 돈육생산에 주력한 결과 현저한 증산현상이 나타나 영국의 돼지고기 및 베이컨 가격을 하락시키는 비상사태에 직면하게 되었다. 영국 돼지고기 생산자들의 피해 선언을 받아들인 영국 정부는 1932년 베이컨 무역 참가국과 회동하여 돼지고기에 대한 수입 제한을 강화하는 한편, 1933년에는 농산물거래법에 따라 베이컨 판매를 강권적으로 통제하였으며 1934년부터는 본격적인 돼지고기 수입 제한정책을 실시하였다. 그 결과 베이컨 및 돼지고기에 대한 가격변동 및 계절변동을 완화시키는 효과는 보았지만 그 영향으로 국내 생산에 주력하지 않으면 안 되는 현상을 가져왔다.[27]

1938년에 제정된 베이컨업법의 가격보증 적용의 목적은 영국 내 베이컨업을 육성하는 3개년 합리화 계획을 수립하여 기간 중에 베이컨용 양돈 생산자와 베이컨 가공업자에 대해 정부가 재정적 보증을 한다는 데 있었다. 그것은 우선 베이컨용 양돈의 생산을 계약생산으로 하고 계약 이외의 베이컨용 양돈의 판매를 금지한 것이었다. 이에 따라 베이컨 가공업자와 양돈생산자 사이에는 계약가격이 체결되었다. 즉 베이컨 가격에는 가격보증이 성립되어 그의 보증가격이 평균적인 실세가격을 상회할 때에는 그 차액을 부족불이라 하여 정부가 베이컨 가공업자에게 지불하도록 제도화하였다.

이 같은 베이컨에 대한 가격보증에 의해서 베이컨업자는 양돈 계약생산자에게 계약가격을 보증할 수 있게 되었다. 따라서 베이컨에 대한 가격보증은 양돈 생산 농민에 대한 직접적인 보증을 제도화하지는 않았으나 실질적인 효과면에

---

27) V. Astor & B. S. Rowntree, *op. cit.*, pp. 218~219.

서는 양돈농업을 보호하는 역할을 충분히 발휘할 수 있었다. 즉 베이컨 가공업자와 양돈생산업자 간의 관계는 계약생산이기 때문에 계약가격과 함께 계약수량이 체결되어 있어서, 양돈생산 농민에 대한 계약가격은 보증가격이 되고, 계약수량은 표준수량과 동일한 효과를 가졌다. 이러한 계획에 따라 최초의 3개년 합리화 계획에 의한 표준수량이 계약기간 제1차 연도에는 21만 마리, 제2차 연도에는 240만 마리, 마지막 제3차 연도에는 250만 마리로 증가하였다.[28]

앞서 설명한 바와 같은 계약 관계를 담당하는 기관으로 2개의 공사가 설립되었다. 그중 하나는 베이컨용 양돈생산자를 대표하는 양돈공사(Pigs Board)이고, 다른 하나는 훈제업자를 대표하는 베이컨공사(Bacon Board)였다. 이 양 공사의 주요 업무는 베이컨업자와 양돈업자 간의 계약생산체결 및 계약조건교섭이고, 업무의 공정성을 기하기 위한 연구활동도 업무의 일부가 되었다. 그 이외에 베이컨개발공사가 설립되어 생산 과정과 유통 과정에 대한 기술개선을 통하여 이 분야 산업 전체의 발전을 촉진하는 기능을 담당하였다.

앞서 설명한 바와 같은 농업의 각 부문에 걸친 가격보증 이외에 양에 대한 가격보증제도도 적용되었다. 1939년 봄 영국의 양 가격이 현저하게 하락한 것을 계기로 농업개발법(Agricultural Development Act)을 적용, 양 가격도 가격보증제도를 채택하였다. 당시 양 가격에 대한 보증제도 역시 다른 부문과 마찬가지로 부족불방식을 적용하였다.

5. 생산조건의 개선

농업을 보호하는 정책 중 가장 적극적인 방책은 농업생산력을 촉진시키는 대책이다. 앞서 설명한 바와 같은 영국의 농업보호를 위한 제반 기본시책은 이른바 단기적 효과를 노린 것이라고 할 수 있다. 그러나 산업의 완벽한 발전을 도모하기 위해서는 장·단기적인 시책이 병행되어야 본래의 목적을 충분히 달성할 수 있다.

영국은 앞서 설명한 바와 같은 단기적인 보호농정 이외에도 장기적인 대책을 강구하였다. 그것은 각종 농업생산조건을 개선하는 데서 구체화되었고, 그 결

---

28) *Ibid*., pp. 220~221.

과 1930년대에 들어와 영국 농업의 생산력은 현저히 향상되고 경쟁력도 고양되었다.

〈표 2-10〉은 영국의 주요 경종농업의 단위면적당 평균 수확량의 추이를 나타낸 것이다. 이 표를 살펴보면 밀의 경우 1916~1925년의 평균에 대해서 1926~1935년의 평균은 3% 정도 증수한 데 비해, 1926~1935년의 평균에 대해서 1938년에는 16%가 증가하였다. 보리의 경우도 마찬가지로 앞의 10년간에는 단위면적당 수확량이 9% 정도 증가한 데 비해, 1938년까지 8년 동안에는 무려 24%나 증가하는 현상을 나타냈다. 귀리의 경우도 기존의 10년간에는 13% 증수한 데 비해, 후의 8년간에는 18% 증가하는 추세를 나타낸다. 귀리의 경우 밀과 보리와는 수확량에서 현저한 차이가 나지만 여기에서도 앞의 10년간에는 13%의 증가세를 보이는 데 비해, 후기의 8년간에는 18%의 증가세를 나타냈다. 감자의 경우도 마찬가지로 전기의 10년간에는 5%의 증가세를 보였으나, 후기의 8년간에는 11%의 증가세였다. 단위면적당 수확량의 증가현상이 반드시 생산력의 증대와 동일한 것은 아니라고 할지라도 생산력의 증대를 의미하는 기준이 된다는 점에서 시사하는 바가 크다.

이와 같이 모든 곡작에서 단위면적당 수확량이 증가했다는 것은 생산량이 증대하였기 때문이라고 단순한 판단을 내릴 수도 있을 것이다. 그러나 여기에서 간과해서는 안 될 것은 증수현상이 대공황기를 경과하던 1930년대에 들어서면서 더욱 큰 수치를 나타내고 있다는 점이다. 이렇게 보면 영국에서는 1930년대의 대공황 이후 농업생산력이 크게 발전되었는바, 이것은 앞서 설명한 내용과 같은 보호농정의 효과와 생산조건들을 개선하기 위해 투하한 제반 노력과 보조

〈표 2-10〉 곡작물의 단위면적당 평균 수확량의 추이

(단위 면적 : 에이커)

연도	소맥		보리		귀리		감자	
	수확량(부셸)	지수	수확량(부셸)	지수	수확량(부셸)	지수	수확량(부셸)	지수
1916~1925	31.4	97	31.2	92	38.9	89	6.2	95
1926~1935	32.3	100	34.0	100	43.9	100	6.5	100
1938	37.4	116	42.2	124	51.6	118	7.2	111

출처 : *Ibid.*, p. 42.

금의 효과가 상호작용한 결과라고 할 수 있다.

또한 농업생산조건의 개선과 직접 관련되는 내용이라고 보기는 어려우나 농업에 대한 각종 교육 및 연구활동에 대한 영국 정부의 재정적 지원 역시 농업생산력을 증강시키는 데 간접적 역할을 한 중요한 시책이었다. 영국에서 이를 위한 보조금은 해마다 증가하여 1938년에는 300만 파운드에 달하였다.[29] 따라서 이때에 농업교육 및 연구에 투자한 재정적 지원의 효과는 제2차 세계대전시의 식량증산에서 표면화되었다는 평가를 받고 있다.

이상으로 1930년대 대공황을 경과하면서 세계적인 일반현상으로 등장한 경제적 내셔널리즘의 확대라는 거센 영향 속에 영국의 농업정책이 1세기 이상 고수해 오던 자유방임·자유무역의 경제정책기조를 파기하고 보호농정으로 전환하는 과정을 내용별로 규명하여 보았다. 이 당시에 계획된 각종 농업보호정책은 그 후 수차례의 개정 과정을 거쳤으나 기본적으로는 현대 영국의 농정기조로 계승되고, 상황에 따라 추가 보완하는 정책을 시행하였다. 이러한 의미에서 현대의 영국 농정은 대공황 전후기인 1930년대에 대체적으로 그 원형이 기초를 잡았다고 평가할 수 있다.

5. 결 언

이상으로 자유무역·수입개방이라는 내부적 요인과 기계화된 대량의 해외 농산물 유입이라는 외부적 요인이 복합적으로 작용함으로써 도래한 19세기 말 장기적인 농업공황 이후 영국 농업정책의 기조변화 과정을 규명하기 위해 ① 19세기 말 농업 대불황 이후의 영국의 농업구조, ② 제1차 세계대전을 전후로 전개된 영국의 농업 실태, ③ 1930년대 대공황 이후 영국에 보호농정이 도입되는 과정을 개관·검토하였다. 그 내용을 간략히 요약하는 동시에 그 보호농정이 제2차 세계대전을 경과하면서 어떠한 정책기조의 맥락으로 연결되었는지 일별함으로써 결언에 대하고자 한다.

---

29) 小林茂, op. cit., p.167.

역사적 발전 과정에서 이 장의 연구대상이 되는 시기의 각국 경제는 한 국가 내의 경제 상황에 좌우되었던 것이 아니라, 전 세계가 독점자본주의 단계의 동일시 장권 내에 편입되어 국내의 내재적인 요인보다 외부적인 요인에 의해 크게 영향을 받는 시기였다. 한편 19세기 말 후발 자본주의 국가들이 전 산업 부문에 걸쳐 내셔널리즘에 입각한 보호정책 일변도로 치닫고 있었음에도 영국만이 자유무역 · 완전개방정책을 고수함으로써 농업면에서는 생산가격도 보상받지 못하는 극심한 타격 속에서도 보호농정을 도입하지 않고 있었다. 영국이 이와 같은 농업의 고통 속에서도 자유무역과 완전개방정책을 고수해 나간 정책의 이면에는 공업입국이라는 유리한 고지를 점하여 농업에서 잃은 것을 공업 및 금융 부문에서 보전한다는 전반적인 경제정책기조가 저변에 뒷받침되어 있었기 때문이다.

그러나 제1차 세계대전을 경과한 이후 공업입국으로서의 절대적인 위치가 흔들리고, 더구나 1929년 이후 엄습한 세계 대공황 이후 주요 자본주의 국가들이 대공황에서 탈출하려는 정책을 종래의 자유시장 메커니즘에서 인위적인 계획정책에 의한 국가의 개입정책으로 전환하고, 대외적으로는 경제적 내셔널리즘의 풍조를 더욱 강화함에 따라 영국 경제도 이 같은 대세를 외면할 힘을 상실하였다.

따라서 1846년 곡물법 철폐 이후 1세기 이상의 전통을 유지하던 자유방임 · 자유무역이라는 경제정책기조의 대원칙을 1931년 보호주의 정책으로 전환하면서 농업정책도 보호정책기조로 변혁되었다. 영국이 편 보호농정의 구체적인 내용은 앞에서 논의한 바와 같으나, 그 기조는 오타와협정에 기초를 둔 대영제국 경제 블록 형성에 있었다. 이는 전통적으로 농산물에 대한 수입 의존도가 높은 영국의 농업에서는 식민지 소산인 영국 연방국들 간의 무역특혜조치에서 활로를 구하는 자구책의 일환이었다.

앞에서 언급한 영국의 경제발전 상황에 일관된 법칙을 부여한다면 영국의 농업은 전쟁을 계기로 번영하는 반면, 그것을 계기로 절대적이었던 국제경제적 지위가 저하되었다는 인과적 현상을 발견할 수 있다. 즉 19세기 중엽 이후 세계의 공장으로서 절대적 위치에 군림했던 영국 경제는 제1차 세계대전 후에는 앞서 언급한 바와 같이 대전 중 독일의 경제봉쇄에 대한 돌파구로 식량증산정책에 정진한 결과 공업입국으로서의 균형이 붕괴되었고, 국제경제상의 지위도 후발국이던 미국에 크게 도전당하게 되었다.

그리고 이러한 현상은 제2차 세계대전[30]을 계기로 더욱 심화되었다. 제2차 세계대전 직전 영국의 국내 소비식품에 대한 수입의존도는 밀 등 곡물 88%, 유지류 93%, 설탕 82%, 치즈 76%, 육류 55%, 계란 및 유사제품 40%, 분유 39%, 연유 30%, 과실 74%로 주요 식품에 대한 수입의존도는 여전히 높았다. 이렇듯 수입의존도가 높은 영국 경제는 국제정세가 심각해짐으로써 제1차 세계대전의 경험에 따라 심각한 식량불안에 휩싸이게 되었다.

이를 예측하여 영국은 1936년 4월부터 식량증산계획을 입안하여 1937년 농업법(Agricultural Act)과 1939년 농업개발법을 성립시켰다. 따라서 이 법률에 의해서 초지의 개량 및 개간에 의한 경지 확대를 장려하고 보조금을 지출하였다.[31] 영국에서 제2차 세계대전 중의 식량증산계획은 ①국민생활을 지원하기 위해 경종농작물의 경작면적을 확대하고, ②동물성 단백질의 공급원이 되는 축산 부문을 유지 또는 증가시키기 위해 국내 사료작물의 생산을 확대한다는 방향으로 방침이 정해졌다. 이에 따라 전자의 목적을 달성하기 위해서 밀과 감자 및 야채 등과 같은 식료농산물 경작면적의 확대에 주력하였고, 후자를 위해서 보리·귀리 등과 사료작물에 대한 경지면적의 확대에 주력하였다.

그 결과 제1차 세계대전 중의 농작물에 대한 경지 확장은 현저하게 늘어났다. 즉 사료작물 중 가장 중요한 수확면적은 1939년 이후 증대하여 1943년에는 1936~1938년의 평균 지수를 100으로 보았을 때 187로 거의 2배나 증가하였고, 채소작물 역시 동일한 경향을 나타냈다. 사료작물 중 보리의 수확면적은 대전 전의 평균 지수를 100으로 놓고 비교했을 때 1944년에는 212로 2배를 넘었고, 1945년에는 238에 달하였다. 귀리 역시 1939년 이후부터 해마다 증가하여 1942년에는 172의 지수치를 나타냈다. 대전 이전의 시기에는 정체상태에 있던 농장당 평균 순수입도 대전이 발발했던 1939~1940년에는 2배 가까이 팽창하다가

---

30) 제2차 세계대전은 자동적 회복능력을 상실하게 된 1930년대의 대공황을 계기로 사회경제정책의 길을 선택했던 영국·미국·프랑스 그룹과 군사경제화의 길을 치달아 왔던 독일·이탈리아·일본의 파시즘(fascism) 그룹 간의 모순이 심화되면서 여기에 사회주의 국가인 소련이 가세하여 1939년 9월부터 1945년 8월까지 지속된 전쟁이었다(필자 주).

31) K. A. H. Murray, *History of the Second World War, Agriculture*, London, 1955, pp. 52~57.

1943~1944년에는 대전 초년도의 2.6배로, 1944~1945년에는 1.7배 이상으로 증가하였다.[32]

이러한 농업 부문의 발전에 비해서 대전 후 영국 경제는 약체화를 노출, 국제경제 무대에서 주도권을 상실하는 결과를 초래하였다. 이것을 단적으로 알 수 있는 것이 제2차 세계대전 전시·전후의 영국의 국제수지악화였다. 제2차 세계대전 중 영국의 국제 수지적자는 약 40억 파운드에 달하였다. 따라서 이의 부족분을 영국 정부는 해외 자산의 매각과 대외채무의 증가, 금 및 달러화 보유고의 감소를 통해서 보전해 나갔다. 1939년 9월부터 1945년 6월까지 영국이 매각한 해외 자산은 11억 1,800만 파운드에 달하였고 동 기간에 영국이 새로이 차관한 해외 채무액은 28억 7,900만 파운드, 동일 기간 중 금 및 달러화 보유고의 감소분은 1억 5,200만 파운드에 달하였다.[33]

이러한 국제수지 적자를 개선하기 위해 전후 영국은 제조품을 주체로 수출액을 확대하고, 필요한 원료 수입을 확보하기 위해서 식료농산물 수입을 축소하는 데 노력을 기울였다. 때문에 전후 영국의 농정기조는 자연히 국내의 농산물 생산을 증대시키는 방향으로 치중될 수밖에 없었다.

따라서 전후의 영국 농업정책은 국제수지 개선을 도모하기 위한 식량증산이라는 정책상의 노력과 평시 경제하에서의 농업쇠퇴를 방지하려는 보호주의적 특징이 중첩되어 나타났다. 이러한 영국 농업의 현실을 단적으로 표출시킨 것이 1947년의 농업법이었다.[34]

1947년의 농업법은 이제까지 단편적인 구상이나 계획에 그쳤던 영국의 농업법을 일관된 법률체계 내에서 정비하고 항구적인 평시 농업정책의 방향을 제시하였다는 점에서 전후 영국 농업정책 방향의 지침이 되었다. 이의 구체적인 목적은 동 법률 제1장 '보증가격과 확보된 시장(Guaranteed Prices and Assured Markets)'에서 규정하고 있듯이 "전 국민이 이익이 되는 입장에 서서, 영국 연합

---

32) Ibid., pp. 382~383, Appendix Table XII, XIII.
33) 三澤嶽郎, op. cit., p. 177.
34) 이 농업법은 제2차 세계대전이 종식되어 가던 무렵, 20세기에 들어서서 체험했던 두 차례의 대전을 통해서 국내 농업을 경시하는 것은 영국 전체에 위험한 것이라는 교훈을 절감하고 전후의 영국 내 농업을 대전 이전의 상태보다 안정된 기초 위에 고정시켜야 한다는 영국의 식자들 사이의 의견의 일치를 바탕으로 입법화되었다(필자 주).

왕국 내에서 생산하는 것이 바람직한 국민의 식량 및 기타 농산물을 생산하는 동시에 농업자에게는 적절한 이익과 농업노동자들에게는 적절한 생활수준을 유지할 수 있도록, 또한 농업에 투하된 자본에 대해서는 충분한 이자 지불과 모순이 없는 최저 가격에서 그 식량 및 농산물의 분량을 생산할 수 있도록 안정과 효율이 높은 명실상부한 농업(Agriculture Industry)을 촉진하고 유지한다"[35)]는 데 두었다. 이렇듯 '안정'과 '효율'은 제2차 세계대전 후 영국 농업을 지탱하는 2대 지주가 되어 영국의 현대 농정기조의 기본내용으로 맥락을 유지하였다.

---

35) R. Burrows ed., *Halsburry's Statutes of England*, 2nd Edition, Vol. I, p.159 ; 小林茂, *op. cit.*, p.243.

참고문헌

Ashby, A. W., *Agriculture Conditions and Policies, 1910~1938*(Oxford, 1929).

Astor, V. and Murray, K. A. H., *Land and Life : The Economic National Policy for Agriculture*(London, 1955).

Astor, V. and Rowntree, B. S., *British Agriculture : The Principles of Future Policy*(London, 1938).

Calpham, J. H., *An Economic History of Modern Britain*, Vol. I~III(Cambridge, 1951).

Curtler, W. H., *A Short History of English Agriculture*(Oxford, 1906).

Enfield, R. R., *The Agriculture Crisis 1920~1923*(London, 1924).

Jones, E. L., *The Development of English Agriculture 1815~1873*(London, 1968).

Mill, C. P., *British Economic and Social History 1700~1939*(London, 1961).

Mitchell, B. R. and Deane, P., *Abstract of British Historical Statistics* (Cambridge, 1962).

Murray, K. A. H., *History of the Second World War, Agriculture*(London, 1955).

Orwin, C. S., *A History of English Farming*(Edinburgh, 1949).

Orwin, C. S. and Whetam, E. H., *History of British Agriculture 1846~1914* (London, 1964).

Prothero, R. E., *British Agriculture 1875~1914*(London, 1973).

Rooke, P., *Agriculture and Industry*(London, 1970).

Saul, S. B., *Studies in British Overseas Trade 1870~1914*(Liverpool Univ. Press, 1960).

エル・イー・リュボツッツ, 農業理論家研究會 譯, 『農業恐慌理論の諸問題』(農林統計協會議, 1952).

小林茂, 『イギリスの農業と農政』(成文堂, 1973).

常盤政治, 『農業恐慌の研究』(日本評論社, 1966).

三澤嶽郎, 『イギリスの農業經濟』(農林水産業生産性向上會議, 1958).

제3장

영국 현대 농정의 운영실태

1. 서 언　76
2. 현대 농정제도의 개선 및 운영　77
3. 농산물유통조직과 농민협동의 실체　109
4. 결 언　126

1. 서 언

앞장 결론 부분에서 현대 영국 농업정책의 기본적인 뿌리는 제2차 세계대전 직후 1947년에 규정된 농업법으로, 그 중심은 농업생산의 '안정과 효율'이었다고 하였다. 이는 두말할 것도 없이 제2차 세계대전의 전시경제 체제하에서 피폐해진 농업을 부흥시키고 생산을 유지하기 위해서는 농업도 국가의 보호관리하에 두어야 한다는 관점에서 파생된 보호농정의 결과였다. 이 취지에 따라 농업자(농민)와 농업노동자의 생활수준을 합리적으로 보호·유지하기 위해 정부는 주요 농산물에 대해 정부가 결정한 고정가격으로 구입하여 소비자들에게는 통제된 가격으로 배급·판매하였다. 이 경우 정부가 생산자에게서 구입한 가격보다 소비자에게 가는 배급가격(통제가격)이 더 낮았다. 이러한 가격 차이로 인해 처음부터 재정 적자가 발생하였고, 적자는 국가의 재정수입으로 보전되었다.

이와 같은 제도는 오늘날에도 일부 국가에서 운영하고 있는 곡물에 대한 2중가격제도 및 추곡수매제도와 유사하였다. 영국은 1947년의 농업법을 기초로 하여 이후 1957년의 농업법, 1964년의 농업 및 원예법, 나아가 1967년 농업법을 제정하여 장단기 농업정책을 계획, 실시하였고, 1973년 EEC에 가입함에 따라 유럽공동체가 채택한 CPA(공동농업정책)를 수용하기까지 독자적인 농업정책을 유지하였다.

따라서 이 장에서는 영국이 제2차 세계대전 이후부터 1973년 EEC에 가입하여 EEC의 회원국으로서 경제공동체에 입각한 농업정책을 수용하기까지 실시한 독자적인 농업정책 운영에 관한 구체적인 내용과 성과를 검토하고자 한다.

2. 현대 농정제도의 개선 및 운영

1. 농업법 개정의 전제적 상황

　제2차 세계대전 이후부터 1954년까지 영국의 농업정책은 제2차 세계대전의 수행에 유효했던 전시정책의 연장선적인 성격이 남아 있었다. 이 시기 영국 농업정책의 직접적 목표는 국내 농업생산을 확대함으로써 전통적인 영국 농업형태를 복원하는 것이었다. 따라서 주요 농산물에 대한 생산목표가 세워지고, 그에 따른 재정적 원조가 책정되어 전시 중에 쇠퇴하였던 구릉지 농업 회복에 상당한 보조금이 투여되었다. 그러나 전시경제가 회복됨에 따라 국내의 식량공급이나 세계의 식량 사정도 개선되어 수출국가로서의 지위도 회복하였다. 전후의 식료 부족이 해결됨에 따라 농업정책 목표도 변화하여 시장수요에 순응하는 종류 또는 품질의 식료생산을 강조하게 되었다. 이러한 상황이 1957년 농업법에서 나타났다.

　1957년의 농업법은 1956년 '연차심의(Annual Review)'에 이어서 영국 정부 및 전국농민연합 간에 협의를 거쳐 가격 결정에 최저한계를 설정하여 장기적 보증을 보완한다는 규정을 둔 것이었다. 동 법률 제2조 제1항에 연차심의가 결정한 상품에 대한 보증가격은 전년도 보증기간에 대해 결정한 보증가격의 96%를 밑돌아서는 안 된다고 하였고, 제2항에는 축산물의 경우 보증가격은 91%를 밑돌아서는 안 된다[1]고 규정하였다. 1947년 농업법은 각 연도별로 가격을 보증하였으나 1957년의 농업법 규정은 보증가격의 최저한계를 예측할 수 있어 생산자는 쉽게 장기 계획을 세울 수 있었다. 나아가 1957년의 농업법의 또 다른 내용은 농장개선 및 통합을 위한 보조금을 구체화하여 농장 건물과 기타 고정설비를 근대화하는 경비를 보조한다는 내용으로서, 농장개선 및 통합을 위한 보

---

[1] "Agriculture Act, 1957", Part I, Section 2-(2), "Halsbury's Statutes of England", 2nd Edition, edited by Sir R. Eurrows, Vol. 37, p. 5.

조금을 구체화한 것이었다.

이로써 어느 정도 선까지 생산계획을 세울 수 있게 되었으나 여기에서 문제가 발생했다. 식료농산물의 국내 생산량과 수입량을 합계한 총공급량의 증대가 가격을 압박하고 농업생산을 불안정하게 한 원인이 되었다. 이러한 불안정 상황에 대처하기 위해 1963~1964년에 새로운 협정을 체결하였다. 그것은 국내 농업생산물과 해외에서 수입한 농산물 공급이 시장수요와 결부될 것임을 감안하여 국내 생산자들과 해외 생산자들이 수요증대에 대해 공평한 사고와 합리적 방법으로 공급을 분담한다는 협정이었다.

그 요지는 국내 농산물가격이 비정상적으로 상승하는 것은 곤란하기 때문에 가격 상승을 억제하여 시장안정을 확보하여야 하며, 시장가격이 극단적으로 낮게 형성되어 정부의 가격 지지제도가 붕괴되어서도 안 된다는 것이었다. 이는 시장가격이 지나치게 하락하면 국내 농민에게 지지가격을 충족시켜 주는 데 따른 재정 부담이 크게 팽창되기 때문이었다.

우선 1964년부터 베이컨시장 분담협약(Bacon Market Sharing Understanding)에 따라 국내의 베이컨 생산자와 해외의 생산자 간에 공급분담이 이루어졌다. 영국 정부는 매년 국내 시장의 예상 수요량을 기초로 국내 생산량과 해외에서의 수입량을 합산한 최저 공급량을 베이컨시장협의회와 협의하여 결정했다. 이 공급 분담량의 범위 내에서 국내 생산자는 생산을 하고 가격보증을 수취하도록 했다. 이 협약은 1969년 4월 약간의 개정을 거쳐 영국 내의 베이컨 시장을 양분하는 방법을 취하게 되는 한편, 베이컨 시장의 예상 총수요량이 국내 베이컨 생산량과 함께 결정되어 그 차액만을 수출국 측이 분담하는 형태로 변하였다.

국내 생산과 수입을 조정하는 또 다른 방법으로는 최저 수입가격제도가 있었다. 이것은 1964년 농업 및 원예법에 규정된 것으로서, 세 가지의 주요 문제를 포함하였는데, 농산물에 관한 것이 한 가지이고 그 이외에는 원예작물에 관한 것이었다. 일반적으로 농산물은 야채·과일·화훼류의 원예작물도 포함한 농업생산물을 총괄하나, 영국에서는 농산물(agricultural crops)과 원예작물(horticultural crops)을 구별해 왔다. 그러나 양자는 모두 농어업식량성(ministry of agriculture, fisheries and food)의 관할하에 있기 때문에 상위 개념에서는 농업(agriculture)에 통합되어 왔다.

1964년 농업 및 원예법 제1부는 '수입 생산물의 가격안정'이라는 명제하에,

제1조 제2항에서 특정 농산물 및 원예작물에 대해 "농어업식량성 장관은 명에 의하여 영국 연합왕국에 수입되는 상품에 최저가격선을 규정할 수 있다"[2]고 하였다. 이는 특정 수입 상품에는 최저수입가격 수준이 결정되어 있어서 그 이하로는 수입이 허용되지 않고, 국제가격이 그 이하로 낮아지는 경우에는 그 액수만큼의 수입과징금을 부과한다는 개념이었다. 1965년 영국 정부는 농업을 선택적으로 확대한다는 계획을 공표하였다. 즉 국가의 경제성장을 촉진하기 위해 국내 농업도 다음과 같은 두 가지 점에 공헌해야 한다는 것이었다.

이 두 가지 목표는 첫째, 온대성 식료농산물의 수요 증가는 대부분 국내 생산으로 충당한다는 것으로 국내 농업생산을 증산하여 수입 부담을 경감한다는 계획이었고, 둘째, 농업 이외의 산업 부문에 농업 인적 자원을 개방하여 보낸다는 것이었다. 요컨대 이 선택적 확대정책은 국내의 농업생산력을 증대하여 생산량 증가를 계획함으로써 수입 경감에 공헌하는 한편, 농업노동력을 절약하여 공업 부문으로 추가노동력을 방출하여 공업생산을 확대한다는 경제성장정책의 연계성을 계획한 것이었다. 이는 영국의 전후 농업정책이 단순한 농업보호정책이 아니라 국제수지의 개선과 전반적인 경제성장을 추구하는 정책 일환으로서의 역할을 부과함을 의미하였다.

이 선택적 확대계획은 1967년의 농업법에서 보완되었다. 1967년의 농업법은 다음과 같은 네 가지의 주요 내용을 포함하고 있었다. 즉 ①축육 및 가축위원회(Meat & Livestock Commission)를 설립하고, 국내의 축산 및 축산가공산업의 능률을 제고하기 위한 활동을 시행하며, ②농업의 구조개선, 농장의 개량, 농업투자의 촉진에 관한 규정으로 농장 규모를 상업적 단위로 확대하는 데 필요한 조치를 촉진하는 것을 골자로 하는 보조금 지출과, 농업용지를 장기적으로 개선하기 위한 자금투여, 즉 토지자본에 대한 보조와 농업용 고정설비를 건설하고 수리하기 위한 조성금 지출, ③구릉지 농업의 생산성을 향상하고 개선하기 위한 보조금 지출, ④농업 및 원예협동체를 조직·촉진·장려하고 발전시킬 목적을 가진 '농업 및 원예의 협동촉진중앙협의회(Central Council for Agricultural and Horticultural Cooperation)'의 설립과 보조금 지출을 규정한 것이었다.

---

2) "Agriculture and Horticulture Act, 1964", Part I, Section 1-(2), "Halsbury's Statutes of England", Vol. 44, p. 54.

영국 정부는 1967년의 농업법에 보완된 농업의 선택적 확대계획을 1970년까지 달성할 예정이었으나 1968년 동 계획을 1972~1973년까지 연장하고 농업생산성을 확대하는 노력을 계속하기로 하였다. 그중에서도 특히 밀·보리·쇠고기·돼지 고기 생산확대에 우선순위를 두고, 동 계획을 달성하기 위하여 1972~1973년까지 매년 1억 6,000만 파운드의 순수입 절약을 달성할 수 있어야 한다고 집계하였다.

원예생산 부문에 대해서도 마찬가지였다. 일반적으로 원예생산물은 부식하기 쉬운 것이 많고 계절에 따라 생산량이 변동하는 특성을 지니고 있어 이제까지의 농산물처럼 보증가격제도를 적용하기가 매우 어려웠다. 이에 국내 원예생산을 보호하기 위해서는 수입관세에 의존하는 수밖에 없었다. 1960년의 원예법(Horticulture Act)은 원예에 대한 생산설비의 확충과 생산물의 시장출하 과정을 현대화한다는 내용을 골간으로 하고, 원예생산에 필요한 설비비용뿐 아니라 원예생산물의 보존, 시장출하의 준비 또는 수송에 필요한 설비비용 중 3분의 1을 보조금으로 지출할 수 있도록 규정하였다. 이로써 원예생산자의 생산물 판매업무가 조직적이고 신속하며, 유망한 사업에 종사하는 단체에 보조금 지불을 규정하였을 뿐 아니라 영국 내의 원예생산물 판매 및 분배의 개선과 거래발전을 목적으로 하는 원예생산물판매협의회(Horticultural Marketing Council) 설치를 규정하였다. 한마디로 이는 원예생산물의 유통발전에 중점을 둔 것이었다.

1964년까지 원예에 대한 영국 정부의 보호는 ① 해외에서의 수입에 대해서는 계절별 관세보호와, ② 국내의 원예생산에 대해서는 생산·유통 설비 보조금 지출이라는 2대 지주로 구성된 보호장치가 있었다. 그러나 1964년의 농업 및 원예법(Agriculture and Horticulture Act) 이후 원예보호법의 중점이 바뀌었다. 그것은 기존에는 보호장치가 수입관세에 의존하는 측면이 강하였으나 이제는 이를 완화하여 원예생산의 경쟁력을 강화한다는 측면으로 보호정책의 역점이 이행된 것이었다.

따라서 1964년의 농업 및 원예법은 ① 농산물 및 원예생산물의 가격안정과, ② 원예생산의 개선에 대한 보조금 지급, ③ 신선한 원예생산물의 보존과 수송 등 세 가지 점이 규정되었다. 즉 동 법률 제1편 '수입 생산물의 가격안정'의 제1조에 농산물 및 원예생산물이 영국으로 수입될 때에는 최저 가격 수준을 규정하여, 수입가격이 이 최저 가격 수준에 미치지 못할 경우 그 차액을 과징금으

로 징수할 수 있도록 하였다.[3]

　이를 원예생산물에 국한하여 보면, 이제까지 최저가격 수준까지는 관세로 보호하였으나 경쟁에 의한 것으로 변화했음을 의미하고, 영국 내에서 원예산업을 보호하는 수단으로서 수입관세에 대한 의존도가 낮아졌음을 의미하는 것이었다. 그러나 동 법률 제2편에서는 원예생산 개선을 위한 보조금 증대와 1960년 원예법 제1편에 규정했던 보조금제도를 확충하였다. 이로써 소규모 원예생산 능률제고 계획에 대한 보조금 지출이 규정화되었고, 원예생산자들의 협동적 판매제고 계획에 대해서는 경비의 3분의 1을 초과하지 않는 범위 내에서 보조금을 지출할 수 있게 하였으며, 국내산 원예작물이 경쟁력을 가질수 있도록 품질을 표시하고 상품에 규격을 명기할 것을 의무화하였다.

　다음으로 제2차 세계대전 이후 실시된 영국 농업정책의 구체적 실체를 보기로 한다. 근대에 들어와 영국의 농업정책은 단기적 효과를 노리는 가격정책과 장기적 대책으로서의 구조정책이라는 2대 지주로 구성되어 있었으나, 현실적으로 이 양자는 통합되어 농정의 운영과 형성에 주요한 기능을 해 왔기 때문에 어느 것이 중요하고 어느 것이 중요하지 않다고 할 수 없었다. 그러나 전후 영국의 농정에 일관되게 흘러왔던 특징은 가격정책이었다.

　영국의 농산물가격정책을 분석하는 데 가장 먼저 고려해야 할 기관은 '연차심의(Annual Review)'였다. 이 연차심의의 기원은 1943년으로, 이해는 모든 경비가 현저히 높았던 해로서 영국 농어업식량성은 전국농민연합(National Farmers' Union)[4]과 상담하여 농장단계의 물가에 대한 특별조사를 실시했다. 이때 농민연합은 농업에 투여된 전 경비를 배상받으려고 하였으나 실패한 반면, 농어업식량성은 매년 2월 농업경비와 가격을 정기적으로 조사하고 심의를 실행한다는 공약을 받아 내는 데 성공하였다. 이것이 1947년 농업법상 연차심의로 규정화·법제화 되었다. 따라서 이후 전국농민연합의 위상은 영국 농민의 대표기구로서 확고

---

3) "Agriculture and Horticulture Act, 1964", Part I, Section 1-(2), "Halsbury's Statutes of England", Vol. 44, pp. 54~55.

4) 영국의 전국농민연합은 행정구역의 특수성 때문에 3개로 분화되어 있었다. 즉 잉글랜드·웨일스 전국농민연합(National Farmers' Union of England and Wales)과 스코틀랜드 전국농민연합(National Farmers' Union of Scotland), 울스터 농민연합(Ulster Farmers' Union)이 그것이다.

〈표 3-1〉 영국의 농업보호경비 지출의 추이

(단위 : 백만 파운드)

연도	가격보증							생산조성금 및 보조금		행정적 경비 기타 지출		합계	
	곡물	감자	고기	계란	우유	양모	소계						
1955	35.9	–	52.3	15.9	34.5		138.6 (100) 67	58.1	28	9.2	4	205.9	(100) 100
1956	26.0	0.5	74.7	33.7	21.3	0.2	156.4 (113) 65	70.8	30	12.0	5	239.2	(116) 100
1957	51.2	6.7	82.6	45.8	12.9	1.5	200.7 (145) 71	75.3	27	8.1	3	284.1	(138) 100
1958	52.6	6.9	45.1	33.7	10.1	6.3	154.7 (112) 64	80.9	34	5.8	2	241.4	(117) 100
1959	58.4	1.0	50.9	33.1	8.5	2.8	154.7 (112) 60	95.1	37	7.1	3	256.9	(125) 100
1960	63.4	5.7	46.2	22.5	10.8	2.6	151.2 (109) 58	104.5	40	7.2	3	262.9	(128) 100
1961	73.3	8.0	113.3	16.2	11.8	2.9	225.5 (163) 66	107.5	31	9.6	3	342.6	(166) 100
1962	63.9	0.4	101.1	21.5	0	3.2	190.1 (137) 61	110.0	35	10.1	3	310.2	(151) 100
1963	77.1	0.4	80.6	20.2	0	0.6	178.9 (129) 61	104.7	36	10.9	4	294.5	(143) 100
1964	63.3	0.7	47.5	32.3	0	2.3	146.1 (105) 55	108.5	41	10.5	4	265.1	(129) 100
1965	43.1	6.8	49.8	18.2	0	3.8	121.7 (88) 51	104.8	44	11.1	5	237.6	(115) 100
1966	49.4	3.5	34.2	18.0	0	3.7	108.8 (78) 47	108.4	47	11.9	5	229.1	(111) 100
1967	41.8	1.8	63.7	19.2	0	8.5	135.0 (97) 52	113.8	44	12.7	5	261.5	(127) 100
1968	57.9	6.3	40.5	16.2	0	6.3	127.2 (92) 48	124.5	47	13.7	5	265.4	(129) 100
1969	62.2	2.0	46.8	13.0	0	5.0	129.0 (93) 46	136.1	49	14.4	5	279.5	(136) 100
1970	73.2	1.4	49.6	13.1	0	4.4	141.7 (102) 47	140.4	47	16.6	6	298.7	(145) 100

출처 : Annual Reviews and Determination of Guarantees, 1964~1967, 1970에서 작성.

히 자리잡게 되었다. 1947년 농업법 이후 연차심의에서는 농산물의 생산동향, 농산물시장의 요구, 세계 농산물시장의 예측, 보조금 지출, 전반적인 농업수입(農業收入) 동향, 농업생산효율의 증진, 생산 코스트 변화 등등에 관한 분석심의가 이루어지게 되었다. 이들 심의 결과에 따라 (스코틀랜드와 북아일랜드 농무장관을 포함한) 농어업식량성 장관은 쇠고기·양고기·돼지고기·계란·양모·우유·곡물·감자·사탕무 등의 보증가격을 결정하였고, 이에 따라 가축 및 축산물에 대한 보증가격을 12개월간 적용하였다. 그러나 정부와 전국농민연합 간에 이루어지는 연차심의가 보증가격을 결정하는 것은 아니었기 때문에 보증가격의 결정권은 농어업식량성 장관에게 있고 연차심의의 결론은 그를 위한 자료 제공에 불과하였다.

한편 영국 정부의 농업보호를 위한 경비 지출의 추이는 1963년까지는 보증가격에 의한 경비가 주류를 이루었으나 1964년 이후부터는 생산조성금 및 보조금 지출의 비율이 현저히 증대하는 경향을 나타냈다. 이는 1964년의 영국의 농업 및 원예법 이래 영국 정부의 농업보호정책의 중점이 가격보증에서 생산조성금 및 보조금으로 이행하였으며, 이른바 단기적 효과를 겨냥한 가격정책에서 장기적 효과를 기대하는 생산정책, 또는 구조정책으로 농업정책의 역점이 이행하였음을 의미한다.

이것의 추이는 〈표 3-1〉의 1955년 이후 영국 정부가 농업에 지출한 경비내역에 잘 나타나 있다. 이 표에 따르면 영국 정부가 농업에 지출한 총경비는 1961년 최고치에 달하여 1955년도를 기초로 한 지수대비 166에 달하였다가, 그 이후 점감 경향으로 전환하여 1966년에는 최저수준인 111까지 저하한 이후, 다시 증가 경향으로 전환하여 1970년에는 145로 크게 증가하였다. 한편 가격보증 경비 지출과 생산조성금 및 생산보조금 지출로 분류된 구성비율을 보면, 1963년까지는 가격보증에 의한 경비가 60%대 이상을 차지하고 생산조성금 및 보조금 지출이 30%대로 분화되는 양상을 보였으나, 1964년 이후 가격보증경비 비율이 각각 55%, 51%, 47%, 52%, 48%, 46%, 47%로 낮아지는 경향을 보이는 반면, 생산조성금 및 보조금 지출은 41%, 44%, 47%, 44%, 47%, 49%, 47%의 비율로 증대하는 경향을 나타내고 있다. 이는 1964년 농업 및 원예법 제정 이후 영국 농정의 역점이 가격보증에서 생산조성금 및 보조금 지원정책으로, 단기적 효과를 겨냥한 가격정책에서 장기적 효과를 기대한 생산정책, 즉 구조정책으로 이행하였음을 의미하였다.

2. 장단기 농업정책의 내용과 그 성과

다음에서는 제2차 세계대전 이후 새롭게 전개된 장단기적인 영국 농정의 구체적인 내용과 그의 운영실태 및 성과를 살펴보고자 한다.

1 가격보증제도

제2차 세계대전 이후 영국의 농산물가격정책의 근간은 '가격보증제도(Price Guarantees)'로서 원예작물을 제외한 농산물의 농업자 수취가격은 농업자의 생산채산에 합당하도록 정부가 보증하여 준다는 것이었다. 원예작물은 계절에 따라 생산수량이나 품질에 변화가 격심하여 가격보증제도는 적용되지 않았으나, 원예작물에 한해서는 수입관세에 의해 보호되고 있었음을 앞에서 언급하였다. 19세기 중엽 곡물법 철폐 이후 영국의 농산물 수입은 자유로워져 원칙적으로 관세장벽이 존재하지 않았기 때문에 농산물은 값이 싼 국제가격으로 자유로이 수입되었으며, 국내 생산도 그와 경쟁적으로 출하되어 자유시장가격이 형성되어 왔다. 때문에 영국 내의 소비자들은 국제가격면에서 최저 가격의 혜택을 직접 향수할 수 있었다.

그러나 영국의 국내 농산물 중에는 국제시장에 개방되어서 국내 시장에서 자유롭게 경쟁한 결과 형성되는 자유시장가격으로 판매하기에는 채산이 맞지 않아 평균 이윤이나 직접생산비조차 획득할 수 없는 것들이 발생하게 되었다. 이를 계기로 1947년의 농업법에서는 '전 국민에 이익이 되는 입장에서 영국 연합왕국 내에서 생산하는 것이 바람직하다고 판단되는 국민의 식량이나 기타 농산물의 분량을 생산할 수 있도록, 나아가 농업자에게는 적절한 이익과 농업노동자에게는 적절한 생활수준의 유지, 농업에 투여된 자본에 대해서는 충분한 이자 지불, 모순이 없는 최저 가격'을 농업자에 대한 보증가격으로 결정하고 그것만큼은 정부가 책임을 보증한다고 규정하였다. 즉 영국 정부는 위와 같이 다양한 농업 상황에 대해 앞에서 언급한 연차심의가 제출한 결과물을 기초자료로 하여 보증가격을 결정하고, 자유시장에서 형성된 자유가격과 그것을 초과하는 보증가격 간의 차액을 정부가 부담하여 농민에게 지불한다는 것이었다. 이것이 이른바 '부족불제도(Deficiency Payment)'이다.

그러나 정부가 부담하는 부족불의 재원은 당연히 세금에서 충당해야 했기 때문에 종국적으로는 국민의 부담으로 전가되었다. 따라서 이 부담을 어떻게 공평하게 분담해야 할 것인지는 세제상의 문제로 귀착되었다. 그러나 EC의 경우와 같이 수입과징금제도에 따라 농민을 보호하기 위한 정부부담분(부족불분)에 따르는 부분을 직접농산물의 국내 시장가격(소비자가격)에 반영하면 개개의 소비자가 직접 그것을 부담하는 결과가 된다. 영국의 현실에서 이와 같은 대상물품은 국민의 생명을 지탱시키는 식량뿐으로, 식량은 가격에 따른 소비의 탄력성이 적기 때문에 오히려 저소득층의 부담비중이 상대적으로 커지게 되어, 세금 부담으로 비교하면 일반적인 대중과세와 같은 경향이 강하게 나타날 것이었다. 때문에 EC의 수입과징금제도와 영국의 부족불제도를 비교해 보면, 후자의 부족불제도가 전자의 수입과징금제도보다 근대적 형태라고 할 수 있다.

따라서 여기에서 농산물의 생산자가격이 부족불제도에 의하여 일시 채산합계액까지 보증되면 수요를 무시한 과잉생산, 품질이 낮은 생산물이 양산되는 현상이 발생할 수 있었다. 이러한 문제에 대비하여 영국 정부는, 연차심의에서 보증가격을 결정할 때 국내 생산품에 대한 수요동향과 국제시장의 동향 등등을 고려하여 각종 농작물에 대한 표준수량(standard quantity)을 결정하고, 이 표준수량에 한하여 가격보증을 한다고 공표하였다. 따라서 표준수량을 초과하여 출하되는 분량에 대해서는 보증가격 혜택을 주지 않았다.

따라서 농민들이 표준수량을 초과하여 과잉공급을 하는 경우, 이윤율이 저하된다는 것을 인식시키는 방법으로 불합리한 과잉생산을 저지하였다. 나아가 보증가격도 표준수량도 구체적으로는 품질규격별 규모와 계절별 규모가 결정되어 있었기 때문에 품질을 무시한 양산품종의 생산 경향도 저지되었다. 이러한 표준수량에 관한 규정은 가격보증제도를 실시한 초기부터 있었던 것은 아니었다. 초기에는 수량 무제한의 가격보증제도였으나, 과잉생산시 부족불액이 무제한 확대되어 1963년에 이르러서는 정부, 나아가 최종적으로는 국민이 부담해야 할 액수가 1억 파운드에 달하였다. 이에 농어업식량성 장관 소엄즈(Christopher Soames)는 우유의 가격보증제도에 적용해 온 표준수량제도를 기타 농산물 보증제도에도 적용하기로 하고 1964년까지 육류 이외의 상품에 표준수량제도를 적용한다고 공표하고 실시하였다.

그러나 표준수량 규정이 가격보증제도(부족불제도)에 따른 국가재정 부담의 무제한 확대를 방지하는 데 목표를 두었다면 국내 생산만을 규제한다고 해서 충분한 것은 아니었다. 더욱 값이 낮은 농산물이 속속 수입되면서 부족불 부담분이 점증하자 해외의 공급자와 수입제한 교섭을 시작하여 해외의 농산물 수출국가에서 수입수량 제한에 관한 동의를 얻어 냈다. 즉 베이컨은 덴마크·네덜란드·스

웨덴·아일랜드·폴란드·헝가리 등에서, 곡물은 캐나다·미국·아르헨티나·오스트레일리아 등에서 수입 제한 동의를 얻어 냈던 것[5]이다.

다음으로 이 가격보증제도의 문제점은 농민을 태만케 하고 무기력하게 만든다는 우려였다. 보증가격과 표준수량이 결정되어 있기 때문에 농민은 할당 수량만 경작한다고 해도 일정 수입이 보장되어 농민의 생산·판매 면에서 기업가

〈표 3-2〉 제2차 세계대전 후 영국의 작목별 국내 생산 및 수입량 추이

(단위 : 천 톤)

	구분	세계대전 이전		1946~1947		1953~1954		1960~1961		1966~1967	
		국내산	수입	국내산	수입	국내산	수입	국내산	수입	국내산	수입
총 중 량	쇠고기	578	600	550	398	645	336	758	401	886	310
	양고기	195	341	135	447	172	314	237	381	256	331
	돼지고기			15	29	280	37	434	22	569	7
	베이컨/햄	178	283	87	156	223	296	189	391	196	393
	닭고기	89	22	70	27	101	17	307	6	419	7
	육고기 합계	1,040	1,346	857	1,037	1,421	1,000	1,925	1,201	2,326	1,047
	밀	1,651	5,631	1,967	4,575	2,664	3,853	3,064	4,630	3,495	4,280
	보리	889	54	1,963	83	2,521	1,255	4,241	950	8,804	120
	귀리	1,940	94	2,903	166	2,821	82	2,058	47	1,116	30
	옥수수		3,395		280		1,413		3,044		3,485
비 율	쇠고기	49 (100)	51 (100)	58 (95)	42 (66)	66 (112)	34 (56)	65 (131)	35 (67)	74 (153)	26 (52)
	양고기	36 (100)	64 (100)	23 (69)	77 (131)	35 (88)	65 (92)	38 (122)	62 (112)	44 (131)	56 (97)
	돼지고기			34 (100)	66 (100)	88 (1867)	12 (128)	95 (2893)	5 (76)	99 (3793)	1 (24)
	베이컨/햄	39 (100)	61 (100)	36 (49)	64 (55)	43 (125)	57 (105)	33 (106)	67 (138)	33 (110)	67 (139)
	닭고기	80 (100)	20 (100)	72 (79)	28 (123)	86 (113)	14 (77)	98 (345)	2 (27)	98 (471)	2 (32)
	육고기 합계	44 (100)	56 (100)	45 (82)	55 (77)	59 (137)	41 (74)	62 (185)	38 (89)	69 (224)	31 (78)
	밀	23 (100)	77 (100)	30 (119)	70 (81)	41 (161)	59 (68)	40 (186)	60 (82)	45 (212)	55 (76)
	보리	94 (100)	6 (100)	96 (221)	4 (154)	67 (284)	33 (2324)	82 (477)	18 (1759)	99 (990)	1 (222)
	귀리	95 (100)	5 (100)	95 (150)	5 (177)	97 (145)	3 (87)	98 (106)	2 (50)	97 (58)	3 (32)
	옥수수		100 (100)		100 (8)		100 (42)		100 (90)		100 (103)

출처 : J. G. S. & F. Donaldson, *Farming in Britain Today*, op. cit., 부록 표 No. 16에서 작성.
※ 1966~1967년도 통계는 예측치임.

---

5) J. G. S. & F. Donaldson, *Farming in Britain Today*, London, 1970, pp. 14~15.

적 의욕을 발휘할 여지가 없다고 생각하기 쉬웠다. 요컨대 이 제도하에서는 농업생산 및 판매와 같은 기업적 활동에 대한 자극이 결여되는 것이 아닌가 하는 의문이 발생할 수도 있었다. 그러나 이러한 문제는 다음과 같이 해결되었다. 즉 "부족불은 보증가격과 시장가격의 차액으로서 이 계산 과정에서 시장가격은 평균 시장가격으로 간주된다. 시장가격은 자유로이 형성되는 것이므로 구체적인 시장가격에는 어느 정도의 격차가 발생하여 잘 거래될 경우에는 비싸게 팔릴 것이고 잘못 거래될 경우에는 싸게 팔려 수요가 많으면 고가로, 수요에 반하여 공급된 경우는 싸게 매각하지 않으면 안 될 것이다. 그러므로 구체적으로는 어느 것은 평균 시장가격보다 비싸고, 또 어느 것은 평균 시장가격보다 싸게 팔리는 결과가 되므로, 전자는 그만큼 보증가격을 초월한 여분을 수중에 넣을 수 있으나, 후자의 경우는 평균 시장가격에 못 미치는 보증가격보다 낮은 액수를 실현하게 될 뿐이다. 따라서 농민은 이 제도하에서는 시장 상황에 민감하게 반응하고 수요변화에 따른 품질을 적절한 시기에 공급하려고 노력할 것이다. 여기에 기업적 심리가 작용할 것이고, 농업의 침체는 피할 수 있을 것이다"라는 발상이 '영국 농산물가격 = 가격보증제도'의 개요이자 원칙이었다. 그러나 구체적으로 가격보증제도의 운영실태는 작물에 따라 달랐다.

다음에 개별 작물에 대한 가격보증제도의 운영실태를 구체적으로 살펴보기로 한다.

〈표 3-2〉는 제2차 세계대전 이후부터 1960년대까지의 주요 농산물에 대한 영국 내 생산량과 수입량의 추이이다.

이 표에 나타난 수치에서 우선 축산물의 경우를 보면 쇠고기는 대전 이전에는 수입비율이 51%로 영국 국내산의 49%를 능가하였으나, 전후 국내산 비율이 해마다 높아져 1966~1967년에는 국내 생산이 74%로 수입량의 2.8배에 이른다. 양고기는 국내산이 크게 늘어나지는 않았으나 대전 전의 수입량 64% 수준에서 전후 해마다 국내산이 증가하여 1966~1967년에는 국내산이 44%로 늘어났다. 돼지고기의 경우 대전 직후인 1946~1947년에는 국내산 34%, 수입량 66%의 비율을 구성하였으나, 1953~1954년에는 이 비율이 급격히 역전하여 국내산 88%, 수입량이 12%로 된 이후 국내산이 꾸준히 증가하여 1966~1967년에는 99%를 기록하였다.

그러나 베이컨의 경우는 사정이 달랐다. 대전 이전의 수입비율은 61%, 국내산 비율은 39%였으나 전후 일시적인 증가현상을 나타내다가(1953~1954년) 1966~1967년에는 국내산 비율 33%, 수입비율 67%를 나타냈다. 대전 이전부터 국내산이 80%로 많았던 닭고기의 경우 전후에도 여전히 국내산이 증가하여 1966~1967년에는 98%의 비율을 차지하였다.

축산과 육류의 동향을 종합하건대 대전 이전에는 국내산 비율이 44%, 수입비율이 56%였으나, 전후 국내산의 비중이 높아져 1966~1967년에는 국내산 69%, 수입 31%로 역전된 비율을 구성하였다.

곡물의 경우는 품목에 따라 자급비율과 수입비율이 현저히 다르게 나타났다. 우선 가장 주요한 식량으로 간주되는 밀의 경우, 대전 이전에는 국내산이 23%, 수입량이 77%로 국내산이 수입량의 3분의 1 미만을 차지하였으나 전후 국내 산출량이 급증하여 1966~1967년에는 국내산 45%, 수입 55%로 거의 비슷한 비율을 보였다. 보리와 귀리는 대전 이전부터 국내 생산이 압도적으로 큰 비중을 차지하여 각각 94%와 95%였으나 전후에도 그 수준을 유지하고 점증하여 1966~1967년에는 국내산 비율이 각각 99%와 97%라는 압도적인 비중을 차지하고 있다. 그러나 가축사료로 중요한 옥수수는 영국 내에서 생산이 점점 줄어들어 100% 수입에 의존하는 양상을 보였다.

앞서 언급한 상황들을 총괄하여 보면, 영국은 축산물이나 곡작물 모두 제2차 세계대전 이전에 비하여 전후 국내 생산량이 현저히 증대하였다. 바로 이러한 점에서 영국의 농업은 보편적인 선진 공업국가에서는 보기 어려운 진기한 현상을 나타냈다.

앞에서 설명한 상황에서 개별 작물에 대한 영국 정부의 가격보증은 어떠한 상황으로 운영되었는가? 다음에는 식용가축과 우유 및 곡물의 가격보증제도의 운영실태를 살펴보기로 한다.

(1) 식용가축의 가격보증제도

식용고기의 경우 초기에는 원칙적으로 보증가격이 결정되어 부족불제도가 적용되었으나 그 표준수량에 제한은 없었다. 그러나 시간이 흐름에 따라 평균 시장가격과 보증가격의 차액 부족분을 정부가 지불한다는 점에서는 변함이 없었으나 구체적인 지불방법은 다소 복잡해졌다. 쇠고기와 양고기는 주간별 표준가격으로 계절별 규모를 결정하여 최종적으로는 그해의 보증가격과 동일하게 되도록 하였다. 때문에 그해의 보증가격은 한 가지로 일률적이었으나 실제의 부족불 기준이 되는 주간별 표준가격의 계절별 규모에서는 정상적인 시장가격이나 생산비 동향을 반영하여 봄에는 높고 가을에는 낮은 곡선으로 나타났다.

따라서 매주 이루어지는 부족불은 보증가격이나 보증비율이 시시각각 변동하게 되었다. 다시 말해서 현실적으로 시장변동이 없는 경우에는 수요 대비 공급 과잉이 나타나 보증가격의 보증비율이 낮아졌고, 반대로 시장변동이 강한 경우 수요에 대해 공급이 부족해져 보증가격의 보증률이 할증되는 현상을 보였다. 이러한 조정은 시장 관계 전문가가 유도하도록 하였다. 이는 시장의 동향, 즉 시장의 수급 관계를 농민의 생산과 출하동향에 반영하기 위해서였다. 농민들이 시장의 수요 증감에 민감하게 반응하여 생산공급을 스스로 조절하도록 하였는데, 여기에는 인위적 조작이나 시장의 수요동향에 즉각 반응하여 수익을 추구하는 기업가적 행동에 자극을 주는 동시에 표준수량제도에 대해서도 수요를 무시한 과잉생산을 미연에 방지한다는 의도가 있었다.

구체적인 사례로 1970년 쇠고기 보증가격의 보증률 할증 및 할인 척도는 그해에 예상되는 시장 상태[6]에 상응하여 매년 조정되도록 하였다. 여기에 어느 1주간의 평균 시장가격이 그 주에 대해 결정된 표준가격(보증가격)에 미치지 못하면 당연히 그 차액은 정부가 부족불로 지불하도록 되었다. 그러나 이 경우 그 부족불액이 1cwt당 18실링에서 24실링 사이면 그대로 지불될 것이나, 그것이 24실링을 초과할 경우나 18실링에 미치지 못할 경우 연차심의에서 결정한 규모에 따라 표준가격의 보증률이 할인 또는 할증되어야 했다.

양고기의 경우도 마찬가지였다. 즉 부족불액의 범위가 1파운드당 0.75펜스에서 2.25펜스 사이에 있어서 이 범위를 초과하거나 미만일 경우 보증가격의 보증률이 할인 또는 할증되도록 하였다. 요컨대 부족불의 범위는 수급균형이 이루어질 경우의 평균 시장가격과 표준가격(보증가격)의 차액이 이 범위에 있는가를 표시하였다.

식용고기 가운데에서도 돼지고기의 가격보증제도는 다소 달랐다. 여기에는 계절별 규모도, 시장동향에 기초를 둔 할인 및 할증제도도 없었다. 그 대신 주간별 가격이 사료비용 변화에 상응하여 조정하도록 되어 있었는데, 그 조정은

---

6) "Annual Review and Determination of Guarantees, 1970", London, 1971, pp. 50~51.

그해 4분기경 전문가의 산정에 기초를 둔 돼지에 대한 사육두수의 예측을 참고로 행하였다. 1970년을 예로 들면 1cwt당 35실링 11펜스의 사료가격 지수를 1,000점으로 보고 이를 기준으로 보증가격을 결정하는데, 여기에서 9점 변동시마다 보증가격은 3펜스만큼 조정되도록 하였다. 이는 돼지생산비의 주요 부분이 사료 구입대금으로 지출된다는 상황을 고려한 합리적인 보증방식이었다.

(2) 우유의 가격보증제도

영국의 우유 가격보증을 고려할 때에는 우유판매공사(Milk Marketing Board)를 간과해서는 안 된다. 영국 국내산 우유는 극히 일부 지역, 스코틀랜드 북서부와 서덜랜드(Sutherland)를 제외하고 대부분 5개의 우유판매공사 중 1개 공사를 통하여 판매되었다. 그 가운데서도 잉글랜드와 웨일스에는 양 지역을 포괄한 1개의 우유판매공사만이 존재하였다. 제2차 세계대전 후 영국의 우유판매공사는 1958년 생산자 대부분이 찬성할 경우 판매공사를 조직하여 농산물 판매를 독점적으로 그 통제하에 설치할 수 있다는 '농산물거래법(Agricultural Marketing Act)'에 근거를 두고 설립되었다.

그 이후 우유판매공사는 영국의 우유생산자 단체로서 우유판매를 독점하기에 이르렀다. 따라서 영국의 거의 모든 우유생산자들은 이 공사에 등록하여 생산한 대부분의 우유를 공사에 판매하면 공사는 그것을 처리·가공하여 판매하는 책임을 졌다. 원유에 대한 보증가격과 표준수량 등은 연차심의에서 결정되었고, 이 표준수량에 대해서만 보증가격을 적용한다는 것이 원칙이었다. 음료용 우유에 대해서는 보관상 해외에서의 수입이 없고, 더구나 국내 생산은 판매공사 한 단체에만 선매되기 때문에 자유시장에서 형성되는 시장가격이 존재하지 않았다.

따라서 우유의 경우 우유판매공사가 낙농민에게서 매입한 원유가격이 보증가격이 되었다. 표준수량은 예상되는 음료용 우유의 1년간 국민 소비량에 약간의 여유를 두는 양으로 결정하였다. 우유의 소매가격은 원유의 생산비와 처리비 및 유통경비를 보전하고, 소비자들의 소비능력을 감안하여 정부와 공사가 협의하여 결정했다. 때문에 우유의 보증가격은 거의 소매가격과 동일하게 지급되었다. 실제로 앞의 〈표 3-1〉에 나타난 바와 같이 1962년 이후 매해 약간의 잉여금이 발생한 해와 반대로 부족한 해가 있었으나, 종합적으로 보아 학교급식용 우유나 후생용 우유에 대한 정부 보조금 지출을 제외하고 보증가격 때문에 정부가 부족불을 지불한 해는 거의 없었다.

그러나 원유의 생산량이 표준수량을 초과할 경우에는 그 초과분량은 가공용으로 전용되었다. 현실적으로 버터나 치즈 등과 같은 유제품은 수입자유화이기 때문에 유가공품은 국제 시장가격과 경쟁하지 않으면 안 되었다. 따라서 가공용 원료 우유는 음료용 우유 보증가격의 3분의 1 정도 가격으로 판매공사가 인도하였다. 이렇게 낮은 가격으로는 국내 우유생산자들은 채산이 맞지 않기 때문에 표준수량을 초과한 과잉생산이 억제되었다. 이러한 상관관계는 생산자들이 소비 촉진에 깊은 관심을 갖는 결과를 초래했다. 생산자 단체인 우유판매공사는 음료용 우유에 대한 소비 선전을 대대적으로 펼쳤다. 이 시기 영국에서 전개되던 '1일 1파운드' 우유 마시기 운동은 생산자가 단체로 기업자 의식을 표출한 전형이었다.

(3) 곡물의 가격보증제도

밀·보리 및 귀리의 보증가격제도는 품목에 따라 약간씩 달랐으나 전형적인 부족불 방식이었다. 밀에 대한 가격보증제도를 보면 연차심의에 의해 보증가격이 결정되면 실제 밀의 매매는 수입 밀을 포함하여 자유시장이 형성되어 평균시장가격과 보증가격의 차액이 부족불이 된다는 원칙에는 변함이 없었다. 그러나 앞의 〈표 3-1〉에 수록되어 있는 바와 같이 1966~1967년조차 밀의 경우 수입량이 크다는 것을 알 수 있다. 이는 그 이면에 국내 생산비에 비하여 국제 생산비가 현저히 낮은 관계가 성립하고 있음을 의미했다. 이 때문에 밀의 가격보증제도는 원칙보다 다소 복잡하게 작용하였다.

밀의 경우 보증가격 이외에 최저수입가격(minimum import price)과 목표지시가격(target indicator price)이 있었으며, 표준수량은 1968년 이후 철폐되었다. 이른바 최저수입가격이란 EEC의 수입과징금제도와 유사했으나 그 목적은 전혀 달랐다. 앞에서 언급하였듯이 밀의 국제가격은 영국산 밀생산비에 비하여 현저히 낮은 경우가 많았으며, 원칙적으로 수입 자유시장을 형성한다든지, 보증가격에 비하여 시장가격이 현저히 낮은 수준으로 결정되는 것이 보통이어서 그 때문에 부담해야 할 부족불액이 크게 증대하여 영국 정부는 그 재정적 부담을 감내하여야만 했다. 이와 같은 정부의 과대한 재정 부담을 회피하기 위하여 구상된 것이 최저수입가격제도였다. 즉 최저수입가격제도는 시장가격이 그 이하로 하락했을 때에는 과징금을 부과하여〔협력국에게는 컨트리 레비(country levy)를, 비협력국에게는 제너럴 레비(general levy)를 과징하여〕수입가격을 최저수입가격 수준으로까지 끌어올리는 제도를 말한다.

목표지시가격은 최저수입가격과 비슷한 의미를 가진 것으로서 최저수입가격을 기초로 하여 결정되었다. 즉 최저수입가격 범주 안에 수입업자의 적정 이윤이나 국내 수송비, 창고보관료 등 제반 경비를 합산하여 산출한 것이 목표지시가격이었다. 즉 수입가격은 성격상 국내 가격과 경합할 수 없기 때문에 최저수입가격을 국내 가격과 경합할 수 있는 것으로 변화시킨 것이 목표지시가격이었다. 영국의 밀에 대한 가격보증제도의 경우, 영국 정부가 국내 생산농민에게 지불하는 부족불액은 보증가격에서 평균 시장가격 또는 목표지시가격 중 높은 쪽을 차감한 잔액이 되었다.

이러한 부족불의 계산에 평균 시장가격이나 목표지시가격 중 어느 쪽이건 높은 쪽을 선택하여 계산한다는 것은 평균 시장가격이 목표지시가격보다도 하락하는 것을 방지하려는 데 있었다. 여기에는 두 가지 의의가 있었다. 첫 번째는 최저수입가격제도에 의해서 수입 관계자들의 자유를 제한한 대가로서 그들에게 정당한 이윤을 보증해 주는 수단으로서의 의의이고, 두 번째는 국내 생산을 촉진하는 목적으로 표준수량제도를 철폐한 시점에서 수요를 무시하고 국내 생산이 비정상적으로 확대되는 것을 방지하는 안전장치로서의 의의였다. 따라서 만약 국내 생산이 수요를 무시하고 비정상적으로 확대되어 시장이 공급과잉 상태가 되고 평균 시장가격이 목표지시가격을 하회하게 되면, 농민이 받아야 할 부족불액은 보증가격과 목표지시가격의 차액이 되기 때문에 현실적으로 농민은 밀공급에 의해서 보증가격조차도 받지 못하는 결과가 초래되며 당연히 생산은 억제될 것이었다. 현실적으로 영국은 밀의 경우 평균 시장가격이 목표지시가격을 하회했던 적이 없었다.

보리의 보증가격제도도 밀의 경우와 동일하였다. 최저수입가격과 목표지시가격제도를 도입한 부족불 방식이 밀의 경우와 똑같이 1964년부터 적용되었다. 그러나 표준수량제도가 폐지되었던 것은 밀의 경우보다 1년 늦은 1969년부터였다. 보리의 보증제도가 밀의 그것과 다른 점은 보증가격에 계절별 규모를 책정하지 않은 점이었다. 보리의 경우 계절별 규모 대신 출하되는 월별 보상금제

(premium)가 적용되었다. 즉 곡물 연도의 마지막 달에 출하된 물량에 대해서는 보증가격 이외에 보상금이 지불되었고, 곡물 연도의 조기 출하기, 즉 수확기에 출하된 물량에 대해서는 할인하는 방법으로 연중 출하를 허용하는 방법을 취했다. 귀리의 경우 원칙적으로 부족불제도가 적용되었다.

(4) 식용감자의 가격보증제도

감자의 경우는 식용감자만이 가격보증 대상이 되었으나, 이 경우 직접 생산자에게 부족불을 지급하는 형태의 보호는 아니었다. 생산자는 시장에 출하하여 그곳에서 수급을 반영한 시장가격이 형성되었거나, 시장에서 국내 생산자가 수취하는 평균 가격이 보증가격 수준에 이르지 못하였다고 판단되었을 경우 감자판매공사(Potato Marketing Board)는 시장에 출하된 잉여분 감자를 매수하여 시장가격이 보증가격 수준까지 상승하도록 지원하였다. 이때 시장매입 자금은 정부의 재정 지원에 의존했으며, 매입된 감자는 주로 가축사료용으로 전용되었다. 따라서 이렇게 시장매입을 했는데도 시장가격이 보증가격에 이르지 못하였을 때에는, 이른바 부족불을 생산자 이익을 위해서 정부가 감자판매공사에 지출했다. 이 경우 북아일랜드에 대해서는 북아일랜드 농무성에 부족불액을 지출했다.

매년의 연차심의에서 농어업식량성의 농업부와 감자판매공사가 협의하여 식용감자의 예상 수요동향을 검토하고 보증가격의 수준이나 차기의 경작면적 등을 결정했다.

이상으로 영국 농산물가격정책의 근간이 되는 가격보증제도를 대표적인 몇 가지 품목에 대한 단기적인 운영실태를 통해 살펴보았다.

2 (단기적) 생산조성금 및 보조금

다음은 제2차 세계대전 이후 영국의 농정이 농산물가격정책과 구조정책의 2대 지주에 의해서 운영되어 왔음을 감안하여 구조정책, 즉 선택적 확대정책의 근간을 이루는 생산조성금 및 보조금제도를 언급하고자 한다. 앞서 언급하였듯이 영국의 농업정책이 2대 지주하에 운영되었다고 해서 이 양자가 전혀 별개의 것으로 운영된 것은 아니며, 상호 유기적인 관련을 가지고 전개되었다. 한 예로 선택적 확대를 지향하는 작물에 대해서는 가격정책면에서도 보증가격으로

후하게 보호되었다.

그러나 앞의 〈표 3-1〉에 나타나 있듯이 영국 농업정책의 균형은 1965년을 계기로 기존의 가격정책 편중현상이 구조정책 중심으로 이행하기 시작했다. 이를 경비지출면에서 보면 1968년 이후는 가격을 보증하기 위한 재정 지출과 생산조성금 및 보조금 지출이 동일한 비율로 되어 기존의 가격보증 지출의 압도적 우위에 격세지감을 느끼게 했다. 이와 같은 영국 농정기조의 전환은 1970년의 연차심의 보고서에 단적으로 나타났다. 그 서문에서 농민대표 측은 연차심의가 보수요구(pay claim)의 해결기관으로 여겨지는 것은 근본적으로 잘못된 일이라고 하면서, 가격보증에만 의존하는 태도를 강한 어조로 경계하고 농업에서 선택적 확대정책의 필요성을 강조하였다. 이의 목적은 '수입의 절감'과 '장차 EEC에 가입함으로써 초래될 EEC 공동 농정의 채용시 지불해야 할 부담의 경감'을 계획하는 것[7]이라고 하였다. 이 시기에 시행된 생산조성금 및 보조금은 기본적으로는 1957년 농업법 제2편 '농장의 개선 및 통합에 대한 조성'에 기초를 둔 것으로서 구조정책의 선택적 확대의 우선작물은 쇠고기·돼지고기·밀·보리였다. 따라서 이의 조성 및 보조금에도 선택적 확대작물에 관한 내용이 다각적으로 나타났다.

(1) 비료 및 석회 보조금

1952년의 농업법(Agriculture Act)은 비료에 관한 규정을 포함하기 때문에 이에 기초를 두고 지출된 보조금이 비료·석회 보조금(contributions for Fertilizers and Lime)이었다. 이것은 농지 또는 그곳에 재배되는 농작물에 투여된 질소비료 및 인산비료 경비에 대하여 화학비료 사용의 촉진을 위해 보조금을 지급한다는 것이었다. 이에 따라 버섯재배에 사용한 비료에도 보조금이 지급되었다. 영국의 농업에서는 칼슘의 화학적 작용에 의해 토양이 개선되어 왔으나 이 목적으로 농지에 투여된 석회의 비용에 대해서도 보조금이 지급되었다. 석회 시비에 의한 토양비옥도 개선계획은 1937년 이후 중요한 방침으로 지속되었다.

---

[7] *Ibid.*, p. 5.

(2) 초지개간 조성 및 동절기 사료 조성금

밀과 보리의 증산은 농경지의 확대를 필요로 한다. 농경지의 확대는 통상 영구목초지에서 전환하는 것이 가장 수월한 방법이다. 이를 촉진할 목적으로 지출된 것이 초지개간 조성금(Grants for Ploughing Grassland)이었다. 영국 정부는 최소 12년 이상 초지로 사용되어 오던 토지를 개간하여 경지로 하기에는 막대한 경비를 요하는 토지에 대해 개간 조성금을 주었다. 이러한 경지면적은 1960년부터 1965년까지 일시에 증가하였으나, 1965년 이후에는 감소경향으로 전환되었다.

영국의 축산 부문에서 전통적으로 곤란한 문제는 동절기의 사료 확보였다. 위도가 북쪽에 있는 영국에서는 이 문제의 해결이 결코 쉽지 않았다. 특히 구릉지 농업에서는 더욱 그러했다. 따라서 구릉지에서 소나 양을 사육하는 데 필요한 동절기 사료의 재배 및 구입비용에 대하여 매년 지출된 것이 동절기 사료 조성금(Winter Keep Grant)이었다.

(3) 송아지, 구릉지의 소·양 및 비육우에 대한 보조금

쇠고기는 선택적 확대의 우선품목 중 하나였다. 여기에서 쇠고기생산을 확대하기 위해서는 우선 비육용 소의 증산이 필요했다. 따라서 비육용 소의 번식과 사육 장려 목적에 적절한 송아지 사육에 대한 보조금이 지불되었다. 그것이 1952년 농업법 이래 실시된 송아지 보조금(Calf Subsidy)이다.

구릉지의 소와 양에 대한 보조금은 원래는 구릉지에서 소나 양을 사육하는 데 필요한 동절기 사료의 생산 및 구입에 지급되었으나, 1946년과 1956년의 구릉지 농장법(Hill Farming Act)에 따라 구릉지의 비육우와 양에 대해서도 조성금이 지급되었는데, 이것은 구릉지의 비육우 및 양고기의 생산을 장려할 목적이었다.

비육우에 대한 보조금은 고기용 송아지를 번식시킬 목적으로 사육하던 소에 대해 지불되었다. 앞서 언급한 구릉지의 소 보조금을 받으려면 일정한 자격이 필요하였다. 비육우에 대한 보조금은 바로 그러한 자격에서 제외된 고지대나 열등지의 축산업경영에 대하여 비육우 번식을 장려할 목적으로 설계된 보조금제도였다. 이 제도는 1966년 초에 설계되었다가 그 후 확대되었는데, 한때 약간의 제한은 있었으나 여타의 농민에게도 적용되었다.

(4) 사료용 콩 조성금

사료용 콩은 가축들의 단백질원으로도 중요할 뿐 아니라 간이작물로서도 중요하게 여겨져 왔다. 이 사료용 콩 경작면적을 확대할 목적으로 1967년 연차심의 결과에 기초를 두고 1에이커당 5파운드의 장려금이 지급되었다. 이 조성금이 실시된 해에는 그 생산이 현격히 확대되었다. 1964~1966년 평균에 대한 1967년도 비율을 보면 경작면적에서는 169%, 생산고에서는 177%로 일시에 70~80%나 팽창했다. 그러나 그 이후 순조로운 증대현상은 없었다. 그 이유는 영국의 배합사료 메이커들이 콩을 원료로 사용하기를 좋아하지 않았기 때문이었으나, 시간이 흐르면서 콩은 수출작물이 되어 수출입 균형에 공헌했다는 평가를 받았다.

(5) 소농장 경영관리개선 및 농장경영기록계획 보조금

이것은 소농장 경영 수준 개선을 목표로 한 '농장경영 3개년 계획'에 기초를 두고 기획한 것으로, 이 계획의 주요 요소 중 하나는 농장경영에 관한 정책을 결정하는 데 기초자료로 삼기 위하여 농장기록을 제출하도록 했다는 데 있다. 그리하여 이에 대해 3개년 계획 연도 말에 조성금을 지불한다는 것이었다. 물론 이 조성금의 액수는 그 농장의 작물이나 목초의 재배면적에 따라 또는 계획 형태에 따라 달랐으나 최고 1,000파운드까지 지급받았다. 말할 것도 없이 이것은 소농장 경영의 개선을 목표로 한 것이기 때문에 이 조성금을 받을 수 있는 자격에는 경영 규모에 따르는 제약이 있었다. 즉 경지 또는 초지의 경영면적이 20에이커부터 125에이커까지의 소경영으로서 표준노동 필요량이 250인/일에서부터 600인/일 정도의 규모가 아니면 조성금을 받을 자격이 없었다.

위에서 언급한 소농장 경영관리개선계획(Small Farm Business Management Scheme)에서 농장경영기록을 제출하도록 하여 그것을 정책결정에 이용하려 했던 것과 마찬가지로, 이 농장경영기록계획(Farm Business Recording Scheme)도 농장의 경영기록을 제출할 것을 장려하기 위해 농민에게 연 100파운드의 조성금을 지불하였다. 단지 이 조성금은 3년 이상 계속해서 받을 수 없었다.

(6) 협력조성금

앞서 살펴본 바와 같이 영국 정부는 1967년의 농업법에 의해서 농업 및 원예에 관한 협동추진중앙협의회(Central Council for Agricultural and Horticultural Cooperation)를 설립하여 농업 및 원예에 관한 협동활동을 촉진하고 발전시킬 것을 계획하였다. 여기에는 생산과 판매 면에서 협동을 자극하는 활동에 대해 협의회를 통하여 조성금이 지급되었다. 이 외에도 북아일랜드에만 적용된 각종 보조금이라든지, 농작물에 해를 입히는 야생조류나 기타 토양 속 해충 등을 구제하기 위한 여러 가지의 보조금 또는 조성금이 지출되었다. 그러나 단기적인 생산보조금으로 주요했던 것은 대체로 앞에서 언급한 내용들이었다.

3 장기 개량 자금지원

앞에서 현대의 영국 농정에서 나타난 단기적인 생산보조금에 대한 운영실태를 검토하였다. 일반적으로 농업생산력을 근본적으로 발전시키기 위해서는 장기적인 농업생산 수단의 개선이 필요하다. 다음은 영국 농업의 장기 개선시책은 어떻게 전개되었는지를 생산력 증진의 기초요건이라고 할 수 있는 토지자본 투여에 대한 조성금 지출 측면을 중심으로 살펴보고자 한다.

(1) 농장개량 및 구릉지개량계획

1957년 농업법 제2편 제12조, 제13조에 농용지의 장기적 개량에 대하여 농장의 소유자 및 경영자에게 조성금을 지불한다는 것을 규정하였다. 이때 조성 대상이 되는 개량의 종류는 농업용 건물, 도로, 전력공급시설 등과 같은 고정설비의 신설 및 수리였다. 그러나 1965년 11월 동 계획은 더욱 확대되어 기계적 장치 및 기계가 조성 대상에 추가되었다. 1969년 이 농장개량계획(Farm Improvement Scheme)에 기초를 두고 조성된 총액은 1,480만 파운드로 총조성 및 보조 금액 중 11%를 점하였으나, 토지자본을 조성하기에는 충분하지 않았다.

영국의 구릉지 농업은 상대적으로 늦게 성립되었지만 선택적 확대정책 중 주축을 이루는 쇠고기 증산을 고려하면 구릉지 농업이 주요하다고 간주되었기 때문에 구조정책의 중심에서 구릉지 농업의 개선은 중요 항목 중의 하나가 되었다. 이 구릉지개량계획(Hill Land Improvement Scheme)에서도 구릉지 농지개량을 위한 조성금이 지출되었다. 즉 구릉지 목초의 생산성을 증대시키기 위한 토지개량에 대하여 승인된 비용의 반액을 조성금으로 정부가 부담하도록 하였다. 따라서 구릉지 목초지의 배수설비를 건설하는 데에 특히 상기한 50% 이외에 10%의 보조금을 추가하였다.

(2) 농업배수설비 및 농업용수설비 계획

이 계획(Field Drainage and Farm Water Supply Scheme)은 농용지의 배수구 설계 및 용수설비계획 비용에 대하여 국가가 조성금을 지불한다는 것이었다. 그러나 조성비율은 잉글랜드, 웨일스, 스코틀랜드와 북아일랜드가 달랐다. 잉글랜드 및 웨일스에서는 배수구 및 배수설비 건설비용의 50%를 조성금조로 정부가 지불하고, 농업용수시설의 건설에는 그것이 공영 용수로와 연결될 경우 건설비의 25%, 사영 용수원과 연결될 경우 건설비 중 40%를 조성해 주었다. 스코틀랜드에서는 배수시설, 용수시설 공히 건설비의 50%가 조성되었고, 북아일랜드에서는 별도의 규정이 적용되었다.

(3) 합병추진조성금[8]

1967년 영국에는 42만 2,000개의 농장경영 실체가 있었고, 그 가운데 전업경영이 22만 개에 달하였다. 평균 농장경영 규모는 110에이커(44.5ha)였으나, 전업농장에 국한하면 잉글랜드와 웨일스는 158에이커(63.9ha)였다. 일반적으로 평균 규모는 상당히 크다고 할 수 있으나, 상당히 소규모적인 경영도 있어서 20에이커 미만의 경영이 42%, 30에이커 미만은 48%였다. 이들 소경영 농장은 생산성이 현저히 낮아 영국 내의 농업생산성을 증산시키기 위해서는 이들에 대한 경영능력 개선과 경영 규모의 확대가 필수요건이었다. 이 때문에 단기적 생산조성계획을 수립하기 위해 소농장 경영관리개선계획에서 경영능력 증진을 계획하였고, 장기 계획으로서는 합병추진계획에 의해서 소농장 합병통합을 추진하여 상업적 수준에 편승하는 경영으로 발전시킨다는 계획을 수립하였다.

1967년 농업법 제2편에 의하여 비경제적 규모의 농장을 기타 토지와 합병하여 경제적 채산이 있는 농장 규모로 개선하는 데 필요한 공사비용의 50%를 정부가 부담하는 조성계획이 제정되었다. 또한 동 법률은 합병을 위해, 비경제적 규모의 농장을 방치한 사람에 대해서는 일시금 최고 2,000파운드 또는 종신연

---

[8] "Agriculture Act, 1967", Part II, Section 26, "Halsbury's Statutes of England", Vol. 47, op.cit., pp. 38~50.

금 최고 275파운드 형태로 조성금을 지불해야 한다고 규정하는 동시에 토지 구입대금을 포함한 합병실행비용을 정부가 은행에서 차입 또는 차입보증해 줄 수 있다고 규정하였다.

(4) 투자조성금

농업생산력을 증대시키고 국제적 경쟁력을 유지하기 위해서는 농업 부문에 거대한 자본을 투자해야 한다. 그러한 자본이 농업 부문으로 유입될 수 있도록 유발하는 인센티브를 준다는 의미에서 계획된 것이 투자조성금(Invest Grants) 제도였다.

1967년의 농업법에서는 농업 및 원예투자를 촉진하기 위해서 신형 트랙터, 자동추진수확기, 고정기계장치 및 기타 기계류 등의 구입비용이나 장기적 토지개량자금 등에 대하여 조성금을 지출한다고 규정하였다. 〈표 3-3〉은 1960년 이후 영국이 실시한 생산조성 및 장기적 개량조성에 지출한 항목별 조성액이다. 이의 전체적 동향을 보면 단기적 효과를 겨냥한 생산조성 구성비는 장기적 개량조성비보다 압도적으로 커서 1970년에 대한 전자의 비율은 72.2%, 후자의 비율은 27.8%로 전자가 후자의 2.6배나 된다.

그러나 그 구성의 연차별 추이는 1965년까지는 생산조성이 장기적 개량조성의 5.4배 이상을 차지하고 있으나 1965년 이후, 특히 1968년 이후에는 단기적 생산조성의 비율이 감소하고 장기적 개량조성 비율이 현저하게 증가함을 보인다. 이는 1965년 이후 영국은 구조정책 가운데서도 단기적 효과를 겨냥한 생산조성보다도 장기적 효과를 겨냥한 장기적 개량조성으로 정책의 중심이 이행하기 시작하였음을 의미한다.

앞에서 설명한 〈표 3-1〉의 가격보증을 위해 정부가 부담했던 경비와 생산조성 및 보조금(생산조성과 장기적 개량조성 비용의 합)을 대조하여 보면 1965년 이후 정책의 중점이 후자로 이행하고 있음을 알 수 있다. 이제 이 두 개의 분석 결과를 연관시켜 보면 1965년과 1968년을 전환기로 하여 더욱 단기적 효과밖에 없는 가격보증제도라는 소극적 보호책에서 벗어나 구조정책으로의 역점이 이행하여 갔으며, 구조정책 중에서도 토지자본 증대를 자극하는 방향으로 정책을 유도하려는 영국 정부의 노력이 있었음을 알 수 있다.

〈표 3-3〉 영국 정부의 항목별 농업보조금 추이

(단위 : 백만 파운드)

구분		1960		1965		1968		1969		1970	
		조성액	구성비	조성액	구성비	조성액	구성비	조성액	구성비	조성액	구성비
단기적 생산조성	비료	32.2	30.8%	29.6	28.2%	30.9	24.8%	33.7	24.8%	32.8	23.4%
	석회	8.7	8.3	8.1	7.7	4.6	3.7	4.8	3.5	4.7	3.3
	개간	10.9	10.4	7.6	7.3	1.1	0.9	0.4	0.3	0.5	0.4
	사료용 대두	-		-		1.2	1.0	1.1	0.8	1.1	0.8
	송아지	17.6	16.8	22.7	21.7	26.8	21.5	27.3	20.1	28.1	20.0
	비육우	-		-		4.0	3.2	4.9	3.6	5.2	3.7
	구릉지 소	4.6	4.4	6.7	6.4	10.3	8.3	11.8	8.7	12.4	8.8
	구릉지 양	0.7	0.7	4.4	4.2	7.2	5.8	6.5	4.8	6.7	4.8
	동절기 사료	-		3.4	3.2	4.6	3.7	4.7	3.5	4.9	3.5
	소농장 개선	5.9	5.6	3.4	3.2	1.8	1.4	1.8	1.3	1.1	0.8
	농장기록	-		-		1.0	0.8	1.4	1.0	1.4	1.0
	기타	11.2	10.7	2.5	2.4	1.8	1.4	2.4	1.8	2.4	1.7
	소계	91.8	87.4	88.4	84.4	95.3	76.5	100.8	74.1	101.3	72.2
장기적 개량조성	농배수설비	1.9	1.8	2.6	2.5	4.0	3.2	4.5	3.3	5.0	3.6
	농용수설비	0.8	0.8	0.6	0.6	0.4	0.3	0.5	0.4	0.5	0.4
	구릉지 개선	-		-		0.6	0.5	1.5	1.1	1.9	1.4
	농장 개량	7.8	7.4	11.6	11.1	13.6	10.9	14.9	10.9	15.5	10.0
	농장구조개선	-		-		0.2	0.2	1.4	1.0	2.5	1.8
	투자조성	-		-		9.3	7.5	11.5	8.4	12.6	9.0
	기타	2.7	2.6	1.6	1.5	1.1	0.9	1.0	0.7	1.1	0.8
	소계	13.2	12.6	16.4	15.6	29.2	23.5	35.3	25.9	39.3	27.8
합계		105.0	100.0	104.8	100.0	124.5	100.0	136.1	100.0	140.4	100.0

출처 : "Annual Review and Determination of Guarantees", 1968, 1970에서 작성.

4 기타의 정부 지원

앞서 분석한 영국 정부의 농업에 대한 원조는 가격보증제도에서의 부족불지급제도, 생산조성 및 장기적 개량계획에서의 조성금 및 보조금제도, 직접 농업에 대한 재정 지출이라는 직접적인 자금원조였다. 그러나 이러한 직접적인 원조 이외에 영국 정부는 농업에 대하여 측면적·간접적으로 지원하였다. 다음에는 그와 같은 간접적 원조 내용에는 어떠한 것들이 있는지 살펴보기로 한다.

(1) 농지전용 제한

근래에 이르기까지 영국은 토지의 도시적 이용에 대한 통계자료가 적어서 대체로 국토의 총면적에서 농용지 면적과 삼림면적을 차감한 나머지를 도시적 이용지로 산정하였다. 1950년 베스트와 코포크(Best & Coppock)[9]가 다양한 통계자료를 이용하여 이용목적별 토지면적을 산출하였는데, 이들이 산출한 도시적 이용지는 400만 에이커였다. 이를 기초로 하면 20세기 초부터 1950년까지 영국의 도시적 이용지는 대략 60만 에이커가 증가하였다. 유럽은 중세 이후 전통적으로 산림을 개간해서 농용지로 전용하여 왔으나, 공업화 이후 도시화가 진행되면서 농용지의 도시적 이용으로의 전용도 상당 규모 진행되었다. 이에 농업생산을 확보하기 위해 농용지 전용에 제한을 가할 필요성이 제기되었다.

영국은 잉글랜드와 웨일스에서는 주택 및 지방행정성(Ministry of Housing and Local Government)이, 스코틀랜드에서는 스코틀랜드 개발부가 중심이 되어 통합적인 정부계획정책의 일환으로 우량 농용지를 농외 목적으로 전용하는 것을 제한하도록 규정하고 있다. 농어업식량성은 잉글랜드와 웨일스에 대해서는 농업 일반 이익을 보호하는 입장에서 계획 당국이나 관련 부서에 대하여 여러 가지 측면으로 협력하고 있다. 이를 합리적으로 추진하기 위해서 도시적 토지이용 계획에 대해 미리 농어업식량성 장관과 협의한다는 협정이 성립되었다. 스코틀랜드와 북아일랜드에도 마찬가지의 협정이 있었다.

(2) 농촌지역개발공단

1967년 농업법 제2편 제45조는 구릉지 및 고지의 농촌지역 개발에 관한 문제 및 필요성에 부응하기 위하여 문제가 있는 지역에 '농촌지역개발공단(Rural Development Board)'을 설치할 수 있다고 규정하였다. 이 목적에는 말할 것도 없이 특수 지역의 문제나 필요에 부응하여 행동한다든지, 또는 특수한 문제에 대해서는 그 지역 농용지의 상업적 경영 가능 단위 형성에 특별히 어려움이 있다든지, 그 지역의 농업 및 임업용 토지 이용에 관한 정책결정에 관해 지도하는 문제를 주로 포함하였다. 농촌지역개발공단의 기능은 앞서 언급한 특수 문제나 필요에 상응하는 수단을 검토하고, 관련되는 지방 당국과 상담하여 문제

---

9) R. H. Best & J. T. Coppock, *The Changing Use of Land in Britain*, Faber, 1963, p. 224.

또는 필요에 상응하도록 활동계획을 입안·추진·원조 및 실시하는 데 있었다. 또한 공단은 이 사업을 조성금으로 할 것인지 차관으로 할 것인지, 아니면 양자를 혼용하는 수단으로 할 것인지 하는 경제적 원조를 줄 수 있도록[10] 하였다. 영국 정부는 이 농업법 규정에 기초를 두고 중부 웨일스 지역과 북부 아일랜드 지역에 각각 1개씩 2개의 공단을 설립하였다.

(3) 농업신용과 정부의 원조

영국 정부는 농민에게 유리한 조건으로 농업신용을 줄 수 있다는 식의 일반적 정책은 실시하지 않았다. 그러나 정부의 원조 또는 지지를 받은 여러 기관들이 농업자에게 신용을 주도록 자극하였다. 영국에서도 농업자가 신용을 취득한다는 것은 여타 산업 종사자의 경우보다 어려웠다. 바로 이러한 점이 농업자본이 부족한 원인이 되었고, 농업 발전의 장애요인 중 하나로 작용하였다. 영국 농촌에서 자본유통의 최대 원천은 현대에도 80%가 농민 자신 또는 지주로부터의 조달에 의해서 이루어지는데, 농민 자신이 조달하는 경우 그 자본의 원천은 혈연 또는 혼인으로 이루어진 관계에 기초를 두고 있다는 것이고, 10%는 은행 대부에서 그리고 나머지 10%는 복잡하고 다양한 경로를 통한 자금이라고 분석[11]되었다. 이러한 현상은 농민이 농업개발자금을 신용기관으로부터 조달하는 것이 상당히 어렵다는 사실을 의미한다.

농업에 대한 시중은행의 대출은 단기가 많고 통상 봄에 대부하여 가을에 수확물 판매대금으로 회수하는 것이 일반적이다. 농업에 대한 이러한 단기 신용은 비교적 많으나 문제는 장기 신용이었다. 영국에서 장기 신용에 관하여는 은행 이외에 두 가지 경로가 있다. 하나는 채권시장이고 다른 하나는 농업저당회사(Agricultural Mortgage Corporation Ltd)이다. 채권할인에 의해 농업자금을 조달하는 것은 극히 한정된 범위에만 적용되었으나, 대규모 농장에서는 이 방법으로 자금을 차입하는 데 성공한 예도 적지 않았다. 후자에 속하는 농업저당회사는 1928년 농업신용법(Agricultural Credit Act)에 근거하여 설립하였다.

---

10) "Agriculture Act, 1967", Part Ⅲ, Section 47-(1), "Halsbury's Statutes of England", Vol. 47, p. 63.
11) Shadrack G. Hooper, *Finance and Farmers*, Institutes of Bankers, 1967.

잉글랜드와 웨일스의 경우, 농업생산 수단을 구입하고 개선하기 위한 장기자금은 주로 농업저당회사에서 조달되었다. 차입은 자유 소유의 농용지를 제1차 저당으로 한 대출이라는 형태나, 토지개량 자금 등의 경우 대개 개량된 토지에서 발생하는 지대정지권(地代停止權)을 저당으로 한 대출형태를 취했다. 그런데 이 농업저당회사의 자금은 주식발행 또는 정부로서의 원조도 받았다. 이런 의미에서 농민이 장기 자금을 조달하는 데는 정부의 원조가 간접적으로 작용했다고 할 수 있다. 이 농업저당회사는 대출자금 중 최소한 3분의 2를 10년에서 40년간 장기 분할상환 조건으로 농민에게 대출해 주었다. 이것이 농민의 농업 개발에 큰 도움이 되었음은 부정할 수 없다. 또한 이 상환액 가운데 이자 부분에 대해서는 소득세 과세대상에서 제외되는 특혜가 주어졌다.

스코틀랜드에도 농업저당회사에 버금가는 조직으로 스코틀랜드 농업담보회사(Scottish Agricultural Securities Corporation)가 있어서 농장의 합병 또는 경계선을 조정하는 비용을 대부해 주었고, 북아일랜드에도 이와 같은 기능을 하는 회사로 농업대부공사(Agricultural Loans Board)가 있었다. 이 농업대부공사의 대부 자금은 공적인 재정수입으로 확보되어 농무장관이 관리하였고, 대출금의 변제 또는 토지 구입이나 사료 구입자금을 제외한 농업 목적 자금으로 농민에게 대부해 주었다. 그러나 이 자금 중 절반은 농업용 기계 구입자금 등 단기 대부로 사용되고 나머지는 농용건물 건축 및 개량 또는 합병자금으로 중장기로 대출되었다.

농민이 이용하는 유동자본의 주요 부분은 상인신용에 의해서 조달되었다. 상인은 종자 또는 비료 등을 춘경 또는 추경의 경작 개시기에 제공하고 수확기까지 상환하도록 기다려 주는 것이 상례였다. 농민이 상인신용으로부터 얻고 있던 자금은 8,000만 파운드에서부터 1억 2,000만 파운드에 달하였고 연 기준 이자율은 12%에서부터 20% 사이[12]였다. 지주가 부담해야 할 농용지 및 농용건물을 개선하기 위한 자금은 토지개량회사(Land Improvement Company)에서 대출되었다. 이 대출은 지대정지권을 담보로 행하여졌으며, 회사의 자금은 정부의 보조가 아니었다.

그러나 농민이 이 회사에서 개량자금을 빌릴 경우에는 농무장관의 인가를 필

---

12) "Report of the Committee on Working of the Monetary System", 1968.

요로 하는 형태로 정부가 일종의 보증을 해 줌으로써 회사에는 안전성을 보증하는 동시에 농민에 대해서는 신용을 확대하였다.

1964년의 법률은 농민 또는 원예재배자가 시중 은행에서 자금을 조달할 때 정부가 농민의 신용(대출)을 보증하는 금융조직을 원조할 수 있도록 하였다. 이러한 금융조직으로는 전국농민연합이 설립한 농업신용회사(Agricultural Credit Corporation)와 협동도매협회(Co-operative Wholesale Society)가 설립한 농업금융연합(Agricultural Finance Federation)이 있었다. 농업신용회사는 농업 프로젝트가 가능성 있는 우수한 계획이라고 판단될 경우, 자금을 준비하지 못해도 그것을 보증하고 은행이 자금을 대출할 수 있도록 하였다. 은행도 일반적인 상황이라면 대출 여건이 아니라 농업신용회사의 보증이 있으면 안심하고 대출해 주도록 하였다. 농업금융연합도 이와 동일한 기능을 가지고 있었지만 그것은 협동사업에 대해서만 보증한다는 한계가 있었다.

(4) 소농지 보유대책

1967년 통계에서는 잉글랜드 및 웨일스에서 농지 보유 중 43%가 20에이커 미만이고, 50에이커 미만이 60%, 100에이커 미만이 76%에 달한다고 하였다. 이처럼 영국은 소농지 보유가 중요 부분을 차지하고 있었으나 일반적으로 이에 대한 대책은 마련되어 있지 않았다. 잉글랜드 및 웨일스에서 소농지 보유는 거의 지방정부가 관할하였고, 농어업식량성이 관할하는 것은 극소수에 불과했다. 1970년 농어업식량성이 관할하던 소농지 보유농은 전 농가의 5.7%에 불과한 800호였다. 이중 600호 정도는 원예에 종사하는 소보유집약적 경영체로 농무장관을 대행하여 토지사업협회(Land Settlement Assocition)가 시장 알선 및 기타 서비스를 제공하면서 소농지 보유자 및 소규모 차지농을 직접 관리하였다.

1966년 스코틀랜드에서는 15에이커 미만의 농지 보유자가 전체의 44%를 차지하여 소농지 보유 경향이 잉글랜드나 웨일스보다도 심하였다. 그 가운데서도 스코틀랜드 북서부의 7개 주는 소위 영세 농장주(crofting counties)라고 불리는 지역으로, 그 가운데 아르길(Argyll), 케이스네스(Caithness), 인버네스(Inverness), 오크니(Orkney), 로스크로머티(Ross & Cromarty), 서덜랜드(Sutherland) 및 셰틀랜드(Shetland)주에서는 토지의 대부분이 크로프터(crofter)라 하는 소농장 공동소작인 또는 차지농민이 경작하였으며, 이들은 통상 50파운드 이하의 차지료로 농장을 빌리거나, 75에이커 이하의 토지를 소유하고 있었다. 이들 지역에는 1만 9,000개 정도의 영세 농장이 있었고, 이 지역 농업생산물 중 4분의 1을 생산하고 있었다.

따라서 생산물량면에서도 이들 영세 농장은 결코 가볍게 볼 수 없었다. 영세 농장주가 가진 문제점으로는 농업인구의 격감현상으로 인해 지역 농업인구가 감소되고, 이것이 결과적으로 농업생산을 격감시킨다는 점이었다. 1955년 크로프터위원회(Crofter's Commission)가 설립되어 지역 소농장의 재조직 및 규제를 강화하여 크로프터의 이익을 도모하였다. 1955년 크로프터법(Crofter Act)에 규정된 이 위원회의 권한은 크로프터 다수의 동의를 얻을 경우 밭 전체의 농지를 재편하여 토지가 적절히 유효하게 이용될 수 있도록 토지를 재분배할 수 있게 하였다.

(5) 토지소유와 경작권

〈표 3-4〉는 1960년 영국에서 20에이커 이상의 농장 중 차지농과 자작농의 농장규모 및 농장형태의 분포를 수록한 것이다. 이를 통하여 잉글랜드 및 웨일스의 경우 64% 정도가 차지농이고 36%가 자작농이며, 농장규모로는 20에이커 이상 99에이커 이하의 규모에서는 차지농이 63%, 자작농이 37%이고, 100에이커 이상 300에이커 이하 규모에서도 그 비율은 거의 변함이 없었으나,

〈표 3-4〉 1960년 영국 농촌의 차지농/자작농 농장규모 및 농장형태 분포

구분		농장수			평균 규모			지대(파운드)		
		차지농	자작농	소계	차지농	자작농	소계	차지농	자작농	소계
농장규모	20~99에이커	370	218	588	62	64	63	162	159	2.61
	100~300에이커	558	322	880	181	178	180	374	345	2.0
	300에이커 이상	242	107	349	580	518	561	763	897	1.32
농장형태	낙농	287	145	432	121	120	121	318	304	2.63
	축산	310	199	509	308	212	270	245	211	0.80
	혼합농업	412	231	643	242	222	235	514	502	2.12
	경종농업	161	72	233	215	224	218	461	551	2.14
합 계		1170	647	1817	226	196	215	387	374	1.71

출처 : Graham Hallet, *The Economics of Agriculture Land Tenure*, London, 1960, pp. 22~23.

300에이커 이상이 되면 차지농의 비율이 증대하여 69%를 차지하고 자작농은 31%였음을 알 수 있다. 종합하면 영국의 농업경영자 중 절반 이상은 차지농이며, 따라서 지주와 차지농의 관계는 영국 농업에서 중요한 문제가 될 수 있다.

영국의 농업사에서 1875년 이전까지는 차지농과 지주의 관계를 규제하는 법률은 민법뿐이어서 차지 관계는 당사자 간의 자유로운 협의에 의해 결정되었다. 그러나 1870년대경 사회 전반의 경제 관계가 복잡해지면서 지주는 차지계약을 연차계약으로 변경할 수 있게 되었다.[13] 이 때문에 평생 계약 관계로 내려오던 관례적인 차지계약에 문제가 빈발해졌다. 1860~1870년대 차지농들의 불만은 농장을 떠나갈 때 차지농이 만들었던 배수로나 토지개량에 대한 보상을 받을 길이 없었다. 또한 차지농 자신들이 힘들여 토지개량을 했어도 토지생산성이 상승했다는 이유로 지대가 인상된다는 불평이 있었다. 여기에 차지농의 경작권을 보호하기 위해서 차지계약(借地契約)정지시 보상문제가 1875년 농업차지계약법으로 규정되었으나, 이 법률규정은 강제규정이 아니어서 효과가 크지 않았다. 이에 1883년 농업차지계약법에서는 강제력을 가진 내용으로 개정되었고, 이후 1906년과 1920년의 법률에서 규정이 더욱 충실히 확대되어 경작권 보호를 강하게 규정하였으며, 1948년에는 농업차지관계법으로 집대성되었다.

1920년 농업차지계약법은 기존의 차지농에 대한 보상규정과 관련하여 매우 중요하였다. 그것은 지주가 제시한 지대에 대해 차지농의 불만이 있을 때, 농어업식량성 장관의 위임을 받은 중재인이 전후 사정을 청취한 다음 합리적이라고 사료되는 액수를 결정하여 문제를 해결해 주도록 하였다. 또한 중재인이 결정한 지대액을 지주가 동의하지 않을 경우, 지주는 자의로 차지계약을 파기할 수 있었다. 이 경우 지주는 차지농에 대하여 그만큼의 배상을 하도록 하였다. 반대로 차지인이 제정된 액수를 거부할 때에는 지주에게는 보상책임이 없었다. 이 규정에서 지주는 최고의 지대를 취할 수 있는 권리는 가지고 있었으나, 공평한 중재기능을 통하여 지주가 부정하고 불합리하고 일방적으로 차지농을 축출하지 못하도록 하였던 점에서 획기적인 경작권 보호정책[14]이었다. 이 점에서 1923년의 농업차지계약법은 지주권력에 대한 규제를 한층 강화한 것이었다.

---

13) Graham Hallett, *The Economics of Agricural Land Tenure*, London, 1960, p. 48.
14) *Ibid*., pp. 48~49.

지주와 차지농 간의 모순은 전후 1947년 농업법에서 더욱 확실하게 조정되었다. 동 법률 제1편에서 안정적이고 고효율적으로 농업을 유지하기 위해서 가격보증과 안정된 시장 형성 계획을 규정화하였음을 앞서 규명하였다. 나아가 제2편에서는 '우수 농장 토지관리와 우수 농업생산'에 관한 규정을 두고, 그 규정에 상응하는 농장토지 관리나 농업경영을 하지 않는 지주 또는 농업자를 처리할 권한을 정부에 부여하였다. 동시에 이 규정은 제2차 세계대전 직후 식량이 부족했던 시기, 비용을 떠나 식량의 최대 생산이 절실하던 시대에 유효했던 것으로, 그 후 식량 사정이 호전되고 정상적인 경제 관계가 효율적인 농장 이용 또는 농업경영을 촉진한다는 인식이 고정화되면서 불필요하게 되었다. 이 점을 고려한 것이 1958년에 개정된 농업법이었다.

1947년 농업법 제3편은 1923년 농업차지계약법에 취급하였던 경작권 규정을 더욱 확대하였다. 그중에서도 특이한 점은 지주가 책임져야 할 생산수단의 항목들과 차지인이 책임져야 할 내용을 명시하고 있는 것이다. 즉 차지인의 책임란에는 ⓐ 최소 5년마다 농장주택 및 창고 내부의 페인트 도색에서부터…… ⓜ 축사의 철격자 보수에 이르기까지 13개 항목을 기재하였고, 지주와 차지인이 절반씩 책임을 져야 할 내용으로는 ⓐ 목제상(床)에 대한 페인트 도색 및 보수에서부터…… ⓔ 최소 5년마다 페인트 도색을 해야 한다는 등 5개 항목을 열거하였으며, 지주의 책임란에는 ⓐ 주요한 벽에서부터…… ⓚ 지하수도관의 수리 및 교체에 이르기까지 11개 항목을 기재하였다. 주로 차지인의 책임은 건물의 내장과 생산수단의 유지 및 수리 정도였으나, 지주의 책임은 건물의 외장과 생산수단의 교체 또는 대보수 등 경비 부담이 큰 항목이 많았다.

1947년 농업법 제3편의 규정은 사실상 농업을 계속하려는 차지농에 대해서는 평생 차지를 보증한다는 것이었다. 만약 지주가 차지계약을 파기한다는 예고를 차지농에 낼 경우, 차지농은 그에 반대하는 고소를 농무장관에게 제출할 수 있도록 하였다. 이때 차지농이 열악한 농업자라는 조건이 있는 경우 이외에는 농무장관은 지주의 계약 해제에 대하여 동의하지 말도록 했다. 규정에는 이 경우 농무장관이 농업토지재판소(Agricultural Land Tribunals)에 제소하는 것으로 되어 있다. 농업토지재판소는 영국 각지에 설치되어 있었고, 주심판사 1명 이외에 2명으로 구성되었다. 주심판사는 최소 7년 이상 그 직을 수행한 변호사(barrister) 또는 하급 변호사(solicitor)나 대법관(the Lord Chancellor) 중에서 선발하였고, 기타 2명은 농무장관이 임명하지만 그중 1명은 농민의 이익을 대표한다고 사료되는 인사 중에서 선발하였다. 이 농업토지재판소에 제소된 결과는 대개 차지농에 유리하게 판결되었다.

1947년 농업법 제3편이 주요했던 점은 1920년과 1923년 농업차지계약법에서 지대 인상에 대한 중재 재정규정이 정해져 있었다는 점이다. 지주는 지대를 인상하려 하고 차지농은 이를 거부할 경우 이 분쟁은 중재인에게 위임하여 해결한다는 것이었다. 이때까지 중재인이 판결을 할 때 적정 지대액을 결정할 만한 기준이나 원칙, 척도 또는 규정이 전혀 없었다. 물가나 경제 상황이 안정되었던 시대에는 일반적인 지대 수준은 여타 물가와 균형된 수준에서 고정되었기 때문에 판단기준에 어려움이 없었으나, 전후 물가가 제각각 앙등하던 시기에는 판단하기가 어려웠다. 여기에 중재인은 판결 결과가 일반의 비난을 받을까 두려워 지대 인상에 제동을 걸게 되었다. 이 시기 지방지주협회(Country Landowners' Association)가 제시하는 자료에 의한 지대 변화추이를 보면, 1838년부터 제2차 세계대전 직후인 1947년까지의 지대는 에이커당 최저 20실링, 최고 34실링, 평균 27~28실링으로 안정세를 보였다. 일반 물가면에서도 제2차 세계대전 직전까지는 지대와 거의 동일하게 안정적 동향을 보여 격동현상을 볼 수 없었다.

그러나 대전 중 정부 측의 규제효과 때문에 지대는 상기한 평균액과 비슷한 상황이었으나, 물가는 상당히 상승세로 전환하였다. 1947년 평균 지대는 제2차 세계대전 이전의 100년간 평균과 거의 동일한 28실링 수준이었음에 비하여 물가는 동일한 100년간의 평균보다 2배가량의 팽창세를 보였다. 이후 지대도 약상승세를 타면서 1951년 에이커당 33실링으로 20% 정도의 약상승세를 보였으나 물가는 3배 강세로 상승하였다. 이같이 제2차 세계대전 이후 물가상승률에 비하여 지대의 상승치는 현저히 낮은 경향을 나타냈는데, 이는 농업차지계약법 및 1947년 농업법 제3편의 규제조항이 작용한 결과였다.

그러나 적정 지대를 책정할 수 있는 기준이나 원칙이 없었다는 모순은 1958년 농업법에서 어느 정도 해소되었다. 즉 동 법률에서는 적정 지대의 책정원칙으로 준용할 수 있는 내용을 새로이 추가하였다. 이 규정에서는 "차지 관계에서 정당한 지대는 차지농이 현재 차지농업을 경영하고 있다는 사실이 지대에 미칠 영향을 고려하고 차지계약 조건기준 등을 고려하여 자유의지를 가진 지주가 자유의지를 가진 차지 희망자에게 차지계약하는 것이 합리적이라고 기대할 수 있게 되는 지대를 말한다."라고 정의하였다. 요컨대 1958년의 농업법 규정은 농장을 새로운 차지인에게 임대할 때 양자 간에 대등한 담합에 의하여 결정되는 지대가 적정 지대라는 의미였다. 그러나 이러한 원칙과 정의는 추상적인 것으로서 그 해석의 범위는 상당히 광범위하였다.

그 후 1963년 농업법에서는 농업차지계약 파기예고의 운용상 제한과 농업차지에 관한 중재의 시간적 제한의 연장, 농장 입주 및 퇴거에 대한 수당규정 등에 대한 개정이 있었고, 그 이후 1968년 농업법은 농업차지의 강제적 취득에 관한 보상규정 등이 추가됨으로써 차지농의 보호가 강화[15]되었다.

3. 농산물유통조직과 농민협동의 실체

앞에서는 제2차 세계대전 이후 영국의 농정개선제도의 확립 및 실시를 위하여 이루어진 법률제정 과정과 정부 차원에서 이루어졌던 운영 상황을 규명하였다. 이러한 정부 및 의회 차원에서 확립되어 운영된 제도들 이외에도 현실적으로는 농업생산자와 소비자 간의 생산물에 관한 유통 문제를 다루는 실체들이 있었다. 다음으로는 이와 같은 농산물의 유통문제들이 어떠한 계기에서 파생되고 조직화되어 어떠한 기능과 효과를 이루었는가를 살펴보고자 한다. 이를 규명하기 위해서 농산물 실체를 매개로 성립된 유통공사들과 이들을 합리적으로 관리·운영하여 경제적 효과를 추구하려 했던 농민 자신들의 협동체를 살펴보고자 한다.

1. 농산물유통조직의 실체

영국에서 농산물유통은 크게 2개의 경로가 있었다. 하나는 곡물상인이라든지 가축시장이나 가축경매 또는 베이컨 가공공장 등과 같이 이른바 사적인 거

---

15) "Agriculture (Miscellaneous Provisions) Act, 1968", Section 42, "Halsbury's Statutes of England", Annual 1968, Vol. 43, pp. 682~683.

래를 통하여 행하여지는 것이고, 또 다른 하나는 농산물 생산자들의 협동조직을 통하여 행하여지는 것이었다. 영국의 농산물 유통조직 가운데 특징적인 것은 후자의 유통경로에 속하는 것으로서, 그 실체는 1958년 농산물거래법에 준하여 생산자들이 조직·운영하던 농산물판매공사(Agricultural Marketing Board)였다. 다음은 농산물판매공사의 구조와 기능을 살펴보기로 한다.

1 농산물판매공사의 설립 및 기능

1922년 영국의 전국농민연합(National Farmers' Union)은 항구적 합동우유위원회(Permanent Joint Milk Committees)를 설립하고 우유의 공동판매를 조직화하였다. 동 위원회는 이해관계자 대표, 즉 생산자와 판매업자 및 가공업자 대표들로 구성되었고, 우유의 구입·판매 가격의 협정 및 생산제한 등에 관한 협약에 의하여 질서 있는 우유시장 형성을 목표로 하였으나, 이 조직은 법적인 근거가 없어서 강제력을 발휘할 수 없었다. 그리하여 생산이 과잉될 징조가 보이면 협정이 파기되어 가격파괴의 경쟁이 격화하여 우유산업 자체가 붕괴 위기에 처하는 경우가 발생하기도 했다. 시장의 질서를 형성하기 위해서는 법률적 강제력을 수반한 조직이 필요함을 절감한 관계자들은 1931년과 1933년 농산물거래법을 통과시켰다. 1931년 농산물거래법은 생산자가 농산물 판매계획을 제출하고 담당 장관(농무장관)이 허가하는 규정과 판매공사 설립에 대한 원칙[16] 등을 확립하였다.

이후 1938년 농산물거래법은 판매계획에 짜여진 농산물시장 질서가 수입품 때문에 교란되는 것을 방지하기 위해서 해당 상품의 수입을 제한하는 조치를 강구하는 길을 열어 놓았다. 따라서 동 법률 제2편에는 농산물판매공사의 재정적 측면을 강화하는 규정이 추가되었으며, 그 이외에 1949년 농산물거래법에서도 1931년 법률의 원칙규정이 약간 수정되었다. 이러한 각 연도의 농산물거래법 내용이 집대성되어 나온 것이 1958년의 농산물거래법이었다.

1958년 농산물거래법에서 농산물생산자들은 자신들이 생산하는 농산물에 대

---

16) "Agricultural Marketing Act, 1931", Section 1~5, and "First Schedule to this Act", Part I, "Halsbury's Statutes of England", Vol. I, pp. 235~243.

한 판매계획을 담당 장관에게 신청하여 허가를 받을 수 있도록 규정하였다. 이때 담당 장관은 그들이 그 지역의 진정한 농업자 대표인지를 확인·조사하고 그들이 지배하는 농산물 수량 등을 고려하여 허가하거나, 허가 이전에 그 계획을 관보에 공표하도록 하였다. 따라서 이러한 판매계획에는 우선 그 계획을 실행할 수 있는 공사(board)의 설치가 필요하였고, 또한 계획에는 그 농산물생산자에 대한 등록을 하지 않으면 안 되었으며, 등록한 생산자들에게 계획에 대한 실행 여부를 투표하였다.

그러나 투표 결과 등록 생산자들의 대다수가 계획 실시에 찬성할 경우 그 계획은 유효하였으나, 반대의 경우에는 그 시간 이후 무효가 되도록 규정하였다. 이러한 법률에 근거하여 생산자들은 대다수가 찬성할 경우 해당 농산물공사를 조직하여 해당 농산물의 판매를 일거에 장악하고 해당 생산물시장을 통제할 수 있었다. 1970년 영국에서 이러한 농산물판매공사에는 두 종류가 있었는데, 하나는 농산물생산자와 최초 수매자 사이의 모든 계약을 통제함으로써 강력한 힘을 발휘할 수 있도록 예외 없이 전 생산자들의 위탁판매대리인으로 거래권한을 가진 공사(公社)이고, 또 다른 하나는 단지 시장조건의 통제권한만을 가진 공사였다. 이 경우 거래는 생산자 자신이 자유롭게 개별적으로 수매와 교섭을 하도록 되어 있었다. 전자에 속하는 판매공사로는 계란판매공사, 홉(hop)판매공사, 우유판매공사, 양모판매공사가 있고, 후자에 속하는 공사로는 유일하게 감자판매공사가 있었다. 다음은 우유판매공사와 감자판매공사의 조직과 기능을 살펴보기로 한다.

(1) 우유판매공사

영국의 현존하는 판매공사 가운데서 가장 성공한 공사가 우유판매공사이다. 영국 내에서 생산되는 우유를 전량 구입하고, 그것을 한꺼번에 판매하는 강력한 통제력을 가지고 있는 공사이다. 가격보증제도에 기초를 둔 공사는 생산자로부터 우유의 수매가격을 결정하였고, 초기에는 최저소매가격까지도 결정하였다. 일반적으로 우유라는 농산물 상품의 특징은 부패하기 쉬운 식품이고 생산에 계절적 상이성이 있다는 점이다. 이러한 난점을 유통면에서 해결하려면 그에 대한 주시장과 그것을 보강하는 보완시장 등 2개의 시장을 갖는 것이 이상적이었다. 바로 이러한 점이 우유판매공사가 성공을 거둔 주요 요인 중의 하나로 작용했다.

　우유의 경우 주시장으로는 음료용 우유시장이 있으며, 그 이외에 버터·크림·치즈·분유 등 가공유제품의 원료시장이 있었다. 주시장인 음료용 우유시장에서 생우유는 부패하기 쉽기 때문에 수입하기 어려워 해외 시장과 경쟁은 발생하지 않았다. 그러나 가공원료용 우유는 수입이 자유로웠기 때문에 간접적으로 해외 시장과의 경쟁에 노출되어 있었다. 따라서 가공원료용 우유가격은 아무리 해도 낮게 결정할 수가 없었다. 이에 우유판매공사는 음료용 우유시장의 수요를 초과하여 과잉생산된 분량에 대해서는 가공용 원료로 전환하거나, 가공용 우유는 염가이기 때문에 음료용 우유가격과 합산하여 생산자에게 지불하였으므로 음료용 소비량을 초과한 과잉생산의 경우 단위출하량당 생산자 수취가격은 낮아졌다.

　우유생산량은 계절에 따라 변동이 심하여 자연적 생리에 따르면 봄에 송아지를 낳아 봄부터 여름까지는 우유를 많이 생산할 수 있으나, 동절기에는 산출량이 현저히 감소하여 11월에는 우유생산량이 가장 적어진다. 한편 음료용 우유의 수요는 하절기에 약간 증가하나 생산에 비하여 상대적으로 연중불변 상태를 유지하였다. 따라서 영국이 필요로 한 젖소의 최저 두수는 11월의 수요를 만족시킬 정도면 충분했다. 11월의 수요를 총족시키는 젖소 사육 두수의 유지는 필연적으로 봄과 여름에는 과잉생산이 되므로, 그런 의미에서 이 시기의 과잉생산은 불가피하였다. 따라서 이상적으로 조화된 우유생산은 봄과 여름철 과잉생산분을 가공용 원료로 전환하는 것이었다.

　그러나 앞서 언급한 바와 같이 가공용 원료유는 해외 시장과의 경쟁에 노출되어 있었다. 국내산 우유 가운데 가공용 원료로 전환하는 양이 적을 경우 그만큼 해외의 가공품 수출업자에게는 그 부문의 수입할당이 확대되었다. 반대로 국내산 우유 가운데 가공용 원료로 전환되는 양이 증가할 경우 가공생산물이 해외에서 들어오는 값싼 제품에 압도되어 이른바 원료유가 과잉생산되어 보증가격제도하에서도 생산자가 수취하는 단가는 하락되었다. 이 때문에 국내의 음료용 우유소비량을 확대하여 그 수요 증가분에 일치하도록 11월의 젖소 사육 두수를 늘려서 봄과 여름의 계절적 생산과잉분만이 가공용 원료로 전환될 수 있도록 균형을 유지하기 위한 증산계획을 수립하는 것이 우유판매공사가 담당한 주요 임무 중 하나였다.

1933년 10월 설치되었던 우유판매공사는 제2차 세계대전의 전시와 전쟁 직후 커다란 곤경에 처하였다. 그 원인은 앞서 언급한 계절적 과잉생산과 우유소비시장이 너무 작기 때문이었다. 영국은 국민 1인당 우유소비량이 적은 국가 중 하나로서 미국과 캐나다 소비량의 절반 정도밖에 되지 않았다. 이에 소비량을 확대하기 위한 방법을 다각적으로 전개하였다. 앞의 '가격보증제도'에 대한 설명에서 언급한 바와 같이 제2차 세계대전 직후 우유판매공사가 전개한 '1일 1파운드 우유 마시기 운동'은 이러한 음료용 우유의 소비증가를 지향하면서 전개한 판매활동의 일환이었다. 학교의 우유급식계획 및 전국우유계획(National Milk Scheme)에 의한 전국 어린이, 임부, 수유 중의 산모에게 염가로 우유를 공급하는 계획을 실시하고 우유판매촉진부(Sales Promotion Department)를 설립하여 소비선전에 노력하며, 주요 도시에 밀크 바(Milk Bar) 등을 개설하여 직접 소매 판매를 실시하는 모험까지 전개하였다.

우유의 가공원료로서의 시장은 오타와협정 내용 등과 같은 제약이 있어서 국내산 우유의 보완적 시장으로서 확대하는 것이 대단히 곤란하였다. 이러한 악조건에서 우유판매공사는 가공용 원료시장을 개척하기 위하여 여러 가지 정보를 수집하는 동시에 직영 크림제조공장 등을 건설하였다. 그러나 공사가 생산시장과 2개의 시장(음료용 우유시장 및 가공용 원유시장)을 장악하면서 더욱 곤란해진 문제는 우유생산자 겸 소매업자의 존재였다. 이에 대해 공사는 강경수단을 강구하여 장기간에 걸쳐 해결해 나갔다. 이 우유판매공사의 확립 과정에서 커다란 역할을 한 지도자가 백스터(Thomas Baxter)와 포스터(Sidney Foster)였다. 1954년 4월 우유판매공사는 현재와 같은 권한을 가진 실체가 되어 음료용 우유시장과 가공용 원료시장 등 2개 시장을 통제하게 되었다.

정부는 음료용 우유에 가격보증을 실시했는데, 이는 매년 2월의 연차심의에서 생산자 대표와 담합에 기준을 두고 보증가격과 표준수량을 결정하여 이 표준수량에 대해서만 가격을 보증하도록 하였다. 이 경우 표준수량은 연차심의에 앞서 전년도의 실적을 기초로 산정한 것으로서 공사가 매년 음료용 우유의 판로 확대에 성공한 분량만을 산정하였고, 그것을 초과한 분량은 가공용 원료로 전환하여 낮은 시장가격으로 결정하되 보증가격분과 가공용 시장분이 합산되어 생산자에게는 계약가격으로 지불하였다. 1964년의 연차심의에서 표준수량의 결정을 단순히 전년도 실적에만 의거하여 그해 달성하려던 목표수량을 표준수량에 포함시키는 방법이 취해졌다. 이는 우유판매공사가 소비선전에 노력해야 하는 상황을 표출시킨 것이었다.

　결과적으로 영국에서는 우유의 과잉생산이 보증가격기구에 의해 제약됨으로써 1960~1965년 사이에 우유생산자 수는 15만 호에서 12만 5,000호로 20% 가까이 감소세로 전환되었으나, 그 경영 규모는 확대되어 사육된 젖소의 두수는 불변세를 유지하였다. 이는 가격보증제도하에서 낙농가들 사이에서는 계층분화가 격렬히 진행되었음을 의미한다. 우유판매공사는 단순히 우유의 판매 분야에만 활동한 것이 아니라 생산면에서 기술 지도를 행하기도 하였다. 전국의 우유기록제도(National Milk Recording Scheme)를 이용하여 생산량이 적고 열등한 젖소를 도태하도록 지도한다든지, 우량종 젖소를 보급하기 위해서 인공수정 서비스(artificial insemination service) 등을 실시하였다.

(2) 감자판매공사

　앞서 언급한 우유판매공사(나아가 홉판매공사, 계란판매공사, 양모판매공사 등)는 실질적으로 영국의 전국 생산자 대표로서 생산물의 독점위탁판매권을 가진 강력한 공사형태였다. 그러나 감자판매공사(Potato Marketing Board)는 이들과는 달리 시장조건을 통제하는 힘만을 가진 약체의 공사형태로 1933년 농산물거래법에 기초를 두고 설립되었다. 영국에서 감자는 전통적으로 주요한 곡물로 간주되어 왔고, 특히 흉년이 들어 식량이 부족할 때나 전시 중에는 그 중요성이 더욱 높게 평가되었다. 이는 경지 단위면적당 칼로리 산출량이 여느 작물보다도 높기 때문이었다. 다만 그 토지생산성은 급격히 변동하여 안정성이 없는 결함을 지니고 있었다.

　〈표 3-5〉는 1957~1968년 사이 영국의 감자생산성 추이이다. 이 시기 영국산 감자의 토지생산성을 보면 중부 지역과 오지의 에이커당 생산량은 11년 사이에 최저인 1958년 7.1톤에서 최고인 1965년 11.4톤까지 폭넓은 변동을 보인다. 최고와 최저를 비교하면 후자는 전자의 62% 크기로 나타나고, 그 생산성도 해마다 급격히 변화하였다. 예컨대 1958년에는 7.1톤으로 낮았다가 이듬해에는 8.9톤까지 급상승하여 1년 사이에 25%의 격차를 보인다. 이러한 토지생산성의 급격한 변동에 더하여 감자에 대한 수요가격의 현저한 비탄력성이 감자의 시장가격을 상하로 출렁이게 한 결과를 초래하였다. 이것은 가격통제에서는 지극히

〈표 3-5〉 영국의 감자생산성 추이

수확 연도	감자(조생종)			감자경작면적(중부/오지)		
	수확면적 (천 에이커)	생산량 (천 톤)	acre당 생산량(톤)	수확면적 (천 에이커)	생산량 (천 톤)	acre당 생산량(톤)
1957~1958	96	494	5.2(84)	469	3,598	7.7(75)
1958~1959	85	486	5.7(92)	491	3,494	7.1(69)
1959~1960	87	498	5.7(92)	482	4,305	8.9(85)
1960~1961	100	620	6.2(100)	491	4,481	9.1(88)
1961~1962	90	519	5.8(94)	402	3,940	9.8(95)
1962~1963	88	472	5.4(87)	431	4,291	10.0(97)
1963~1964	91	559	6.2(100)	446	4,274	9.6(93)
1964~1965	93	586	6.3(102)	460	4,499	9.8(95)
1965~1966	84	559	6.7(108)	454	5,167	11.4(111)
1966~1967	73	472	6.5(105)	416	4,458	10.7(104)
1967~1968	72	452	6.2(100)	451	4,810	10.7(104)

출처 : "Agricultural Statistics 1967/1968"(England & Wales) op. cit.에서 작성.
　　　에이커당 생산량란의 (　) 안의 숫자는 1962~1966년 평균을 100으로 한 지수임.

복잡한 문제를 야기시키고 있음을 의미한다.[17]

　　감자판매공사는 설립 초기에는 공급을 통제하여 가격을 안정시킨다는 임무를 수행하였다. 따라서 감자판매공사는 설립되면서 감자의 공급통제에 주력하였다. 그러나 대전이 발발해 사태가 급변하여 식량 부족 시대에 돌입함으로써 감자는 식량증산의 일환으로 등장하였고, 자연히 감자판매공사의 기능은 정지되었다.

　　이러한 상태는 전후에도 당분간 지속되었으나 사회경제 사정이 평시 상태로 회복됨으로써, 감자의 수급 관계는 다시 원상태로 회귀하여 1955년 감자판매공사가 다시 설치되었을 때에는 기본적으로 대전 이전의 상태와 똑같은 상황이 되었다.

　　대전 이후 감자판매공사가 활동을 재개하였을 때 최초로 취한 조치가 감자 재배면적의 제한이었다. 생산자는 공사에 등록하고 신청에 따라 그해에 경작할 면적을 할당받았다. 생산자는 할당받은 경작면적 1에이커당 10실링의 수수료

---

17) Sir John Winnifrith, *The Ministry of Agriculture, Fisheries and Food*, London, 1963, p. 68.

를 받았으나, 그 할당면적을 초과하여 경작하는 지분에는 1에이커당 10파운드의 수수료를 내도록 했다. 이 20배 크기의 수수료는 할당면적 초과분에 대한 과태료라는 의미였다. 이러한 방법으로 과잉생산을 피하고 가격안정을 시도하였다. 나아가 시장가격을 조정하는 방법으로 출하된 감자에 대하여 할당분배를 실시하였다. 식량용 감자로 출하된 것을 모두 분류하고, 분류세목에서 떨어져 나온 감자는 사료용으로 돌렸다. 그런데도 공급과잉의 기미가 보일 때에는 이러한 분류항목을 한층 더 세분하여 불합격 수량을 늘리는 방법을 강구하였기 때문에 공급조정 효과를 얻을 수 있었다. 이와 같은 생산자 자신들, 즉 판매공사의 공급자제 노력에 대하여 영국 정부는 1954년 감자 수입량을 제한한다는 방법으로 보답하였다. 그런데도 계절별 관세를 부과함으로써 국내시장 수급에는 계절별 변동에 상응하는 수입제한을 실시하는 결과를 초래했다.

 1955년 영국 정부는 감자판매공사를 통하여 공사에 출하된 감자를 모두 보증가격으로 구입하는 것을 원칙으로 하였으나, 이후 1959년에는 감자에도 부족불 원칙을 도입하였다. 따라서 다른 가격보증제도와 마찬가지로 매년 2월의 연차심의에서 감자에 대해 톤(ton)당 보증가격이 결정되었다. 그러나 이 부족불은 개별적으로 행한 것이 아니라 총합계로 계산되어 총액으로 공사에 인도되었다. 즉 톤당 부족불로서 식량용 감자로 판매된 총중량을 합산하여 산출한 가격을 공사에 지불하고, 공사는 그것을 생산자에게 이익이 되는 최적의 방법으로 사용하도록 하였다.

 앞의 〈표 3-5〉에 수록된 바와 같이 1959~1960년 사이 감자 생산량이 이상하게 증대하면서 감자판매공사의 수급조정 능력이 가격을 합리적인 수준으로 유지하기에는 미흡하다는 것이 명확해지자, 영국 정부는 이 부문에 대한 공사의 수급조정 능력을 강화하기 위해 공사에 시장조절 권한을 승인하고 그 비용의 3분의 2를 정부가 지출하도록 하였다. 이에 따라 시장가격은 합리적인 수준에서 상대적으로 안정세를 보이기 시작하였고, 정부가 지출하는 부족불액은 현저히 감소하는 결과를 초래하여 부족불이 불필요한 단계에 이르게 되었다.

2 기타의 시장조정 조직체

 농산물시장의 수급조정 기능을 담당한 기관으로는 농산물거래법에 의해 설립된 생산자 단체인 농산물판매공사가 있음을 앞에서 언급하였다. 그러나 그 이외에도 몇 개의 조직이 이 분야에서 주요한 역할을 담당하였는데, 이하에서는 그 대표적인 조직이라고 할 수 있는 식육용 가축판매조합, 돈육산업개발청, 식육가축위원회, 국내산 곡물청 등에 대해 알아본다.

(1) 식육용 가축판매조합

식육용 가축판매조합(Fatstock Marketing Corporation)은 1953년 전국농민연합이 농산물거래법에 의하여 '식육용 가축판매공사(Fatstock Marketing Board)'의 설립을 계획하였으나, 이 계획은 도살업자와 일부 농민을 포함한 투자자들의 강력한 반발로 좌절되었다. 그 대신 설립된 것이 '식육용 가축판매조합'이다. 이 식육용 가축판매조합은 생산농민의 협동조합으로서 공동출자에 의한 1만 파운드를 출자자본으로 하여 식육용 가축구입 판매업무를 시작하였다. 농가에서 소·돼지·양 등을, 후에는 구이용 영계까지 구입하여 처리·가공하여 판매하였다. 일반 가축상인과 다른 점은 생체 경매방식을 취하지 않고 도축체만을 거래하였다는 점이다. 따라서 생산농민에게서 생체로 가축을 구입할 때에도 도살체의 무게로 환산하여 지불하였다.

이 조합은 초기에 대성공을 거두어 1만 파운드의 자금으로 10배의 매출을 올렸다. 당연히 사업을 확대해야 하였으나 협동조합조직과 막대한 자본금 조달의 모순에 직면하여 파국을 초래함으로써 끝내 협동조합이 보통 회사로 탈피하게 되었다. 그것은 원래 식육경매의 매수, 고기 거래에 종사하는 소수의 거대 상사에 대항하여 농민의 이익을 보호하기 위하여 만들었으나, 후에는 영리사업을 하는 보통의 주식회사가 되었다. 그러나 현재도 회사 주식의 대주주는 전국농민연합이다.

현재에도 이 식육용 가축판매조합의 거래실적은 확대되어, 소와 양의 경우는 12.5%, 돼지를 포함해서는 30%의 실적을 올리고 있어 육류시장에서 주요한 위치를 차지한다. 최근에는 구이용 영계나 칠면조 분야에도 진출하여 처리가공뿐 아니라 직영농장을 운영하며 생산에도 참여하였다. 물론 이 조합은 영리회사로서 생산자조합은 아니었다. 그러나 주식의 대부분을 전국농민연합이 장악하고 있고, 원래 생산농민협동조합이던 편린이 남아 있어 가축거래시장에 새로운 바람을 불러일으켰음은 부인할 수 없다.

(2) 돈육산업개발청과 식육가축위원회

돈육산업개발청(Pig Industry Development Authority)은 1957년 농업법에 준하여 설립되었다. 동 법률 제2편 23조에는 "돼지의 생산·거래·분배의 능률을 높이고, 또한 돼지고기 생산물의 생산·처리·가공·분배의 능률을 높일 목적에서, 나아가 돼지나 돼지고기 생산물의 품질을 향상시키기 위해서 돈육(돼지고기)산업개발청을 설치할 수 있다"라고 되어 있다. 또한 이 개발청의 기능에 대해서는 동 법률 제3 부대조항에 돼지의 번식이나 사육 및 질병에 관한 연구촉진, 사육기록이나 사료기록의 장려, 원가계산계획 추진 등에 대한 다양한 조언 및 원조를 언급하고 있다. 따라서 이 개발청은 양돈농민, 훈제업자, 판매업자, 소매상까지 망라하는 공동조직으로 이들 관련 산업발전을 위한 조언과 서비스 활동이 주요 기능이다.

이 단체의 재정은 이들 관련 산업들이 부담하는 것으로 되어 있다. 즉 식육용 가축보증계획(Fatstock Guarantee Scheme)에 따라 판매된 모든 돼지에 부과된 과징금에서 지원되었다. 즉 과징금 중 절반은 생산자에게, 나머지 절반은 유통 담당자에게 부담시켰다. 이 단체는 농무장관이 임명한 17명으로 구성되었는데, 그중 3명은 이 관련 산업과 경제적 이해관계가 없는 곳에서 선발되었고, 4명은 상업적 양돈가를 대표하는 자격으로, 2명은 종돈업자를 대표하는 자격으로, 1명은 농업노동자를 대표하는 자격으로, 2명은 베이컨 제조업자를 대표하는 자격으로, 1명은 베이컨 판매업자를 대표하는 자격으로, 2명은 생돈육 판매업자를 대표하는 자격으로, 1명은 베이컨 이외의 돈육제품 제조업자를 대표하는 자격으로, 1명은 돈육제품 제조·처리·가공·판매 과정에 고용되어 있는 노동자를 대표하는 자격으로 선발되었다. 이 개발청의 구성원의 구조를 보면 돼지고기 생산 관련 산업을 총망라하고 있음[18]을 알 수 있다.

돈육산업개발청은 최근 버든-스미스위원회(Verdon-Smith Committee) 조사보고서에 준하여 설치된 '식육가축위원회(Meat & Livestock Commission)'에 흡수·운영되었다. 식육가축위원회는 먼저 설립된 개발청보다 업무범위가 넓고 책임도 무거워져, 식육용 가축보증계획을 운용하는 것을 핵심으로 하면서 도살

---

18) "Agriculture Act, 1967", Part Ⅲ, Section 23-(1) and 24-(1), "Halsbury's Statutes of England", Vol. 37, op.cit., pp. 20~21.

업자를 감독하는 일에서부터 경매를 감독하는 일까지 관장하게 되었다.

(3) 국내산 곡물청

국내산 곡물청(Home-Grown Cereals Authority)은 1965년 곡물거래법에 준하여 설립된 기관이다. 동 법률 제1편 제1조는 "국내산 곡물거래를 개선할 목적으로 이 법률에 따라 부여된 기능을 수행할 '국내산 곡물청'이라는 명칭의 담당 기관을 설치할 수 있다"라고 되어 있다. 따라서 이 기관의 목적은 영국 국내산 곡물의 유통상의 문제들을 해결하여 원활한 유통을 실현하는 데 있다.

여기에서 의미하는 국내산 곡물의 유통상의 문제는 시장출하가 계절적으로 편향되어 있다는 점이다. 농장에서 수확된 곡물을 안전하게 보존할 능력을 갖고 있지 않은 곳도 있어서 국내산 곡물은 수확기에 한꺼번에 출하하는 경향이 강하였다. 따라서 이 시기의 시장가격은 현저히 하락하고, 최저가격보증제도를 실시하는 데에는 정부가 부담할 부족불액이 급증하게 되었다. 그러나 반대로 비수확기에는 곡물의 출하가 적어지기 때문에 시장가격은 상승하나 그것이 정부의 재정수입이 되는 것은 아니었다. 여기에 국내산 곡물의 시장출하시기가 연중 모든 계절에 평균이 되도록 조정할 필요가 있었다.

이러한 조정을 작성하는 기관으로 설립된 것이 국내산 곡물청이었다. 우선 이 국내산 곡물청은 곡물거래법에 준하여 농무장관이 임명한 21명 이상 23명 이하의 임원으로 구성되어, 그중 3명 이상 5명 이하는 곡물의 생산·판매·이용에 관계가 없는 분야에서 선발되었고, 9명은 국내산 곡물생산자의 이익을 대표하는 자격으로(9명 가운데 몇 명은 가축사료용으로 국내산 곡물을 이용하는 농민대표의 자격으로), 나머지 9명은 국내산 곡물 거래업자 또는 가공업자를 대표하는 자격으로 선발되었다. 곡물의 생산·판매·이용에 관계없는 분야에서 선발된 3~5명 중에서 농무장관은 1명의 의장과 1명의 부회장을 임명하였다. 이러한 인적 구성으로 보면, 이 기관이 공평한 입장에서 국내산 곡물의 생산과 유통을 조정하려는 의도가 있었음[19]을 알 수 있다.

다음으로 국내산 곡물의 시장출하를 계절별로 평균화하기 위해서 곡물청이 강구했던 방법을 살펴보기로 한다. 그것은 생산자와 합의하여 예약출하계약을

---

19) "Cereals Marketing Act, 1965", Part I, Section 2~3, *ibid*., p. 4.

체결하고, 그에 따라 상여 및 대부로 포상하는 방법이다. 이 예약출하계약에 따라 곡물의 시장출하를 조정하여 수확기에 일시에 출하하는 것을 피하고, 시장가격의 계절별 변동을 완화하였으며, 부족불액에 의한 정부의 부담 경감을 계획할 수 있었다. 이 방법은 국내산 곡물청이 설립된 초기의 2년간은 매우 큰 성과를 올렸으며, 이에 대한 불만은 없었다. 그러나 그 이후 다음과 같은 두 가지 문제가 표면화되면서 불만의 소리가 나왔다.

즉 첫째는 생산농민이 출하예약을 할 때 수확하여 보존할 수량을 정확히 파악하기가 의외로 곤란하다는 것이다. 따라서 이 예약 수량 문제가 논란의 대상이었다. 예약 수량이 정확했을 때 출하예약에 대한 상여를 지급하는 반면, 예약 수량을 만족시키지 못할 경우에는 벌칙이 있기 때문에 실질적 출하량이 예측 이상으로 시장에 출하하여 그 효과가 충분하게 발현되지 않는다는 점이다. 둘째는 이와 같은 예약출하계약제도하에서는 시장에서 수요와 공급이 직접적으로 만날 수 없기 때문에 궁극적으로는 정당한 수급이 파악되지 않는다는 점이었다.

이 기관의 재정은 곡물생산자들에게 부과된 부과금에 의해서 충당되었기 때문에 예약출하계약에 따라 유리하고 안정된 시장이 형성되면서 생산자들의 불만은 그만큼 커지게 되었다. 그러나 이 방법을 대체할 수 있는 합리적인 수단은 강구되지 못하였다.

2. 농민협동의 실체

중세 경제가 지나고 근대 경제사회에 접어들면서 주요 생산수단으로 간주되어 오던 토지를 중심으로 한 영국의 농업생산 기반은 세 가지 계층의 생산 관계를 중심으로 유지되어 왔다. 이른바 농업인구의 3분할제(Tripartheit System)라고 하는 것으로, 제1계층은 귀족으로서 대대로 세습하여 내려오던 토지(농토)를 자신이 경작하는 대신 자본을 축적하고 노동력을 가지게 된 농업경영자(농민)에게 빌려 주고 지대를 받는 지주계층이고, 제2계층은 지주에게서 토지를 빌려 농장 또는 목장을 경영해 오던 농민(농업자 : 농업자본가)계층이었으며, 제3계층은 농업경영자에게 고용되어 농장 또는 목장에서 노동력을 제공하고 일정 노임을 받는 농업노동자 계층이었다. 이러한 농업생산 관계에서 형성된 계급분할은 현대로 들어서면서 각기 단체를 형성하여 조직적인 협동 관계를 유지하면서 소속 계층의 권익을 추구하게 되었다. 그러한 실체들은 지주계층이 형성한 지방지주협회(Country Landowners' Association), 농민들 및 농업경영자들이 설립한 전국농민연합(National Farmers' Union), 농업노동자들이 조직한 전국농업노동자연합(National Union of Agricultural Workers)이다. 다음으로는 이 실체들의 성립과 기능을 언급하고자 한다.

1 전국농민연합

18세기 중엽 세계 최초로 산업혁명을 성공적으로 수행하고 공업입국으로 전환한 영국의 경제적 상황은 식량수입 국가로서 국내 농업은 침체 과정을 겪고 있었다. 영국 내의 농업 쇠퇴를 우려하여 개선을 시도한 최초의 인물이 윈칠시 경(Lord Winchilsea)이었다. 그는 1890년대에 지주·농민·농업노동자 등 3자의 이익을 촉진하기 위하여 전국농업연합(National Agricultural Union)으로 통합하려고 하였으나 실패로 끝났다. 그러나 이러한 노력은 농민의 조직화를 촉진하는 자극제가 되었다. 1904년 8월 31일 링컨셔(Lincolnshire)의 농민 9인이 비를 피하여 텐트에 머무르면서 "농민들은 조직화함으로써 자신의 이익을 지킬 수 있다"는 결의를 한 것이 계기가 되어 링컨셔 농민연합 제1회 대회가 개최되었다. 4년 후에는 다른 주에서도 농민연합이 결성되기 시작하였고, 1908년 11월에는 전국적 조직을 결성하자는 결의에 호응하여 12월 10일 런던에서 전국농민연합 발대식이 개최되었다. 이 연합의 결성 과정에서 볼 수 있듯이 농민연합의 결성 동기는 농민을 조직화함으로써 그 협동의 힘으로 농민의 이익을 수호하자는 것으로 비정치성을 띠었으며, 이 근본정신은 현재까지도 계승되고 있다.

전국농민연합의 회원은 전업(專業)농민으로서 가입은 자유이다. 회원 수는 설립 당시인 1910년에는 대략 1만 5,000명이었으나 1925년 10만여 명으로 증가하였고 1949년에는 20만 명대를 돌파하였다가, 그 이후 농업경영의 합리화와 합병이 진행됨으로써 감소하여 최근에는 17만 5,000여 명 정도이다. 그러나 회원 가입률은 일관되게 증가하여 현재 전업농민 중 약 85%에 달한다. 이 회원들은 전국적으로 2,200개의 지방지부로 분산되어 있으나 이들 지방지부는 각 주 단위로 결집되어 전국 58개 주 지부에 소속되고, 이들 주 지부에 전국농민연합의 본부가 자리잡고 있다. 지방지부에는 회원으로 구성된 지방지부협의회가 있어서 소속 지방회원들이 지닌 문제를 구체적으로 논의한다. 주 지부에는 지방지부에서 선발한 대표로 구성된 실행위원회(executive committee)와 주 고유의 농업품목 문제를 협의하는 항목별 위원회(예컨대 곡창지대에는 곡물위원회, 낙농지대에는 낙농위원회 등)가 구성되어 있다. 각 주 지부는 전국농민연합 본부에 대표를 보내는데, 이 대표들이 전국농민연합 최고의결기관인 협의회를 구성하여 제반 문제를 의결한다.

전국농민연합은 임의단체이기 때문에 당연히 그 운영비는 회원들의 회비로 충당된다. 이 회비의 산출기준은 일률적으로 1인당 5파운드로 하는 기준과 경영 경지면적을 기준으로 산출하는 두 체제가 있으나, 이 두 가지 방법을 다 적용하여 산출하여도 연평균 11파운드 정도이다. 이 단체의 역할은 발생 역사가 의미하듯이 개개의 농민은 경제적 단위로서는 미미한 존재이기 때문에 판매자로서나 구매자로서나 또한 교섭자로서 모두 미약하다는 것이다. 그러나 전체가 일체로 협동하여 농업이라는 하나의 산업을 대표하는 형태가 될 때 커다란 경제력과 아울러 커다란 교섭권을 장악하게 되었다. 이러한 협동력을 결집하여 농민 이익을 수호할 필요가 있을 경우, 그 실현을 위해 정부를 위시한 각종 권력과 교섭을 한다는 것이다. 그러한 의미에서 전국농민연합의 활동은 정치적이지만 정부나 정당과는 완전히 독립된 자유로운 실체였다.

이 연합체가 주요 업무로 책정한 역할 기능은 다음과 같은 세 가지이다. 제1의 기능은 정부와의 교섭이다. 농민의 이익을 수호하기 위해서 법제화에 의한 해결이 필요할 경우 전국농민연합은 국회의원에게 법제화를 촉진하며, 정부가 농민 또는 농업과 관련 있는 법률을 제정하려고 할 경우 정부는 먼저 농민대표로 간주되는 전국농민연합에 타진한다. 연합은 이에 응하여 의견을 종합하고 필요에 따라 수정을 요구한다. 이 역할 중에서도 가장 중요한 것이 항구적 기능으로 농산물가격보증제도와 관련 있는 '연차심의(Annual Review)'에서 정부와의 교섭이다. 이에 관한 기능과 절차는 앞에서 설명한 바와 같다. 제2의 기능은 교육적 역할로서 이 범위는 대단히 광범하다. 예컨대 농민과 관련 있는 법률 및 조례가 제출되거나 새로운 정책이 발표될 때에는 각종 통신연락 수단을 이용하여 가능한 한 조속히 산하의 농민에게 전달하는 활동이다. 제3의 기능은 상업적 역할이다. 전국농민연합은 원래 농민의 이익을 수호하기 위해서 정치적 활동을 하는 단체였다. 그러나 농민의 이익 수호를 위해서는 아무래도 경제적 활동을 해야 할 필요가 있다.

그러나 전국농민연합회는 연합체 자체가 직접적으로 경제적·상업적 활동을 하는 것은 가능한 한 피한다. 이를 위해 일종의 자회사 같은 독립사업체를 육성하여 그들로 하여금 경제적·상업적 활동을 하도록 한다는 방침을 가지고 있다. 예컨대 농민의 이익을 수호하기 위해서는 농민의 입장에 선 보험사업이 필요하다고 판단하여 전국농민연합 상호보험협회(N.F.U. Mutual Insurance Society)를 별도로 설립하였고, 우유판매공사로 대표되는 판매공사의 설립도 전국농민연합이 육성한 것이었다.

또한 농민의 필수품을 대량 거래함으로써 필수품 가격을 인하시킨다는 의도로 농업중앙거래회사(Agricultural Central Trading Company)를 설립하였다. 이들은 모두 전국농민연합이 육성한 상업적 활동을 중점적으로 하는 회사이다. 또 연합체의 단체화 운동(Group Movement)이라고 하여 지방단위로 이루어진 활동도 연합체의 경제적 활동의 일환이었다.

그것은 각 지방의 농민과 관련된 생산과 수요 및 거래 등 세 가지 부문에 종사하는 당사자들을 그룹에 한데 모아 활동하도록 하였다. 예컨대 종자를 생산하는 농민과 그것을 수요로 하는 농민을 직접 연결하기도 하고, 농민과 그 생산물을 취급하는 업자와 나아가 그것을 원료로 쓰는 공장을 연결하여 그룹으로 구성하는 등 농산물의 유통이 원활하도록 조직화하는 활동을 의미한다. 이러한 기능은 연합운동으로서 상당한 효과를 얻었으며 이 기능에 대한 발전이 기대되었다.

전국농민연합이 특정 정당이나 특정 정파와 관계없이 전 농민의 이익을 수호하기 위한 노력을 기치로 내건 정치적 중립성은 이 조직의 발전과 결속력을 다질 수 있는 초석이 되었다. 그러나 전 농민을 위한 이익 수호라는 기치가 때로는 어떤 변혁이 농민 전반에 유익하다고 하더라도 일부 회원에게는 불리하게 작용하는 경우가 있는데, 이 경우 연합은 사소한 변화에도 반대한다고 하는 보수적 성격을 띠게 될 것이다. 따라서 이러한 문제들을 어떻게 극복하느냐가 과제이다.

2 전국농업노동자연합

농업생산에서 주목을 받고 있는 단체가 전국농업노동자연합이다. 산업별로 조직된 전국농업노동자연합은 회원이 13만여 명으로 조합원 수로는 영국의 국내 노조 중 13번째로 큰 조직이다. 그러나 거대한 조합원 수에도 불구하고 가입률에서는 전 농업노동자의 30% 미만에 그치는 규모이다.

이 연합의 주요 목적은 농업노동자들의 임금수준 상승과 조직개선이다. 1931년 영국 내 농업노동자의 임금은 주당 1파운드 15실링이었으나, 1969년에는 12파운드 8실링으로 11배 증대하였다. 이는 전국농업노동자연합이 그동안 펼친 노력에 대한 성과였다. 결성 이후 이 조직은 활발한 교섭활동을 벌인 결과 농업노동자들의 주택, 전화사업, 수도, 위생, 안전문제, 휴가 및 질병 등에 관한 문제에 대해서 해결을 본 것이 많았다.

이러한 전국농업노동자연합에도 근본적인 약점이 있었다. 그것은 앞에서 언급하였듯이 가입 대상자 중 가입률이 30% 미만이이어서 연합체의 활동 성과가 큰 것에 비례하여 불공평도 커진다는 모순이었다. 연합의 재정은 당연히 전 회원이 내는 회비로 충당하였다. 그런데 이 연합의 활동 결과 농업노동자의 임금 등 노동조건이 개선되었지만 그 이익을 가입 노동자와 비가입 노동자들이 똑같이 얻는다는 것이다. 게다가 비가입 노동자의 수가 가입 노동자 수의 2배 이상이 된다는 사실은 불공평이 그만큼 컸음을 의미한다.

이러한 모순의 원인에는 다음과 같은 요인이 내재하고 있었다. 첫째로 전국의 농업노동자들이 광범위하게 분산되어 있다는 점이다. 공업노동자의 경우는 일정 장소에 집중되어 있는 경우가 많았으나, 농업노동자의 경우는 도시 이외의 지역 전반에 걸쳐 분산되어 있었다. 때문에 농업노동자의 조직을 밀접히 결속시킬 수 없었다.

둘째로 농업노동자는 단순히 단일 직업노동자로 생각하기 쉬우나 실은 타 직종의 노동자와 혼합된 상태에 있다는 점이다. 일부 농업노동자는 때로는 수송관계 노동자 또는 기타 농외의 육체노동자로 전환하기도 하였다. 영국의 농업노동자 수는 현대에도 계절에 따라 15% 전후의 차이를 보이는데, 이는 농업노동자들이 타 산업노동자로 쉽게 전환해 가는 유동성에 기인한다. 이러한 농업노동자들의 강한 유동성 경향도 그들을 한곳으로 집중시키지 못하는 요인으로 작용하였다.

셋째로 농업노동자라고 하여도 다양한 계층이 있다는 점이다. 숙련 농업노동자의 경우 임금도 상대적으로 높고 주거조건도 후대받는 경우가 많아 전문 기술자로서의 독립성을 지니고 있었다. 따라서 최저임금제 확립이라든지 주거수당 등은 미숙련 노동자에게 필요한 요구로서 숙련 노동자들은 조직을 결성할 필요성을 느끼지 못하였다.

전국농업노동자연합은 대단히 복잡한 기구이기도 했다. 연합의 하부조직은 지방지부이고, 각 지방지부는 44개 주 위원회에 대표를 보내고 주 위원회는 주의 농업실행위원회와 주 농업임금위원회에서 활동할 임원을 지명할 책임이 있었다. 그러나 한편 이 연합의 전국단계에서 실행위원회의 구성원은 별도로 선출하므로 주 위원회에서 대표를 보내는 형태는 아니었다. 즉 전국을 12개 구역으로 분할하여 그 구역 내에서 선출된 대표가 전국농업노동자연합 실행위원회 구성위원이 되는 방식이었다. 이 경우 위원들은 선출 지역 내에 거주하고 지역 내 농업노동자들의 상황에 정통하지 않으면 안 되었다. 이러한 조건을 만족시키기 위해서는 현직 농업노동자는 실행위원으로 활동하기 어려웠기 때문에 대부분 퇴직 노동자가 이를 담당하였다.

1948년의 농업임금법(Agricultural Wages Act)에 준하여 농업임금공사가 설치되었다. 이 공사의 주요 기능은 농업노동자들에 대한 최저임금의 결정과 휴일 및 기타 복지사항에 대한 결정이었다. 농업임금공사는 8명의 고용자 대표와 8명의 농업노동자 대표 및 담당 부서의 장관이 임명한 5명을 초과하지 않는 범위 내의 기타 위원(기타 위원 중 1명은 여성)으로 노동임금위원회를 구성하였다. 농업노동자 대표 8명 중 5명은 전국농업노동자연합이 지명하였고, 나머지 3명은 교통 및 일반 노동자조직에서 지명하도록 되어 있다. 나아가 주의 농업노동임금위원회 구성원은 전국농업노동자연합의 지방지부가 지명하도록 되어 있다. 공사가 농업노동자의 최저임금이나 휴일 등에 관해 결정할 때는 주 농업임금위원회의 의견을 존중하도록 되어 있기 때문에 전국농업노동자연합의 의견은 이중경로를 통하여 공사의 결정 과정에 반영되었다.

3 지방지주협회

영국에서 지방지주협회가 최초로 발생한 곳은 링컨셔였다. 1907년 자유당의 정책내용 중 하나인 '토지세' 신설에 반대하여 링컨셔 주 지주들이 결속하여 조직된 것이 지방지주협회의 시발이었다. 그 후 지방지주협회는 이해관계가 유사한 자작농(owner-occupier)에 대해서도 입회 자격을 주어 세력 확대를 도모하였다. 한때 회원이 3만 5,000명에 달하였으나 영국의 지주계급이 쇠퇴하면서 이 협회의 힘도 저하되었다.

그러나 지방지주협회 중앙본부의 주도권은 현재 순수지주만이 아니라 농업경영에 종사하는 지주(자작지주)들에 의해서 장악되었다. 따라서 이들은 상원을 통하여 상당한 정치적 영향력을 가지고 있다. 여기에 본래적 지주의 요구였던 지대 인상에 관한 문제보다도 배수 및 하수의 개선이라든지, 토지 이용에 관한 문제해결이라든지 그에 관한 법령 초안 작성 등에 중점을 두고 활동함으로써 성과를 거두었다. 또한 이 협회는 매년 2월에 실시되는 연차심의 회합에도 참가권을 가지고 있다. 이러한 의미에서 지방지주협회는 설립 당초와는 그 성격이 다소 변하였을지라도 현재까지 지주 측의 대변자로서 상당한 영향력을 가지고 있음을 부정할 수 없다.

4. 결 언

이상으로 제2차 세계대전 이후부터 1970년대 초에 이르기까지 영국 농업정책의 운영실태와 그 효율성을 중점적으로 살펴보았다. 이에 그 내용을 요약하고, 그 이후 EEC 가입 과정에서 체험하게 된 영국의 농업 상황을 개괄하면서 결언에 대하고자 한다.

제2차 세계대전 이후 영국의 농정에서 나타난 특징을 한마디로 요약하면 제1차 세계대전과 1930년대 대공황 이후 설정되었던 보호농정의 연장선상에서 새롭게 대두되는 농산물의 수급 상황에 따르는 정부와 농민 간에 형성되었던 각종 장려책과 실행, 대립과 타협, 그리고 그에 대한 정책수립 과정이었다고 할 수 있다.

그 최초의 결과가 1947년의 농업법으로 구체화되었다는 것은 앞에서 이미 언급하였다. 대전이 발발한 1939년 영국 정부는 대전시 식량을 조절하고, 배급으로 식량공급을 지속적으로 유지하기 위해 식량국(food department)을 식량부(Ministry of Food)로 승격하여 주요 식량에 대한 판매·수입 및 배급 권한을 독점하였다. 최초 영국 정부는 제1차 세계대전기의 경험과 대전 이후의 상황을 예견하여 국내의 식량생산 증가를 꺼리면서 '대규모의, 그러나 과도하지 않은'

식량생산 증가와 목초지 경작을 지시하였다. 이 때문에 영국의 농업은 전반적으로 대전 중 가까스로 식량공급에 기여할 수 있었다.

영국 농민은 생산량 증가를 위해 상당한 노력을 기울여야 했고, 정부는 생산력 회복에 필요한 자금을 지원하려 노력하면서 농민들에게 필요한 장려금을 지불하였다. 대전 발발 후 수개월이 지나면서 영국 정부는 전쟁기간과 종전 후 최소 1년까지는 고정가격의 유지와 거래보장을 약속하였고, 밀·우유·감자 등에 특별가격 보조금을 지원하였다. 1944년에는 전국농민연합(National Farmers' Union)과 정부 간에 더욱 많은 지원 및 가격보장에 대한 합의가 있었다. 이 과정을 거쳐 형성된 1947년 농업법의 요지는 농업을 보호하기 위해 정부는 평시에도 보장된 가격으로 곡물과 감자·사탕무·돼지의 전 생산량을 구매하겠다는 의지를 농민과 약속한 것이었다. 이후 영국의 역대내각은 변화하는 농업 상황과 국내의 전반적 산업 및 세계경제의 변화에 대응하면서 이를 실행하기 위해 각종 방안 모색에 고심하는 과정을 걷게 되었다.

우선 대전 직후인 1945년 집권당인 노동당 정부는 식량공급에 대한 전시통제를 유지하여 배급제를 지속하는 동시에 몇몇 추가 품목에 대해서까지 배급제를 확대하였다. 1951년 이후 보수당 정부가 들어서면서 이러한 통제는 점차 줄었으나 식량부를 농업부로 합병하면서 배급제가 종식되고 식량의 수입 및 배급은 개인 무역단계로 전환되었다. 이로써 1950년대 중반에 이르러 식량 수입은 자유화가 되어 달러 사용 지역으로부터의 수입품에 대한 일부 규제를 제외하고 할당제가 되었고, 1930년대에 확정된 종량세를 포함한 수입관세는 가격 상승으로 크게 감소하였다. 밀·옥수수·양고기 및 양을 포함하여 식용가축에 대해서는 무관세가 되었고, 과일과 채소 등은 가격보장 혜택을 받지 못하고 대전 이전의 종량세가 오른 상품이 되었다. 영국 연방국가들(the Commonwealth Nations)의 제품들은 설탕과 몇 가지 품목에 대한 수입관세를 제외하고 모든 관세가 면제되었지만 모든 외국 상품에 대해 종량세가 감소된 것은 영연방에 대한 우대가 상당히 줄어들었음을 의미하였다.

그러나 보수당 정부는 이와 같은 농산물시장 자유화의 회복과 동시에 1947년 농업법에서 보장한 사항들을 유지시켰다. 그것은 차액지불제의 지속 시행을 의미하는 것으로 1954년 곡물과 비육가축 및 우유에 적용되었으며, 1957년에는 정부의 보조금 집행과 고정가격 유지의 책임을 맡은 새로운 시장위원회가 신설되어 우유·돼지·계란·양모·홉(hops)·토마토·오이·감자 등에 대한 마케팅 계획들이 시행되었다. 1957년과 1958년 보수당 정부는 '선택적 확대(selective expansion)' 정책과 농업을 더욱 생산적이고 경쟁적으로 만들 것을 강조하는 분위기로 유도하여 가격의 다양화와 사료 수입을 줄이는 장려책을 폈다.

이에 전국농민연합은 일부 농산물가격을 낮추려는 정책시도라고 우려하면서, 정부에서 어떠한 농산물에도 가격을 보장가격의 4% 이상 줄이지 않을 것이며 보장가격의 전체 가치를 2.5% 이상 낮추지 않을 것이라는 장기 보장(long-term assurance)을 받아 냈다. 이러한 약속의 영향으로 생산량의 성장과 함께 농산물시장은 점점 과잉공급되어 어려움에 봉착했다. 우유의 공급이 넘쳐나 제조단가보다 훨씬 낮은 가격으로 팔려 나감으로써 소비권장 캠페인을 벌였으며, 계란생산의 과잉으로 정부가 수입 요청을 중단하는 사태에 직면하였고, 외국에서는 이러한 품목들이 수출보조금을 받고 있다는 불평에 직면하여 수출을 중단하는 사태가 야기되었다. 1963년의 연차심의에서는 과잉공급이 아닐 때의 시장 기대가격을 나타내는 '지표(indicator)' 가격을 근거로 계란에 대한 차액 지불금액을 결정하는 제도가 도입되었으며, 과잉생산에 대한 벌금이 인상되었다.

또한 경작지 확대와 생산량 증가로 보리가 자급자족되어 시장가격의 하락으로 이어졌고, 수입은 최소가격 체계(minimum price system)의 영향을 받았다. 보호농정에 힘입은 일반적인 농산물 과잉생산의 변화와 함께 국제시장에서의 수입도 점점 문제를 야기시켰다. 덤핑에 대한 농민들의 불평이 비등했으나 반덤핑 관세의 적용절차는 일반적으로 성과를 거두지 못하였다. 그 대표적인 사례가 버터에서 나타났다. 수많은 국가들이 영국에 버터 수출을 시도함으로써 국내에서 수입가격이 하락하자, 1961년 영국 정부는 버터 수출국들에 대해 특별수출 쿼터를 엄수하도록 요청하고 응하지 않는 국가들에 대해 반덤핑 관세를 적용한다고 경고하면서 가격이 더욱 하락세로 전환되고 개별 수출국에는 쿼터제가 엄수되기에 이르렀다.

1960년 연례심의에서는 영국 농업이 국제수지에 가치 있는 기여를 하고 있고, 제2차 세계대전 이전에 비해 농산물의 순생산량은 70%에 이르렀으며, 국가 식량의 절반이 국내에서 생산되고 있다고 선언하였다. 영국에서 대규모의 국내 생산은 외국의 대량 공급에 대한 불확실성을 막는 주요한 방어 수단이기도 하였으며, 수입 농산물가격을 낮추어 국가의 무역협상에 이로운 영향을 끼치는 주요한 역할을 하기도 하였다.

이와 같이 국내 생산량을 증가시키고 대부분의 수입품의 규제를 폐지한다는 것은 차액지불제하에서 지원비용이 상승하기 쉽다는 것을 의미한다. 1961~1962년 사이에 영국의 농산물보조금 총계는 유례 없는 3억 4,300만 파운드에 달하였고, 이는 1963~1964년에도 3억 2,100만 파운드를 기록하였다. 이에 농업 지원에 대한 우려가 나타나게 되었고, 유럽경제공동체(EEC)에 영국도 가입하게 될 것이라는 전망은 장차 영국의 농업정책에 대한 불확실성을 악화시켰으나, 앞에서도 언급하였듯이 1962년 농업성 장관 소엄즈(Christopher Soames)는 영국의 농업 지원체제는 EEC 가입 여부와는 상관없이 변화해야 한다는 견해를 피력하였다. 이를 기초로 정부 차원에서 이루어진 농민에 대한 지원체제는 차액지불제의 지속과 농장개량 지원체제였다.

1921년의 중단 이후 1932년 밀(소맥)법령(Wheat Act)에서 부활되어 1937년 귀리와 보리에까지 확대·적용되었던 차액지불제는 1951년 밀너 위원회(Milner Committee)의 제의에서 착안되어 1953년부터 재도입된 것이었다. 1954년 보수당 정부는 시장을 자율화하는 동시에 곡물뿐 아니라 비육가축과 우유에까지 차액지불제를 확대하는 독특한 농업 지원을 시도하기도 하였다. 그 이유는 시장의 자율적 운영이 가격을 결정토록 함에도 불구하고 생산자들에게 최소의 가격을 보장해 줄 수 있다는 이점, 즉 그렇게 함으로써 실제적으로는 영국 내에 농산물 수입을 자유롭게 할 수 있도록 하는 반면에 농민들을 달랠 수 있는 지원방법을 제공할 수 있다는 일거양득의 정책논리가 내재되어 있었다. 그 운영 과정에서 나타난 차액지불에 대한 보장가격은 국제가격보다 높은 수준이었으며, 영국의 농가는 그 어떤 지원책보다 이 차액지불제를 선호하였고, 그 실시는 항상 생산증가를 촉진시키는 결과를 초래하였으나 수입에는 좋은 영향을 미치지 못하였다는 평가를 받고 있다.

차액지불제 등과 같은 가격 지원정책과 함께 영국 농민들은 비료와 경작에 대한 보조금을 포함하여 농장운영 비용을 줄이기 위한 보조금으로도 혜택을 받았다. 농장소득에 끼치는 이 영향은 가격 지원정책과 비슷하였으나 농민들에게 농장개량기술을 채택하도록 하기 위한 장려금을 지급한다는 이점 이외에 구릉지 등과 같이 특수한 어려움을 겪고 있는 지역의 농민들에게 보조금을 지급하여 생산증가를 촉진시킨다는 목적도 있었다. 1957년에 실시된 농장건물과 도로 개량, 다리, 전기공급, 토지개간 등을 위시한 장기 농지개간을 위해 보조금제도를 도입·실시하였고, 그 성공에 이어 1959년에는 20에이커 이상 100에이커 이하 규모의 소농장에 대한 소규모 농장계획(small farmer scheme)이 '농장사업보조금(farm business grants)'이란 명분으로 지급되었다. 나아가 1960년 이후부터는 원예개량계획(horticultural improvement scheme) 보조금이 원예설비 또는 건물에 대한 다양한 개량사업 비용의 3분의 1을 지원하는 형태로 지불되었다.

제2차 세계대전 이후 초기 단계에서는 농업생산량을 높은 수준으로 올리도록 장려해야 한다는 필요성에 대해서는 논쟁의 여지가 없었다. 그러나 일단 당장의 식량 부족문제가 극복되자 앞에서 언급한 보조금 등을 통해서 대규모의 농업을 유지시키는 것이 바람직한지에 대한 열띤 논쟁이 벌어졌다.

대규모 농업을 유지해야 한다고 주장하는 사람들은 대개 국제수지문제[20]에 근거를 두었다. 이러한 견해의 대표적인 주창자가 로빈슨(E. A. G. Robinson) 교수였다. 로빈슨 교수가 주장하는 근거는 늘어 가는 사료 수입자금에 대한 영국의 능력을 비판하는 데 있었다. 그는 ① 제조업에 대한 국제무역의 전망과 무역에서의 영국의 역할에 대해 문제를 제기하면서 주요 생산국에서 산업화와 영국의 수출에 맞서게 될 (특히 독일·일본과 같은) 경쟁국들의 증가가 끼칠 영향을 강조하고, ② 인구가 많으면서도 인구증가가 빠르고, 생활수준이 높아지는 저개발 국가들에서 식량수요가 많아짐에 따라 제조품의 가격에 비해서 식량가격이 상승하게 될 것을 두려워했다.

영국이 수출로 벌어들일 예상액과 그에 대한 자금조달이 가능한 수입 총액의 추정치를 제공하면서 로빈슨 교수는 이 총액에서 원자재와 연료에 대한 기본량은 필수불가결하며 수입할 수 있는 식량의 양은 제한되어야 한다고 주장하였다. 1954년의 논설에서 그는, 영국은 1938년 수입량의 5분의 4 정도의 수입량으로 살아야 한다고 주장하였고, 1958년에도 여전히 식량 수입이 다음해 수요증가에 대한 예상치를 충족시킬 만큼 증가될 수는 없을 것이라고 추정하고 생산을 훨씬 더 확대해야 한다면서 자원을 농업에서 수출산업으로 전환하는 것이

---

20) 이하 전후 영국 농정 기초에 대한 학자들의 논쟁에 대한 전개는 M. Tracy(1973), *Agriculture in Western Europe(Praeger)*의 pp. 263~268 내용 참조.

결코 이익이 되지 않는다고 하였다.

　이러한 로빈슨 교수의 견해는 설득력이 있어서 영국 정부의 농정선언에 영향을 주었으나, 경제학자들에게는 전혀 설득력을 얻지 못하는 아이러니를 낳았다. 실제로 1950년대의 경험은 로빈슨 교수의 우울한 예측을 뒷받침하지 못하고, 영국이 차지하는 제조업면에서의 국제무역은 계속 증가하였다. 여타 경제학자들은 영국 수출의 수요탄력성을 산출하기가 어렵다는 것과, 로빈슨 교수가 수출과 수입을 서로 독립된 것으로 다루고, 이것이 영국에 식량 수출을 원하는 국가들의 보복 가능성을 무시하였다고 비판하는 동시에, 사료의 수입이 생산증가와 함께 늘어 가고 사료 수입의 큰 비율이 달러 사용국(북아메리카)에 치중되어 있다는 것을 근거로 농업의 확대가 실질적으로 국제수지에 기여하는가에 대한 의문을 제기했다.

　맥크론(Gavin McCrone)은 "우유는 필요로 하는 음료량보다 과잉인데, 팔아야 할 우유를 생산하는 데 필요한 사료를 수입하기 위해 달러를 지출하는 것은 완전한 낭비이다. 따라서 이러한 달러 수입을 오스트레일리아나 뉴질랜드에서 수입하는 상품을 국내 생산으로 대체하는 데 사용하면 국제수지의 부담이 더 커지게 될 것이다"라고 비판하였다. 이것의 영향으로 많은 사람들은 외국에서 수입하는 것보다 더 높은 비용으로 국내에서 상품을 생산한다는 착상은 무턱대고 받아들이기 어렵다는 것을 인식하였다. '이코노미스트(Economist)'지는 전체적인 농업 지원책을 계속 비판했고, 1955년 영국의 농업생산품이 수입품보다 평균 20% 이상 높은 값을 받고 있다고 산출한 내시(E. F. Nash) 교수 또한 이에 대해 강력히 비판하였다.

　그 후 1960년에 출간된 영국 농업정책에 대한 종합적인 연구에서는 정책의 어떤 논리가 농업의 역사·과학·사회학·전략 및 경제와 같은 다양한 기본적 기준에서 나올 수 있는지를 규명하려고 하였다. 이 연구에서는 전략적 논쟁이 영국 농업을 경제적으로 정당한 수준보다 높은 수준으로 유지시키도록 하는 주요한 이유를 제공하였으며, 평화시의 높은 자급자족은 필수적인 것이 아니며 더구나 농업에 종사하는 사람들의 수도 전체 인구의 20분의 1로 떨어졌고, 농촌인들이 도시에 살기를 원하는 놀라운 증거에 직면한 상황에서 농촌생활의 이점은 쉽게 증명될 수 없다는 결론을 내렸다. 대중토론에서는 농업 지원 비용의 상승은 보조금에서 훨씬 많은 부분들이 가격 지원형태로 지불되기 때문에 지불금의 대부분은 아마도 그것이 거의 필요치 않은 가장 많은 생산량을 산출하는 농민들에게 가게 되는 모순을 파생시킨다는 비판이 일기도 하였다.

영국 농민의 이익을 대변하기 위해서 형성된 농민단체인 전국농민연합(NFU)은 여론을 얻기 위해 활발히 노력했고, 공식적인 정책에 상당한 영향을 끼치는 데 성공한 케이스였다. 제2차 세계대전 이전까지 영국의 농민조직은 제한된 역할만을 하였으나, 대전 중 농업을 전시체제로 돌리기 위해서는 조직의 도움이 필요하게 된 영국 정부는 농민연합을 농민들의 공식적인 대표자로 인정하고 연례심의체제에서 이들을 강력한 지위에 올려놓아 이들이 원하는 대로 정책을 맞추어야 한다는 압력을 받기도 하였다. 비록 정부는 연례심의가 '협상(negotiation)'이 아닌 '자문(consultation)'으로 간주되어야 한다고 주장했지만, 공개적인 논쟁을 피하기 위해서는 경우에 따라 상당한 대가를 지불하기도 하였다. 결국 정부가 몇몇 상품들에 대한 보장가격을 줄이려고 시도하면서 정부와 농민연합이 분열되기 시작하였고, 1958, 1960, 1962, 1963년 농민연합은 연례심의 결과에 이서하기를 거부하였다.

농업정책이 정당의 문제가 되지 않도록 노력하면서 전국농민연합은 보수·노동 양 정당의 지원을 받으려고 시도하였으며, 정치인들에게 농민의 표가 중요한 정치적 힘이 된다는 점을 확신시키고자 전문직원을 고용하기 위해 고임금의 지불을 준비하기도 하였다. 이에 따라 자신들의 입장에서 국제수지와 다른 논쟁들을 잘 이용하여 경제학자들의 비난에 맞설 수 있는 대변인을 두었는데, 그가 바로 와인가튼(Asher Wine-garten)이다.

그리하여 1950~1960년대 전국농민연합은 어느 국가에서 존재한 조직보다 가장 강력한 농민조직이 될 수 있었다. 그러나 영국이 EEC의 일원이 된다는 것은 전국농민연합이 연례심의의 가격심의를 통하여 그들이 일구어 놓은 영국 정부와의 특별한 관계를 상실하게 됨을 뜻했고, 더 구체적으로는 영국 정부가 실시해 오던 독자적인 농업 지원책이 공동체의 공동농업정책(Common Agricultural Policy)과 같은 노선으로 전환해야 함을 의미하였다. 이는 제2차 세계대전 이후 정부의 보조금에 의존하여 전반적으로 높은 수준의 기술적 효율성을 성취하면서 크게 번영해 온 영국 농업이 새로운 제도적 변화에 직면하였음을 의미하는 것이었다.

참고문헌

"*Agriculture Act, 1957, 1967, 1968*", edited by Sir R. Eurrows(London).

"*Agriculture and Horticulture Act, 1964*"(London, 1965).

Best, R. H. & Coppock, J. T., *The Changing Use of Land in Britain*(Faber, 1963).

"*Cereals Marketing Act, 1965*"(London, 1966).

Donaldson, F. *Farming in Britain Today*(London, 1970).

Hallet, Graham, *The Economics of Agriculture Land Tenure*(London, 1960).

Hooper, Shadrack G., *Finance and Farmers*(Institutes of Bankers, 1967).

Ingersent, Ken, A. & Rayner, A. J., *Agricultural Policy in Western Europe and the United States*(Edward Elgar, 1999).

Tracy, M., *Agriculture in Western Europe*(New York : Praeger, 1964).

Winnifrith, J., *The Ministry of Agriculture, Fisheries and Food*(London, 1963).

小林茂, 『イギリスの農業と農政』(成文堂, 1973).

三澤嶽郎, 『イギリスの農業經濟』(農政水産業生産性向上會議, 1958).

제II부

미국의 농업편

제1장_ 19세기 후반기 미국의 농업구조

제2장_ 대공황기 미국의 농업

제3장_ 뉴딜(New Deal)의 농정기조

제4장_ 현대 미국의 농정기조

제1장
19세기 후반기 미국의 농업구조

1. 서 언 138
2. 19세기 후반기 미국 농업의 기본구조 139
3. 19세기 후반기 미국의 농업문제 154
4. 결 언 166

1. 서 언

　자본주의 4대 선발국가가 공업화를 성공적으로 완수하고 그 경제적 효과들이 다각적인 측면으로 표출되기 시작하던 1870년대에 들어서면서 세계경제는 자본주의 발전단계에서 아주 새로운 국면을 맞이하였다. 먼저 기술혁신과 그에 수반된 산업구조의 고도화로 인하여 인구 구성면에서도 도시화가 진전되어 공업 분야의 종사자가 농업 부문의 그것을 능가하였으며, 생산과잉은 수급불균형을 초래하여 체화현상이 누적되었다. 그러한 결과 주요 선진국들의 물가가 장기간에 걸쳐 하락세를 나타내는 대불황(the Great Depression)이 20여 년 이상이 전 세계의 전 산업 부문을 엄습하였다. 그 과정에서 자유경쟁에 입각했던 산업자본주의는 탈락되는 소자본을 대규모 자본이 흡수·통합하는 현상이 국내외적으로 성행하는 독점·금융 자본주의 및 제국주의 단계로 이행하였다.
　자본주의 역사상 산업화를 최선두로 이룩한 영국은 '세계의 은행', '세계의 공장'으로서 절대적인 우위를 향수하면서 1846년 곡물법(the Corn Law)을 철폐시킴으로써 국민의 생명줄이라고 할 수 있는 농산물시장을 세계시장에 완전개방하는 수입자유화 정책으로 전환을 시도하였다. 그리하여 영국 내의 농산물시장은 값싼 곡물이 세계 도처에서 유입되어 치열한 가격경쟁을 벌였다.
　국내의 생산가격보다도 훨씬 값싼 외국산 곡물이 물밀듯이 넘쳐 들어오는 공급과잉 상태에서 영국 내 농산물은 경쟁력을 잃고 가격이 하락하는 조짐을 뚜렷이 보였으며, 마침내 생산비도 건지지 못하는 불황상태에 돌입하였던 것이다. 곡물가격 하락→농업이윤 감소→지대 체납→농업소득 감소→경작포기→농경지 방치→지대 저하→농업투자 중지→경작 축소라는 악순환이 되풀이됨으로써 파멸 상태로까지 함입되었던 영국의 농업공황은 한 국가적인 규모가 아니라 전 유럽적 현상으로 확대되었다.
　뿐만 아니라 광대한 신천지에 지대 없는 평야를 개척하여 기계화에 병행하는 대량생산을 추진한 결과 유럽 곡물시장에 최대 수출국으로 부상한 미국의 농업도 불황의 고통에 동참하게 되었다. 19세기 후반 독점·금융 자본주의 시대 유럽 농업공황의 가해자라는 일반적인 평가를 받는 미국의 농업이 고난에 몰입되었다는 것은 전후관계상 모순이라고 할 수 있다. 그러나 현실적으로 이 시기 미국의 농민도 1880년을 전후하여 수년에 불과한 단기 호황기를 제외하고는 이윤 감소에 고뇌하고 산업자본의 독점적 횡포에 의한 수탈에 타격을 받으면서 상황을 타개하기 위한 사회운동을 광범하게 전개하였다. 그들은 상대적으로 불리한 농민의 입장을 정책에 반영하기 위해 정치적 성격을 띤 농민운동으로 결집하고 있었다. 그들이 펼친 정치적인 운동기간은 미국 농업의 최대 수난기였으며 농업불황에 대한 탈출구가 전망되자 그들의 활동은 퇴색될 정도로 순박하였다. 이 시기 전 세계적인 농업공황의 발현·전개·대응해 가는 과정은 국가에 따라 다양하게 전개되었다. 그러나 그것은 세계 자본주의 경제의 순환이라는 대명제하에 상호 영향을 주고받는 세계시장 순환체제하에 전개되었다. 19세기 후반 미국 농업이 당면한 고난도 바로 세계시장체제 속에 편입된 미국의 농업이 미국 내의 독특한 경제상황과 결부되어 초래한 결과였다.

따라서 여기에서는 이러한 자본주의 경제의 연관성을 염두에 두면서 세계농업이 공황 상태에 빠지게 된 19세기 후반 신흥 미국의 농업은 구래의 유럽 농업과 어떠한 관련하에서 세계 농산물시장에 편입되었는지를 규명하는 데 그 목적이 있다. 이를 위해서 19세기 후반 미국의 농업은 근본적으로 어떠한 구조를 이루고 있었는지를 분석한 다음, 이 시기에 미국 농업은 어떠한 문제점을 내포하면서 그 탈출구를 모색하였는지를 규명하고자 한다.

2. 19세기 후반기 미국 농업의 기본구조

1. 농업생산의 증대

농업의 발달을 개관하는 데에는 먼저 농업생산의 양적 확대양상을 살펴볼 필요가 있다. 미국 농업에서의 그러한 관계가 〔그림 1-1〕과 〔그림 1-2〕에 도시되어 있다.

장기적으로 보면 1870년대 이후 미국의 농업은 상당히 확실한 확대양상을 보

〔그림 1-1〕 미국의 농업생산지수(1910~1914=100)

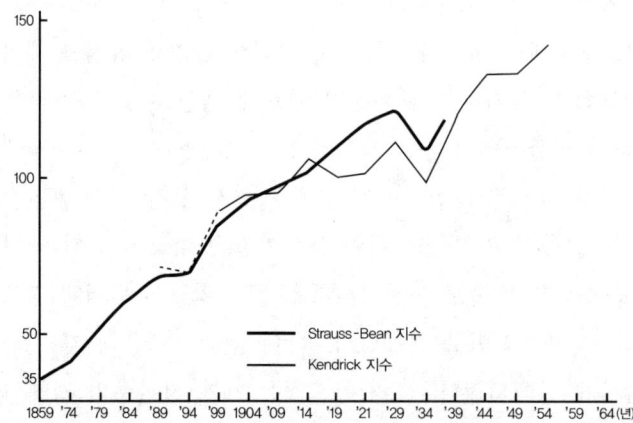

출처 : Strauss-Bean 지수 : F. Strauss, L. H. Bean, "Gross Farm Indices of Farm Production and Prices in the United States, 1869~1937", U.S.D.A., Technical Bulletin, No. 803, 1940, p. 125.
Kendrick 지수 : J. W. Kendrick, *Productivity Trends in the United States*, 1961, pp. 362~364.

인다. 그러나 그것은 반드시 직선적인 것만은 아니어서 1869~1909년 사이의 40년간에는 거의 3배가 확대되었으나 1909년부터 1949년까지의 40년간에는 40%에도 미치지 못하는 경우도 있었다. 다시 말해서 1세기 기간 중 미국의 농업은 절대적으로 확대되었으나 현대로 올수록 둔화세를 나타낸다. 그리고 같은 기간 중 국민생산에서 차지하는 농업의 비율은 37%를 상회하였으나 1909년에는 16%, 1947년에는 7.5%를 상회하지 못하는 상황이었다. 인구 구성을 보아도 유직인구 중 농업 취업인구 비율은 1870년 53%(농업 취업인구 643만 명)에서 1910년 31%(동 1,134만 명)로, 그리고 1950년 12.5%(동 750만 명)로 저하[1]하였다.

그러나 남북전쟁 이후부터 1880년대 말에 이르는 20여 년 사이에 미국 농업은 급성장세로 확대되었다. 그것은 철도부설에 부응하는 서부의 개척에 수반된 확대였다. 이 확대는 1890년대 전반기에 일단 정지상태에 빠졌다. 그러나 그것은 1894년 부작(不作) 사태에 대한 일시적 현상은 아니었다. 〔그림 1-1〕에서 스트라스-빈(Strass-Bean)이 제시한 통계[2]를 보면 이 시기 전체적으로 농업생산

---

1) J. W. Kendrick, *Productivity Trends in the United States*, New York,1961, pp. 298~301.
2) F. Strauss, L. H. Bean, "Gross Farm Income Indies of Farm Production and Price in the

〔그림 1-2〕 미국 농업의 토지 이용도

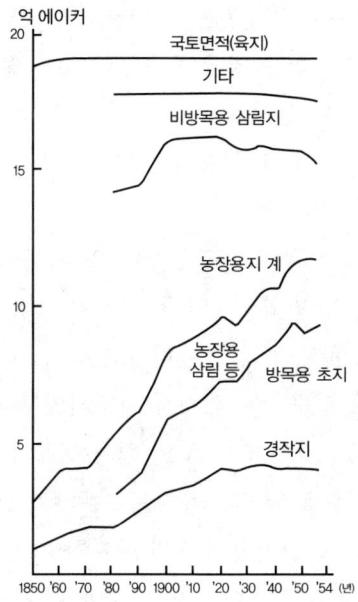

출처 : *Historical Statistics*, p. 239.

은 확실히 정체추세를 보였다. 이는 연속적인 흉작과 함께 19세기 말 세계적인 농업불황의 영향을 받은 결과였다. 그러나 이 정체는 1890년대 후반 급속적인 확장에 의해 보전되었다. 1890년대는 전반적으로 그 이전과 큰 차이가 없는 확장세를 보이는데, 여기에는 농업공황 해소에 수반하는 수출증가가 병행했기 때문이었다.

2. 세계의 농장

19세기 중엽 산업혁명을 거쳐 확립된 영국의 산업자본주의는 압도적인 생산력을 배경으로 '세계의 공장'으로 자칭하는 국제분업체계를 형성하였다. 그 이면에는 농업국가로 자리 잡은 수많은 지역이 있었으나, 그중에서도 특히 주요한 지위를 차지한 국가는 미국으로서 영국 수출의 20%를 흡수하는 세계 최대의 시장[3]이

United States, 1869~1937", U.S.D.A., Technical Bulletin, 1940, p. 125.
3) B. R. Mitchell & P. Dean, *Abstract of British Historical Statistics*, Cambridge, 1962, Chap. XI.

었다. 뿐만 아니라 미국의 농업은 질적으로 대부분의 원면을 독점적으로 공급하는 공급국가로서 영국 산업자본의 기축 부문인 면공업을 뒷받침하는 특수 역할을 담당하였다. 따라서 미국의 면화는 영국 총수입의 20%, 원면 수입 전체의 80%를 점하고 있었다. 한편 미국의 입장에서 보면 면화 수출은 면화생산량 중 4분의 3에 달하고 미국 전 수출액의 60%를 차지한 점[4]에서도 영국 면공업과 미국 면작의 관련성은 매우 큰 것이었다.

이와 같이 규정된 미국 농업의 내부적 구조는 남부와 북부에서 결정적인 상위성을 나타내었다. 남부의 농업은 면화·담배 등 수출지향적 상품생산이 조기부터 전개되어 오면서, 흑인 노예제도 및 플랜테이션(plantation) 제도를 정점으로 하는 특유의 전근대적인 경영구조에 의해서 운영되었다. 이 경우 흑인의 대부분은 노예였으나 10% 정도의 자유 흑인도 있었다. 남부 15개 주에서 백인은 흑인의 2배 정도였고, 그 가운데 노예 소유자는 3분의 1 정도였다. 따라서 소농적 독립노동력은 노예노동력에 필적할 정도만 존재하였다. 그러나 남부 가운데에서도 면화에 특화한 지대에는 흑인이 많아 그곳에 대규모 노예 소유제인 대플랜테이션이 집중되어 있었다. 흑인 노예노동력에 의존한 면작 플랜테이션은 소농적 백인 노동력이나 식량생산을 기반으로 하는 남부 농업의 특징적 부분을 대표하는 것[5]으로 간주되었다.

미국 남부 농업에서 흑인 노예제의 전근대성은 18세기에는 점차 해체될 수밖에 없었으나 면작이 팽창함에 따라 자유노동을 배제하고 부활되어 오다가 남북전쟁 이후 법률적으로 소멸되었다. 그러나 이 제도는 사실상 셰어 크로핑 제도(share cropping system)라는 형태로 변신하여 존속되고 있었다. 따라서 미국에서 남부 농업은 이러한 특수 구조를 재생산하면서 당초부터 세계성을 띠며 확대되어 왔다. 셰어 크로핑 제도는 농업노동자의 고용자가 농업노동자에게 임금 지불 대신 수확을 3등분하여 3분의 1은 차지료로 토지 소유자에게, 다음 3분의 1은 노동자에게, 나머지 3분의 1은 농기구·가축·비료, 기타 경작 등 필요한 곳에 충당하는 분할제도였다. 이 제도하에 존재한 농업노동자를 셰어 크로퍼(share cropper)라고 하여, 미국은 남북전쟁 후 흑인 노예제에 대신하여 이 제도

---

4) *Ibid*., pp. 302, 538, 547.
5) 本田創造, 『アメリカ南部奴隷制社會の經濟構造』, 岩波書店, 1964, 제4장 제4절 참조.

를 채택하였고, 신토지 소유자에게는 현금이 없었으므로 이 제도가 발생하게 되었다고도 한다.

이에 반하여 북부의 농업은 소농형태로 식량생산을 중심으로 전개되었으나, 그 상품화는 남부 농업에 비하여 미약하였다. 그러나 그것은 마침내는 북부의 도시들과 주변국가 및 남부에 식량을 공급하기에 이르러 애팔래치아 산맥 이서 지역의 개척을 본격화하여 19세기 후반에는 유럽에 대한 수출산업으로의 지위를 차지하게 되었다. 이와 같이 미국의 남부 농업과 북부 농업에는 내용상의 상이점은 있었으나 서점운동(Westward Movement)에 수반된 내륙적 확대는 점차 세계성을 강화해 갔다. 따라서 미국 남·북부의 농업이 공히 세계성을 강화시켜 가는 발전과정을 가졌다는 점에서 남·북부의 농업이 공통되는 측면을 가지고 있었다.

이러한 발전의 원동력이 된 것은 우선 영국을 선두로 하는 유럽 자본주의였고, 다음으로는 미국 내의 자본주의적 공업이었다. 유럽은 단순히 미국에서 면화나 식량을 흡수하고 면포 등 생활자료 일부를 공급하는 것만이 아니었다. 유럽은 미국의 철도 등 수송수단의 건설에 수반하여 결정적 역할을 담당하고 있었다. 미국 농업이 서부개척을 지향해 가는 과정에서 철도건설이 갖는 경제적 의의는 대단히 중요하였다. 부패하기 쉬운 농산물은 비옥한 지역에서 생산될지라도 값이 싸고 대량적이며, 신속한 수송수단이 없으면 결코 시장성을 가졌다고 할 수 없다. 미국 농업에서 이 같은 애로는 1850년대 이후 수차례에 걸친 철도 붐에 의해 점차 해소되어 갔으나, 그것은 이미 국내에서 철도 붐을 체험한 영국 중공업의 발전과 장기 투자금융의 축적이 불가결한 전제[6]를 이루었다. 뿐만 아니라 유럽은 미국에 대해 노동력도 공급하고 있었다.

미국에는 19세기 중엽 10년 사이에 총인구 중 10%에 달하는 이민이 유입되

---

[6] 미국에서 1840~1860년 사이의 철도건설은 외국 자재가 우위를 차지하였다. 레일용 철재 소비 연평균 24.6만 톤 중 미국산 9.3톤, 수입 15.3톤이었다. 그 후 19세기 최후의 철도 붐이었던 1880~1890년대에 레일에 대한 소비는 미국산 연평균 146만 톤, 수입 10만 톤이었다. 한편 수입자금의 비율은 1869년 철도회사 주식, 사채 등의 총계는 20억 달러였음에 비해 외국인 보유 철도증권은 2.4억 달러였으나, 1899년에는 전자의 규모가 110억 달러의 규모에 비해, 후자의 경우 21.4억 달러로 외채의 비율이 높았다(C. Lewis, *America's Stake in International Investment*, 1983, p.523).

었고, 그것은 어떤 의미에서는 자본주의의 소산인 과잉인구의 지리적 이동이기도 했다. 그들이 직접적으로 농업에 투입되거나 또는 도시에 머물면서 자산을 축적한 후 농민화되었던 것과는 별도로 중견노동자를 주체로 한 이민의 유입은 농업의 확대에 주요한 공급원으로 작용했다. 유럽 자본주의와 미국 자본주의 간에는 우선 이러한 직접적인 관련성이 존재하고 있었다. 그리고 미국 내의 공업은 이러한 관련 속에서 파생된 농업의 확대에 따라 선도된 국내 시장을 높은 관세와 운임 차이로 보호하여 왔기 때문에 유럽 공업에 대해 경쟁력을 육성할 수 있었다. 그것은 유럽에서 자금 또는 노동력의 공급형태로 지원을 받아 발전의 원동력으로 삼았다. 그것은 면화나 식량 면에서 거대한 시장을 형성하고 농업의 상품경제적 확대를 촉진하는 결정적 요인이 되는 한편, 농민의 생활물자 또는 농기구 등의 생활수단 및 최후에는 철도자재 등과 같은 기본적 부분을 공급하는 것으로 나타났다.

이 과정에서 미국의 농업은 일찍부터 면제품 또는 목재가공 및 식품가공의 측면에서 산업자본적 관계를 형성하고, 후에는 철도 붐에 의해 유도된 철강업도 급격히 신장하여 19세기 말경에는 세계 최대의 생산량을 달성하고 금융자본을 확립하였다. 그리하여 19세기 미국의 농업은 유럽 자본주의 및 국내 자본주의와 직접적으로, 또 다른 한편에서는 농업을 매개로 관련짓는 2대 요인에 의해 유도되어 확대일로에 있었다.

물론 그것은 외발적 요인만으로 확대되었던 것은 아니었다. 타국의 농업과 비교할 경우 미국 농업은 내부적으로 구비된 발전요인이 강하였다고 볼 수 있다. 그 첫째 이유는 토지조건이었다. 뒤에 설명하는 바와 같이 농업 확대에 즈음하여 미국에는 사실상 광대한 무주지(無主地 : 주인 없는 땅)가 부여되어 있었다. 더구나 그것은 지질이나 기후 등과 같은 여러 조건이 조합을 이룬 지역차를 형성하고 있었기 때문에 수송수단을 포함한 시장조건만 형성되면 작물지대로 구분된 지역 간 분업체제를 형성할 수 있는 조건으로 작용하였다. 풍부하고 다양한 농업생산의 근거가 되는 첫째 조건이 바로 이것이었다.

둘째 이유는 생산주체의 조건이었다. 미국의 농업인구는 급속한 자연증가와 이민에 의하여 부족되는 노동력을 끊임없이 보강해 주었다. 그리고 이러한 조건은 타국에 비해서 매우 빠른 속도로 공급되었다. 더구나 그들은 질적으로 우수한 청년층의 남성이 많았으며, 흑인을 별도로 하면 원시적 축적단계를 지나

상품경제적으로 확대되어 갔다. 농업의 상품화에 급속 대응하여 경영 및 농업기술의 개선을 능동적으로 추진하는 행동양식도 구비하고 있었다. 이러한 토지와 생산주체의 결합은 남부를 별도로 한다고 해도 자작경영을 광범하게 전개시켰다. 풍부한 무주지가 개방되어 있었던 것은 자산이 적어도 간단히 자작농화하는 조건을 형성[7]하여 자본 : 임노동 관계가 전개되는 상황을 저해하는 요인으로 작용하였다. 이같이 독립된 소농경영에 의해 일정한 생활이 유지된다는 것 자체가 인구를 농업으로 흡수할 수 있는 유력한 요인이 되었다.

미국 농업이 발전하게 된 내부적 요인의 셋째 내용은 농업생산력의 독자적 개발이었다. 서부의 개척은 인류에게는 미지의 체험이기 때문에 유럽 농업의 경험을 토대로 했다고 해도 농작물의 선택이나 관리 및 경작방법 등 모든 농법을 새로이 모색하지 않으면 안 되었다. 특히 건조지인 서부로 향하려는 욕구가 강하였고, 미국 농업은 이 과제에 부응하였다.

서점운동은 무엇보다도 농업기계의 개발 및 실용화가 실현되는 과정이었다. 우선 경운 과정에서 목재 쟁기가 철재 또는 철강재로 바뀌었고 모형도 개량되었다. 이들은 딱딱한 평원 지역을 경작하는 데 중요하게 사용되었으며, 파종기·수확기도 실용화되었다. 수확기는 특히 곡물의 대규모적 경작에 불가결하였다. 19세기 전반에 발명된 맥코믹(MaCormick) 수확기도 남북전쟁 이후부터 일반에 보급되었으며, 탈곡기도 개량되었다.

나아가 1880년 이후 캘리포니아에서는 곡물 베기와 탈곡을 겸비한 콤바인도 보급되기 시작하였다. 이와 같이 경종 또는 곡작을 위한 기계화가 급진전되었다. 한마디로 그것은 대규모적인 마경(馬耕)기술체계가 완성되어 가는 것을 의

---

7) 미국의 자작농 성립 조건으로서 160에이커를 단위로 하는 토지라는 일정 조건을 만족시킨 자에게 무료에 가까운 금액으로 교부하는 것을 법률로 정한 자영농장법, 즉 공유지분양법(Homestead Act)이 있었다. 이에 따라 1860년 이후 40년 사이에 미국 전국의 농장은 200만 개에서 530만 개로 증가하였으나 자영농장법에 의한 입주 건수는 60만 개에 불과했다. 그 사이 농지는 전국적으로 4.3억 에이커로 증가했으나 동 법률에 의한 입주지는 8,000만 에이커에 불과하였다. 공유지무상 교부자체도 무의미한 것은 아니지만 이 정책은 입주가 쉬운 사태의 법적 표현으로 해석하는 것이 좋을 듯하다(F. A. Shannon, *The Farmer's Last Frontier*, N.Y. and Toronto, 1945, pp. 51, 64).

미하는데, 실제로 이 마경기술체계는 일찍부터 유럽을 능가[8]하였고, 제1차 세계대전 이후 트랙터화의 완성으로 미국의 농업기술은 경쟁 대상이 없을 정도로 선진화되었다.

미국의 농업기술 개발은 이 수준에서 머무르지 않았다. 목초 베는 기계의 보급, 낙농에서 원심분리기의 보급, 축산에서 유자철선 이용에 의한 집약화, 그 위에 각 지역에서의 독특한 경작방법 형성 및 수송수단의 개선에 수반된 비육형 가축의 도입을 주도한 품종개량 등이 이루어졌다. 말할 것도 없이 이 같은 기술개발은 직간접적으로 미국 내의 공업 발전에 크게 의존하였다. 19세기 후반, 특히 남북전쟁 직후를 미국에서 농업혁명(최근의 트랙터화를 제2차 농업혁명이라고 일컫는 데 대한 제1차 농업혁명)의 시대라고 일컫는 내용의 대부분은 이러한 것들로서, 앞에서 언급한 바와 같은 생산성의 급속한 상승은 이와 같은 농업기술혁신이 이룬 경제적 결과였다.

앞에서 설명한 바와 같은 미국 내 농업환경의 요인들이 결합한 결과 19세기 후반의 미국 농업은 급속히 성장하였다. 개척전선은 1860년에 북으로는 오늘날의 중서북부 지역의 약간을 침식하고, 남으로는 텍사스 동부에 걸치는 정도로 그 배후 지역은 오늘날 국토의 3분의 1 정도에 달하였다. 그 후 30년에 걸쳐 급속히 성장하여 1890년에는 개척활동이 소멸 상태에 이르렀다. 그러나 이 프론티어(frontier)의 소실은 서부에 개척의 여지가 없음을 의미하는 것이 아니었다. 가경지(可耕地)는 여유가 있었고, 농업생산을 위한 서점운동은 더 먼 곳으로까지 지속되었다. 또한 농민 개개인은 국경을 넘어 캐나다로 이주도 가능했다. 그 때문에 이 시기 프론티어의 소실이 바로 농업의 폐쇄 상태를 의미한다고 말할 수는 없다. 어쨌든 19세기 후반의 서점활동을 통하여 미국은 농용지의 면적 및 수확지의 면적이 급증하여 1850~1900년 사이에 거의 3배나 증가하였고, 그와 병행하여 이주(settlement)가 급증하였던 결과 동일 기간 중 농장 수는 4배 정도 증가하였다(〈표 1-1〉 참조).

---

[8] 1851년 런던의 만국박람회에서 미국의 곡물수확기가 입상한 것을 필두로, 4년 후 파리박람회에서는 1에이커의 경지를 수확하는 데 프랑스 기계는 71분, 영국 기계는 66분을 소요하였던 데 비해 미국산 수확기는 22분이라는 압도적인 차로 우승하였다(E. L. Bogart & D. L. Kemmer, *Economic History of American People*, 1944, p. 303).

〈표 1-1〉 미국 지역별 농장 수

지역＼연도	1850	1860	1870	1880	1890	1900
북부대서양 연안	490	565	602	696	659	679
북 중 부	438	772	1,125	1,698	1,924	2,917
남부대서양 연안	248	302	374	644	750	962
남 중 부	267	370	511	887	1,807	1,658
서 부	7	35	48	84	146	243
미 국 전 체	1,499	2,044	2,660	4,009	4,565	5,740

출처 : *1900 Census*, vol. V, Part I, p. xvii.

〈표 1-1〉에 수록된 바와 같이 남부의 농장증가에는 남북전쟁 후 플랜테이션의 형식적 해체가 있었고, 소규모적인 소작이 증가하여 이것이 점차 통계에도 반영되었다는 점에 주의할 필요가 있다. 참고로 1농장당 면적을 보면 전국 평균치가 1860년 195에이커에서 1900년에는 147에이커로 축소되었으나, 이사이 북부나 서부에서는 큰 변화가 없었으며, 남부대서양 연안에서는 353에이커에서 105에이커로, 남중부에서는 321에이커에서 145에이커로, 특히 2개 지역에서 대폭 감소하였다. 이 시기 주요 농산물의 수확량은 면화가 200만 베르의 강세에서 1,000만 베르로 5배 약세증, 옥수수가 6억 부셸에서 27억 부셸로 4.5배증, 밀이 1억 부셸에서 6억 부셸로 6배증하여 농지면적이나 농가호수의 증가세를 상회하는 증대를 보였다. 작물지대도 오늘날과 같은 형태에 가깝게 형성되었다.

3. 유럽의 농업공황 시대

앞에서 설명한 바와 같은 미국 농업의 확대는 당연히 급격히 수출증대로 연결되었다. 1870년대 전반과 농업수출이 피크를 이룬 19세기 말의 5년을 비교하면 시가액에서는 2배강, 수량에서는 3배강으로 신장[9]되었다. 그사이 면화는 2.8배, 밀은 3.3배 신장하였으나 남북전쟁 직전의 1856~1860년을 기점으로 하면

---

9) R. E. Lipsey, *Price and Quantity Trends in the Foreign Trade for the United States*, 1963, p. 157.

면화의 신장이 2.5배 정도였음에 비하여 밀은 20배 이상으로 신장하였다. 면화 및 담배는 점점 수출작물로 전환되었기 때문에 신장률은 결코 적은 편이 아니었으나 그렇다고 경이적인 것도 아니었다.

한편 밀의 눈부신 신장은 서점운동에 따른 당연한 귀결이었으나 그에 그치지 않고 보리 또는 라이맥 등 식용 알곡도 마찬가지의 신장률을 나타냈으며, 옥수수나 귀리도 곡물 수출과 축산물을 우회하는 수출과 함께 급증하였다. 축산물에서는 돼지고기 산물의 수출증대가 두드러졌으며, 쇠고기 산물 수출도 그와 같이 신장하였다. 요컨대 남부산의 전통적인 수출산물 중 상당 규모가 조기 수출증대에 더하여 서부산 식량수출이 두드러지게 증가한 결과 전 미국의 농업수출은 급격히 신장하였다.

따라서 미국 전체의 농업수출가액 중 1870년에는 면화 60%, 곡물 20%, 식용유 10%, 나머지가 담배였는데 1900년에는 각각 30%, 30%, 20%로 변화하였다. 곡물의 내역은 밀이 전체의 절반 가까이를 차지했고, 옥수수가 밀의 절반, 귀리가 옥수수의 절반, 보리는 귀리보다 적었다. 생산에 대한 수출의 비율은 1890년대 말 이후 면화 3분의 2, 담배 2분의 1이었고, 밀 3분의 1이었으며 사료 작물에서 알곡 수출은 수%대에 불과[10]했다. 1870년대 후반 미국 경제가 무역수출초과로 전환하게 된 원인은 앞에서 기술한 바와 같이 농업생산 신장과 농업수출이 이룬 성과 때문이었다.

나아가 미국 농업의 수출급증은 이 시기 전 유럽을 비롯하여 세계경제를 엄습한 장기적인 대불황(the Great Depression)과 상충되어 유럽에 세기말적인 농업불황을 초래하게 하였다. 이 시기의 농업불황에 대해서는 정리해야 할 논점이 허다하게 남아 있지만 그 해명에 대해서는 국가별 · 시기별 · 부문별로 별도의 연구[11]가 필요하다고 사료된다. 따라서 여기에서는 본고의 핵심과 관련된 몇 가지 사항만을 지적하고자 한다.

---

10) E. G. Nourse, *American Agriculture and the European Market*, 1942, pp. 241~245.

11) 이 시기 농업공황의 양상에 대해 국가별 · 부문별로 구분된 대응방안에 대한 연구로는 M. Tracy, *Agriculture in Western Europe*, Press of New York University, 1964와 *Government and Agriculture in Western Europe 1880~1988*, Press of New York University, 1989가 많은 참고가 되고 있다.

〈표 1-2〉 주요 국가의 밀 수출

(단위 : 백만 부셀)

연평균	미국	캐나다	러시아	인도	오스트레일리아
1861~1870	22	–	75	–	–
1870~1874	59	1	55	1	–
1875~1879	107	3	71	6	–
1880~1884	136	4	65	29	–
1885~1889	110	3	95	36	–
1890~1894	170	9	104	30	8
1895~1899	184	19	107	15	3

출처 : M. Tracy, *Agriculture in Western Europe*, N.Y., 1964, p. 23.

첫째, 19세기 말 유럽의 농업공황은 농산물, 특히 온대산 식량의 세계시장이 형성되는 과정에서 발생한 마찰 때문이었다고 할 수 있다. 면화나 열대산 차·커피·사탕 등은 이미 중상주의 시대 이후 산업혁명과 함께 유럽을 주요 소비지로 하는 세계시장이 형성되어 있었다. 그 후 철도건설과 내륙의 개척에 철강선 수송이 결부된 교통혁명의 결과, 19세기 후반에는 곡물이나 축산물 등에서도 세계적 규모의 공급권이 성립되었다. 새로운 공급권은 〈표 1-2〉에 나타난 바와 같이 비옥한 무주지를 개척하여 고도의 생산력을 가진 곳도 있었으나 인도와 같이 농민의 기아수출에 의한 곳도 있었고, 러시아와 같이 쌍방을 결합한 곳도 있어서 이 모든 지역들은 기존의 유럽권 시장 내부에 수급구조를 파괴하는 가격 하락을 초래하였다. 결과적으로 유럽의 농업생산은 전체적으로는 과잉상태에 빠져 영국을 비롯한 유럽 대륙 일부에서는 곡물경작에 대한 절대적 저하가 발생하고, 프랑스나 독일에서는 관세보호가 전개되었다.

둘째, 농업공황의 발현에서 대불황은 불가결한 요인이었으나 그 영향은 부문별·국가별로 일률적이지 않았다는 점이다. 대불황기 가격 하락이 극심했던 농산물은 면화였으나 이것은 불황의 기점이 되는 1870년대 초 남북전쟁에 의한 면화 부족의 영향을 받아 가격 앙등이 계속된 데서 기인했다. 그러나 그 이후의 하락현상은 면공업, 특히 영국 면공업 정체현상의 영향을 받아 소비가 제한된 반면, 미국의 면작은 팽창 상태에 놓임으로써 초래된 결과였다. 밀을 중심으로 한 곡물은 면화에 필적되는 하락세를 나타내면서 농업공황의 중심을 이루었으나 그것은 공급이 확대된 결과였다.

그 이유는 대불황기에도 소비인구는 증가하고 화폐임금 수준은 영국이나 독일에서도 빠른 속도로 상승하였기 때문에 불황이 소비제한을 초래했다는 단순 논리는 성립할 수 없었고, 관세보호를 실시한 국가에서는 생산량도 증대하고 있었기 때문이다. 이러한 점은 축산물에서 더욱더 심하여 가격 하락이 현저하였고, 생산은 영국에서 경미한 증가세, 덴마크나 서부 독일에서는 급속한 증가세에 있었으며, 이러한 증가세는 타 대륙에서 냉동수송이 급증하던 과정과 병행하였다.

따라서 축산에서는 대불황에 의한 수요제한이 상당히 작용하였다. 사료작물의 가격이 하락하자 축산으로의 전환이 광범하게 전개되었다고도 하지만, 적어도 곡작과 똑같은 의미의 농업공황을 겪었다고 볼 수 있을 것이다. 따라서 실수요면에서 대불황은 소비제한 효과보다도 소비구조의 전환을 초래하는 효과를 강하게 보였다. 이 시기 단기 변동면에는 농산물가격이 대개 일반 경기와 병행하는 움직임을 보였으나, 이는 일반 시황이나 금융 상황이 농산물시장에 반영되었다는 해석을 가능케 하는 것이었다.

셋째, 그 결과 각 국가별 대응방식도 다양하였다. 영국이나 벨기에같이 자유무역을 유지하여 농업이 축소되었다고 지목된 국가가 있는가 하면, 덴마크를 대표로 하는 자유무역을 이용하여 경작 전환에 성공한 국가들, 프랑스나 이탈리아같이 고도의 보호로 생산을 유지함으로써 농업생산력의 개발을 늦춘 국가군이 있었다. 독일의 경우 보호의 정도는 중위이고 농업의 전환도 중위 정도에 있었다. 더욱이 독일에서는 공업 확대가 노동인구를 대량 흡수하였을 뿐만 아니라, 이민에 의해 미국 및 기타 지역으로 유럽 농업의 과잉인구 일부가 처리되고 있었다. 따라서 이 시기의 유럽 농업은 외부 농업과의 경쟁으로 구래의 구조에 전반적인 과잉이 있었다고 해도 그것을 해소할 수 있는 탈출구는 농업 내부와 국내 공업 및 타 대륙으로 향해 있었다. 농업을 보호하려는 정치적 쟁점이 어느 국가에서나 전 계급적인 대립으로 나타나게 된 원인은 바로 이와 같은 이유가 존재하였기 때문이었다.

이러한 유럽의 농업공황은 당연히 가해자라고 평가되는 미국 농업에도 영향을 주었다. 〈표 1-3〉에 수록되어 있는 바와 같이 19세기 말 농업불황시 미국의 농산물가격 하락현상은 극심하였고, 그에 기인하는 농민의 곤궁도 수반되어 농

〈표 1-3〉 주요 국가의 일반물가와 농산물가격 지수

(1913=100)

국가	지수	연도	1870	1873	1880	1890	1896	1900	1907	1910
미 국[1]	일 반 물 가		133	134	98	81	66	80	93	101
	농 산 물		112	103	80	71	56	71	87	104
영 국[2]	일 반 물 가		104	120	96	82	69	86	92	92
	농 산 물		113	125	110	92	73	88	90	95
독 일[3]	일 반 물 가		92	120	87	86	72	90	97	93
	농 산 물		79	97	90	86	70	77	93	94

출처 : 1) G. F. Warren, F. A. Pearson, *Prices*, 1933, pp. 26~27.
2) B. R. Mitchell & P. Dean, *Abstract of British Historical Statistics*, 1962, pp. 472~473.
3) 戸原史郞, 『ドイシ金融資本の成立過程』, 1960, pp. 6~7.

민운동이 격렬히 전개되었다. 그러나 미국에 관해서는 19세기 말 유럽 농업공황의 가해자라는 한정된 의미로 해석되어 유럽과 같은 상태의 농업공황이 발현하였다고 말할 수 없는 점이 있다. 미국에서 농업불황은 대개 국부적으로 나타났기 때문이다.

동부에서는 서부의 압력 때문에 유럽과 유사한 농업공황이 야기되어 농민층의 감소와 생산의 저하가 수반되었다. 그러나 미국에서는 서점운동의 가능성과 공업의 급속한 확대에 따라 인구 흡수와 경작 전환의 유인 그 어느 것도 유럽의 경우보다는 농민의 대응을 훨씬 용이하게 하는 조건이 되었다. 면화의 경우 가격 저하가 두드러져 1873년 초 공업공황이 시장 패닉(panic)을 초래하였으나, 생산력이 높은 서부의 면작이 동부의 면작을 압박하는 관계가 기본적 구도였다. 철도에 투자를 한 중서부 농민들이 증권공황에 타격을 받은 사례도 있었으나, 그것이 농업불황의 주요 요인은 아니었다. 농업의 곤란이 가장 현저했던 사례는 신개척지에 대한 투기 붕괴에 있었다. 그러나 그러한 투기는 소규모적으로는 여전히 되풀이되었다. 대규모적인 사례로는 1873년 방목지대에서 야기된 축산 패닉이었다. 방목지대에서는 이미 외부 자금을 도입하여 과잉사육이 심각해질 즈음 전국적인 금융공황이 파급되어 투매와 파산 및 생산 급감이 야기되었다.

미국에 농업불황이 야기된 또 다른 기본구조는 곡작지대의 투기 붕괴였다. 미국의 농민은 대개 경작자인 동시에 투기자였다. 싸게 토지를 구입하여 지가가 등귀하기를 기다렸다가 매각하여 차익을 취하는 것을 의도적으로 행하고 있었다. 서점운동의 과정에서 경작이 가능하다는 것이 입증되면 그 토지는 등귀했고, 차입을 해서라도 광대한 토지를 입수하는 것이 일반화되어 있었다. 이러한 순환은 방목에도 유사한 투기가 행하여졌고, 새로운 건조지대에 강우량이 많아져 수확을 기대할 수 있는 해가 계속되면 지가는 급등하고 외부 자금을 도입한 토지 투기가 행하여졌다.[12]

그러나 1880년대 후반부터 가뭄이 지속된데다가 농산물가격은 크게 하락하였다. 가격 상승이 전망되던 투기는 차츰 파탄나기 시작했고 1893년의 패닉으로 마무리되기에 이르렀다. 그러나 방목지대의 경영은 이전의 공황에서 회복되어 비교적 착실한 상태가 되었으므로 그해의 타격은 경미하였다. 1890년대 후반에 들어서서는 엄동이 지속되어 겨울철 사료난을 초래하여 축산 사육 두수의 상한을 위협하였다. 그렇기 때문에 1896년을 정점으로 집중적 투매가 재발하기에 이르렀고, 이것이 대규모적인 농업 파탄을 초래한 세 번째 이유가 되었다.

4. 농민운동의 전개

19세기 말 농업공황의 반영은 미국에서는 복잡한 양상으로 표출되었다. 그러나 그것은 기본적으로 농산물 과잉에 의한 전면적인 폐쇄 상황으로 치달았던 것이 아니라, 급속한 농업 확대에 수반되어 농업과잉을 제1요인으로 하고, 기후불순을 더욱 직접적인 원인으로 하는, 상품경제성이 강한 신개척지에 대한 특유한 투기 붕괴가 여러 가지 형태로 반복된 결과였다. 따라서 경제적인 타격은 유럽에 비해서 훨씬 경미했음에도 불구하고 그것을 근거로 하는 농민운동[13]이 대규모적으로 성행하여 한때는 그 위력이 매우 컸다.

이 시대의 농민운동은 우선 그랜저 운동(Granger Movement)으로 시작되었다. 그랜저(Granger)는 농민 간의 사교와 상조를 주요 목표로 1867년에 조직되

---

12) H. U. Faulkner, *American Economic History*, 8th ed., New York, 1960, pp.367~368.
13) 이 시기의 농민운동에 대한 연구가 다수 있으나 F. A. Shannon, *op, cit.*, Chap. XIII American Farmers Movement가 간편하다. 농정사의 관점에서는 M. Benedict, *Farm Policies of the United States, 1790~1950*, 1953, Chap. 6이 표본적이다. 일본의 연구로는 小澤健二, 「十九世紀後半のアメリカにおける農民運動の展開」(1968, 東京大經濟學部博士論文)가 있다(필자 주).

었으나 1873년 공황 이후 급속히 경제문제에 관여하면서 급팽창되었다. 경제면에서는 협동과 협동구입을 촉진하고, 정치면에서는 철도규제를 촉진하였으며, 특히 주(state)단계에서는 압력단체로 작용하여 규제입법을 실현하였다. 그랜저는 1870년대 후반에 이르러서는 쇠퇴를 보이면서 그린 백(Green Back) 운동으로 연계되었다. 그린 백 운동은 순수한 농민운동은 아니었으나 불환지폐 발행을 목표로 했기 때문에 남북전쟁 이후 물가 하락으로 고민하던 농민들에게서도 지지를 얻었다. 이어 1880년대의 농민운동은 농민연합(Farmer's Alliance)으로 대표되었다. 농민연합은 텍사스 주에서부터 시작된 National Farmer's Alliance and Industrial Union, 통칭 남부연합(Southern Alliance)과 시카고에서 발단된 National Farmer's Alliance, 통칭 북부연합(Northern Alliance)이라는 두 가지의 조류가 있었다.

　전자의 경우 작물담보제, 면화의 선물거래, 외국자본에 의한 토지 독점에 반대하고 토지 투기 또는 철도에 대한 중과세, 불환지폐 발행을 주장하는 동시에 불황시의 경작제한, 국가자금에 의한 농산물 담보대부를 주장하였다. 이에 비해 후자의 경우는 철도규제와 은화의 자유주조를 주장하였다. 이러한 농민연합은 정치색이 강한 것이 특징이고 노동조직과 연대를 가지고 유색인들의 조직화도 행하였으며, 1880년대 말 우호조직들과 접촉을 탐색하는 과정에서 1892년 인민당(populist)으로 대결집하기에 이르렀다. 여기에서 표출된 요구는 은화의 우선 주조, 누진소득세제의 채택, 철도 및 전보의 국유화, 부재지주의 폐지, 노동문제 개선 등 사회개혁적 색채를 강하게 띠었다. 나아가 인민당은 1892년 대통령 선거에 독자 후보를 내세울 정도로 세력을 키우기도 하였으나 대세를 장악하지는 못하였다.

　앞에서 설명한 바와 같이 그랜저 운동에서 시작된 미국의 농민운동은 격심했던 데에 비해서 성과는 미미한 것으로 끝났다. 상부상조 및 협동운동면에서 실패를 반복했고, 농산물에 대한 협동구판은 확대경향을 나타냈으나 농민운동산하의 협동사업이 직접 성공한 사례는 적었다. 따라서 정치면에서 성과도 없었으며 중심적 요구인 인플레이션 정책 및 은화주조는 완전히 무시되고 금본위제도가 확정되었다. 1890년대 후반부터 다시 장기호황이 찾아들어 농민들은 이 요구를 간단히 망각하게 되었고, 나아가서는 운동 전체를 붕괴시키는 근본원인이 되었다.

철도규제는 입법화가 다소 이루어졌으나, 그 자체의 효과는 의심의 여지가 있었다. 철도를 중심으로 하는 농산물유통망이 점차로 완비되고 중간 경비를 제도적으로 소멸시켜 농민소득의 향상에 도움을 준 것이 요구해소의 근본적 원인이 되었다. 철도규제에 경제적 의미를 부여하면 농민에게 불리한 운임률 격차를 시정하는 제1요인이 되었다고 하는 정도였다. 소득세의 도입이나 농업신용제도의 개선도 곧바로 실현되지는 않았다. 이러한 요구는 차기 세대에 들어서 개화된 지배층, 이른바 혁신주의자들(progressives)에 의해서 부분적으로 실현되었다.

요컨대 19세기 말의 미국의 농업문제는 어느 의미에서는 초기적인 것이었다. 첫째로 그것은 경제적 기반인 농업의 부진이 전국적·지속적인 폐쇄 상황의 형태가 아니라 국부적이고 격발적인 것으로서 단기적인 형태를 띤 한편, 농업생산에서는 전면적인 확대를 초래하여 그 속에서 안정성을 증가시키는 지역도 있었다. 둘째로 이를 반영하여 농민운동의 조직이 농민의 실질적 요구를 정확하게 통일시키지 못하고 논리적인 오류와 조직의 왜곡에 빠져 있었다. 셋째로 똑같은 사태를 반영하여 농민조직 자체도 격발적으로 지속성을 갖지 못하고 농본주의적이고도 로맨틱한 이데올로기를 강하게 띠었다. 넷째로 이러한 결과 농민의 요구를 국가정책으로서 표현하기가 어려웠다는 점이었다. 그리하여 자본주의 권력은 기존의 체제를 유지하는 데 그다지 지장을 초래하지 않았다.

이러한 네 가지 요인은 19세기 후반 표출된 농업문제를 본격적인 농업문제로서 규정할 수 없는 이유가 되었다. 이른바 이 시기의 경험과 정책안 및 인재는 후의 농업문제 전개를 준비하는 것이었고, 이 시기에 발현된 미국 농업문제의 체질이 후시대에도 어느 정도 존속하는 데서 그 역사적 의의를 찾을 수 있다.

3. 19세기 후반기 미국의 농업문제

19세기 후반 미국 농업의 기초적 구조는 상대적인 비교 수준으로 보면 건국 이후부터 꾸준히 성장하고 확대하여 온 것이었다. 그러나 그것은 급성장하는 공업부문에 비교되는 산업 부문 간의 불균등성과 그에 수반해서 전이된 농업부문의 상대적인 불리함, 나아가 세계 농산물시장 상황에서 파생되는 경제적인 파급효과로 상당히 복잡다양한 상황에 놓여 있었다.

그리고 그것은 상대적인 박탈감과 차별화 감정으로 충일되어 있었다. 그러한 정서가 세계적인 농업공황기를 맞이하여 농민운동으로 결집되었던 것이다. 이 농민운동을 통해서 표방된 요구들은 이 시기 미국 농업이 내포한 구조적 모순 내지는 해결해야 할 문제점들을 포태하였다. 그 문제는 바로 철도·금융·농산물가격 및 토지보유면에서 표출된 것이다. 다음에는 이들 문제를 중심으로 그 내용들을 언급하고자 한다.

1. 철도자본의 독점적 수탈

철도의 발달은 원래 산업혁명 자체의 주도산업으로 후발자본주의 국가에서는 국내 시장 창출을 위한 전제조건으로서 자본주의 발전 과정에 촉진적 역할을 했다고 평가된다. 미국의 경우도 철도자본은 산업자본의 첨병적 역할을 하는 동시에 서부 및 남부의 농민에 대해서 독점적 수탈[14]을 하는 첨병으로 농민들에게서 강렬한 비난을 받았다. 미국 철도자본의 독점적 수탈은 다음과 같은 방법으로 나타났다.

1 철도요금의 격차

미국의 철도자본은 서부 및 남부에서는 1개 지역에 1개 노선이 부설되어 있었으며, 그 독점적 입장을 이용하여 지역농민에게서 농산물 수송에 대해 부당하게 높은 요금을 징수하였다. 그 전형적인 예증이 〈표 1-4〉에 수록되어 있다. 이 시기에 시카고, 벌링턴 및 퀸시 철도(Chicago, Burlington and Quincy Railroad)는 미주리 강(The Missouri River)을 경계로 동과 서가 서로 다른 요금을 징수하였고, 이러한 상황은 서부 및 남부에서는 아주 일반적이었다. 이러한 농민의 잉여가치를 수탈하여 분배하는 데 참여한 것은 철도자본만이 아니었다. 동부에서는 석유 트러스트의 왕좌였던 스탠더드 석유회사(Standard Oil Company)가 철도회사에서 염가로 협정요금을 획득하여 독점적 지위를 강화하

---

14) 미국의 경우 최초의 독점형태는 풀(pool)이었다. 철도 부문은 그 대표적 부문 중 하나였다. 이로부터 철도자본의 조기적·독점적 성격이 나타났다.

〈표 1-4〉 시카고, 벌링턴, 퀸시 철도의 1톤 1마일당 요금

(단위 : 센트)

연도	시카고~미주리 강	미주리강 이서 지역
1876	1.39	
1877	1.32	4.80
1878	1.21	4.38
1879	1.11	3.74
1880	1.08	3.15
1881	1.16	3.20
1882	1.09	3.04
1883	1.03	2.72
1884	0.97	2.46
1885	0.96	2.25

출처 : F. A. Shannon, *op. cit.*, pp. 296~297.

는 한편, 철도회사에서는 석유의 수송요금에 대해 리베이트를 받으면서 저렴한 요금을 향수[15]하였다. 따라서 본래의 산업자본도 역시 농민에게서 독점적 수탈을 자행하였다.

2 유통의 독점화

서부 및 남부의 소맥 및 면화와 같은 상품작물시장은 생산지에서 상당히 멀리 떨어져 있기 때문에 농민이 농산물을 판매하는 곳은 인접한 집하지였고, 철도역이 있는 곳이었다. 농민은 그곳에서도 독점적 구매자와 대치되었고, 그에 따라 유통독점에 의해 수탈을 당하였다. 그 전형이 서부의 각 철도역에 상설되어 있던 곡물창고업이었다. 이 창고는 철도자본이 직영하는 것도 있고 독립경영체도 있었으나, 후자의 경우에도 철도자본과 창고업 회사는 동일 존재이거나 극히 밀접한 관계[16]에 있었다. 그 어느 쪽도 곡물창고업자는 농산물 품질등급 제도(the system for grading)를 이용하고 농민의 시장적 열세를 이용하여 농산

---

15) F. G. Manning & D. M. -Potter, *Government and the American Economy, 1870~Present*, New York, 1950, pp. 82~88.
16) 서부에 상설되어 있던 곡물창고는 주로 캔자스시티, 미니애폴리스, 댈러스 등에 소재하는

물을 부당하게, 싸게 매입해 버렸다.[17] 그 결과 농민은 기만과 상략(商略)에 의한 수탈에서 벗어날 수 없었다.

3 토지의 독점화

이 무렵의 철도자본은 투기 목적의 부동산 취급업무까지 겸하고 있어서 농지를 구입하려는 농민에게서 토지소유의 독점을 매개로 부당하게 높은 토지대금을 수탈하였다. 독립자영농민에게 농지의 무상배분 시행을 목적으로 했던 1862년의 자작농법(the Homestead Act)을 악용하여 남북전쟁 이후 공유지는 대폭 토지 투기업자 수중으로 집중되었다.

철도자본도 이와 같은 토지독점에 일익을 담당했던 것은 말할 것도 없다. 이 시기에 철도회사가 취득한 공유지는 총면적 1억 3,000만 에이커로 처분된 공유지의 9.5%에 달하였다. 그러나 이것은 전국의 평균치에 미치지 못하였는데, 반면에 북부 다코타(North Dakota) 주와 캔자스(Kansas) 주처럼 각각 23.7%와 15.6%라는 높은 비율을 나타내는 주도 있었다. 캔자스 주에서 철도회사의 취득지는 800만 에이커를 상회하였고 그 가운데 500만 에이커를 소유한 캔자스 태평양 철도(Kansas Pacific Railroad)회사를 필두로 대철도회사가 태반을 보유하고[18] 있었다. 따라서 많은 농민은 농경을 시작하기에 앞서 우선 이러한 토지 독점자본가에게서 농지를 구입하지 않으면 안 되었으며, 여기에서도 농민은 철도자본에 수탈당하지 않을 수 없었다.

더구나 농민은 철도자본 이외의 독점자본으로부터도 수탈을 당하고 있었다. 미국에서는 1880년대부터 1890년대에 걸쳐 트러스트 방식에 의한 독점형성이 강화됨에 따라 농민과 관련된 산업 부문에서도 독점이 형성되기 시작했다. 여기에서도 농민은 구입면에서 독점적 수탈을 당하게 되었다. 농업기계의 경우 가격은 1880년대 이후 고정화되었고, 1895년 이후 상승세를 나타내었다. 이는

　　대창고회사가 소유한 것으로, 그것은 철도회사와 동일한 존재이거나 긴밀한 관계를 가지고 있었다(F. A. Shannon, *op. cit.*, pp. 179~181).

17) *Ibid.*, p. 181.
18) V. Carstensen, ed., *The Public Land, Studies in the History of the Public Domain*, Madison, 1963, p. 129, pp. 323~324.

이 부문에서 자본이 집중되어 가는 현상을 표출한 것이었다. 그 예증으로 1880년대 미국의 농기계 제조기업 수는 1,943개에서 반감하여 910여 개가 되는 반면, 자본 총액은 6,000만 달러에서 1억 4,500만 달러로 증대하였다. 이와 같이 농민은 판매 및 구매 양면에 걸쳐 독점적 수탈에 노출되어 있었다.

2. 금융·재정상의 부담

미국은 남북전쟁 후 국립은행법(the National Banking Act)에 기초를 둔 새로운 신용제도가 발전했으나, 이것이 농업금융에 대해서 효과적인 것만은 아니었다. 원래 국립은행법은 장기 신용의 성격을 갖는 농업금융에는 크게 관심을 두지 않았다. 또한 국립은행의 은행권은 동부에 편재되어 있었기 때문에 기타 지역에서는 통화 부족 사태가 초래[19] 되었다. 따라서 자금을 간절히 열망하는 농민은 지방은행, 보험회사, 토지저당 금융사 및 기타 금융기관에서 고리의 자금을 기대할 수밖에 없었다. 그 결과 농민은 고리로 인해 금융사에 수탈을 당할 수밖에 없었고, 이 경우 자금은 금리가 낮은 동부로부터 유입되었기 때문에 서부는 동부의 식민지적 성격을 띠고 있었다.

한편 남부에서는 광범위하게 전개된 셰어 크로핑 제도를 토대로 남부 특유의 금융제도인 생산물 선취제(the croplien system)가 발달하여 크로퍼(cropper)를 중심으로 한 남부 농민은 여기에서도 고리적 수탈을 당하였다.

다음으로 재정, 특히 지방재정과 농민의 관계를 살펴본다. 남북전쟁 후 특히 서부 및 남부에서는 철도회사 및 토지 투기업자가 주정부의 재정적 원조를 받아 급속히 성장하였다. 캔자스 주의 경우 1888년 주정부가 발행한 주채 중 80%가 철도건설에 대한 원조였다. 그 결과 철도회사는 선로 1마일을 건설하는 데 명목상 투자액 중 54%를 주의 재정원조로 조달하였으며,[20] 그러한 조세부담은 주로 농민이 담당하였다. 주정부 재정수입의 주요 항목은 재산세였지만 그 가운데 동산은 과세대상에서 제외되고 부동산에만 과세되어 투기적인 대토지 소

---

19) F. A. Shannon, *op. cit.*, pp. 181~190.
20) H. Farmer, "The Economic Background of Frontier Populism", *Mississippi Valley Historical Review*, vol. 10, pp. 413~414.

유자와 철도회사 등은 교묘히 법률망을 피하여 조세부담에서 벗어날 수 있었으나 농업경영에 종사하는 농민은 그 부담을 피할 수 없었다.

이와 같이 농민들은 이자 및 조세부담에 고통을 당하면서 농업경영의 창설·유지·발전을 계획하였다. 이러한 상황에서 남부 및 서부의 농민들은 반독점투쟁을 전개할 수 있는 충분한 조건[21]이 되었다. 바로 이러한 현상은 1870년대 이후 미국의 농산물가격이 하락하게 되는 주요 요인으로 작용하였다.

3. 농산물가격의 하락

1870년대 이후 미국의 주요 농산물가격 동향은 〈표 1-5〉, 〈표 1-6〉에 수록된 바와 같이 장기적인 하락세를 나타내었다. 밀가격은 1873년 공황 후 하락하다가 일시적인 회복을 보였을 뿐, 1882년 이후 또다시 하락 일변도로 치달았다. 옥수수는 밀만큼의 하락세는 아니었으나 2회의 가격 회복을 보이다가 최종적으로 하락세로 반전되었다. 면화가격은 대부분 부단한 하락세를 보이는데다 그 비율마저 가장 현저하였다. 가축가격은 1870년대는 낮고 1880년대는 전반에 걸쳐 상당한 회복세를 나타냈으나, 그 이후 급락세로 전환되었다. 따라서 농산물에 대해서는 여러 가지 뉘앙스의 차이는 있어도 전반적으로는 하락하는 경향을 보였다.

이와 같이 1870년대 이후 농산물가격이 전반적으로 하락세를 나타낸 이유는 무엇이며, 또한 그것이 농경에 어떠한 의미를 갖는가? 이 점에 대해서 서부에서는 밀, 남부에서는 면화에 중점을 두고 약간의 검토가 필요하다고 본다. 그리고 가격이 하락하게 된 원인은 외부요인과 내부요인으로 분리해서 검토해 볼 필요가 있다. 1894년 밀 총수확고 중 10분의 4, 1890년 면화생산량 중 3분의 2가 해외 시장으로 수출되었다는 것을 고려할 때 외부요인의 중요성을 간과할 수 없을 것이며, 상기한 바의 농업생산력 상승문제를 생각하면 내부요인 역시 고려하지 않을 수 없기 때문이다.

---

21) 서부에서는 이자와 조세에 고뇌하고, 남부에서는 저당금융의 부담에 몰락하여 고통당하는 백인 소농층이 포퓰리즘(populism)의 중심세력이었다(F. A. Shannon, *op. cit.*, pp. 308, 314).

〈표 1-5〉 농산물 평균 시장가격(1870~1897년)

(단위 : 센트)

연도	밀 (1부셸)	옥수수 (1부셸)	면화 (1파운드)
1870~1873	106.7	43.1	15.1
1874~1877	94.4	40.9	11.1
1878~1881	100.6	43.1	9.5
1882~1885	80.2	39.8	9.1
1886~1889	74.8	35.9	8.3
1890~1893	70.9	41.7	7.8
1894~1897	63.3	29.7	5.8

출처 : J. D. Hicks, *The Populist Revolt, A History of the Farmer's Alliance*, Mineapolis, 1955, p. 56.

〈표 1-6〉 가축 1두당 가격(1870~1894년)

(단위 : 달러)

연도	가격
1870	22.84
1874	19.51
1878	19.05
1882	20.93
1886	22.20
1890	16.95
1894	16.84

출처 : U.S.D.A., *Historical Statistics of The United States*, Washington D.C., 1961, p. 290.

〈표 1-7〉은 1840년부터 1900년까지 60년간에 걸친 주요 농업생산력의 상승치를 요약한 것이다. 이를 보면 동일 기간 중 밀 53%, 옥수수 46%, 면화 35%에 달하는 생산성 상승세를 보였다. 그러나 이와 같은 생산성 상승세에 조응하는 가격변화(〈표 1-8〉 참조)는 하락경향을 나타냈다. 이와 같은 생산성 상승과 가격 하락 간의 상관관계는 농민의 생활을 상대적으로 어렵게 했고, 농경에 대한 의욕과 유인을 감소시키는 결과를 초래했을 것이라는 추리가 가능하다.

이러한 추리와 관련하여 섀넌(F. A. Shannon)은 이 시기 농민의 생활수준에 관한 분석을 통하여 밀생산에 종사한 농민들의 생활수준이 상당히 좋았던 1910년부터 1914년까지의 평균치와 1868년부터 1896년까지의 28년간을 비교하면 후자의 기간 중 기준치보다 생활수준이 높은 해는 5년에 불과했다고 분석하고

〈표 1-7〉 농산물생산에 요하는 노동 시간

연도	밀(100부셸)	옥수수(100부셸)	면화(1파운드)
1840	233	276	439
1880	152	180	318
1900	108	147	280

출처 : U.S.D.A., op. cit., p. 281.

〈표 1-8〉 1893년 중서부 3개 주의 옥수수·밀의 1에이커당 비용과 가격

(단위 : 달러)

〈옥수수〉

주 이름	생산비용	판매가격	1884~1893년간의 평균 가격
캔자스	8.60	6.60	7.90
네브래스카	9.41	6.80	7.58
남부 다코타	8.89	5.93	8.67

〈밀〉

주 이름	생산비용	판매가격	1884~1893년간의 평균 가격
캔자스	9.04	3.53	9.41
네브래스카	9.32	3.48	6.87
남부 다코타	8.57	5.93	7.52

출처 : H. Farmer, op. cit., p. 419.

있다.[22] 이어 농경의 문제와 관련하여 파머(H. Farmer)는 〈표 1-8〉에서 보는 바와 같이 1893년 미국 중서부의 3개 주에서는 밀 및 옥수수 1에이커당 판매가격이 생산비용을 훨씬 밑돌았다는 파멸적 경영 상태를 제시하였다. 〈표 1-8〉의 가장 우측란은 옥수수 및 밀의 1884년에서 1893년에 이르는 10여 년간의 평균 판매가격이다. 이는 1893년의 판매가격보다는 상당히 높지만 1893년에 이르는 10년간의 평균 비용이 1893년의 비용보다 훨씬 적다는 내용이 고려되지 않는 한 농업경영에 이익이 있다는 것을 주장하기에는 매우 곤란한 예증이라고 할 수 있다.

앞에서 제시한 두 가지의 예증을 통해서 농업생산력의 성과가 농업경영의 이

---

22) F. A. Shannon, op. cit., p. 111.

익성을 초래하여 농산물가격 하락을 유도했다고 판단하기는 어렵다고 할 수 있다. 오히려 상기한 바와 같이 농업생산력의 성과는 철도자본, 독점자본, 고리적 금융업자의 수탈 대상이 되었고, 농민은 그 수탈에서 벗어나려고 생산을 확장한 것이 오히려 과잉생산을 초래하게 됨으로써 1870년대에서 1894년까지 25년 사이에 밀의 경작면적은 1,899만 2,591에이커에서 3,488만 2,436에이커로 1.8배가량 증대하였고, 수확고는 2억 3,588만 4,700부셸에서 4억 6,026만 7,416부셸로 대략 2배 증가하였다.[23] 이와 같은 농업생산력의 증대는 농산물가격을 하락시키는 내부요인으로 작용하여 농민들 자신의 생활수준을 저하시키는 구조적 모순을 파생시켰다.

한편 남부에서 면화가격의 하락은 면화생산의 구조적 특질인 셰어 크로핑 제도와 생산물 선취제도(the croplien system)가 파생시킨 과잉생산에 그 원인[24]이 있었다. 남부에서는 지주 및 농촌상인의 농민에 대한 극심한 수탈이 농민들로 하여금 예속 상태에서 탈출하기 위해 생산증진에 매진케 함으로써 결과적으로 면화가격의 하락과 농민의 채무 노예제도의 몰락을 초래하였다. 따라서 1890년대 남부 농민들의 곤경은 더욱 심화되었고, 종래의 필수품들이 사치품으로 평가절상되었는가 하면, 밀가격은 싼 데도 밀빵 대신 옥수수빵을 먹지 않으면 안 되는 농가가 증가하였다.[25]

따라서 서부와 남부에서 상기한 바와 같은 경제구조상의 특질은 이 시기 농산물가격 하락을 초래한 내부요인의 한 요소로 작용하였다.

4. 토지보유의 변질

19세기 후반 미국 농업이 내포하고 있던 문제점들은 농민층의 분화 및 분해를 통하여 미국의 토지보유 상태를 현저히 변질시키는 요인으로 작용하였다. 다음에는 이와 관련하여 소작제의 발전과 농업노동자 증대에 중점을 두고 농민층의 분화와 분해 및 토지소유의 변질 과정을 고찰해 보고자 한다.

---

23) *Ibid.*, p. 417.
24) *Ibid.*, p. 116.
25) *Ibid.*, p. 118.

1 소작제의 발달

1880년에 실시한 제10회 미국 센서스에는 소작제에 관한 통계자료를 처음으로 공표하였는데, 이는 당시 미국에서 소작제가 급진전하는 추세에 있음을 반영한 것이었다. 그로부터 20년 후 1900년에 이르는 기간에 대한 소작제의 동향은 〈표 1-9〉에 제시되어 있다. 〈표 1-9〉를 보면 동 기간 중 소작경영의 비율이 9.8% 증가하고, 전 농업경영의 35.5%가 소작경영으로 되어 있다. 그러나 이 비율 자체는 사태의 본질을 얘기해 준다고 할 수 없다.

우선 북부 애틀랜틱 지역을 보면 소작경영 비율은 낮았다. 그러나 동 지역 중에서 잉글랜드 지역은 비교적 낮고 대서양 중부 지역은 북부 애틀랜틱 지역의 평균치보다 높아 오히려 후술하는 중서부의 비율에 근접하고 있다. 뉴잉글랜드 지역에서는 로드아일랜드 주를 제외하고는 비율이 낮아 코네티컷 주에서의 분익소작은 3.9%에서 2.6%로 감소하고 있음에 비하여, 현금소작은 6.3%에서 10.3%로 증가[26]하고 있었다. 이러한 경향은 뉴잉글랜드 지역에 걸쳐 가장 크게 진행된 농업자본주의의 발달에 조응하는 것이었다.

이에 비해서 남부 애틀랜틱 지역 및 남서부 지역 이남지방은 사정이 달랐다. 여기에서는 소작경영 비율이 전국적으로 가장 높았을 뿐만 아니라 분익소작, 즉 셰어 크로퍼의 비율이 높았다. 〈표 1-10〉에서 보는 바와 같이 남부 저지대의 소작 비율은 더욱 높아 남부 지역의 평균 비율을 훨씬 상회하고 있을 뿐만 아니라, 미시시피 주와 남부 캐롤라이나 주에서는 셰어 크로퍼를 포함한 소작경영 비율이 60%대를 상회하였으며 텍사스 주에서는 셰어 크로퍼가 42.4%에 달하였다.[27]

다음으로 북서부 지역을 보면 이 지역의 비율은 전국적 비율보다 낮고 소작경영의 심각성은 그다지 크지 않았다. 소작비율이 낮은 지역은 미시간 주와 위스콘신 주 및 북부 다코타 주 등이었으며, 여타 주로는 일리노이 주 39.3%, 캔자스 주 35.2%, 미주리 주 30.5%로 비교적 높은 비율을 나타냈다. 더욱이 1개 주 내에서도 지역에 따라 소작경영의 비율은 달랐다. 예컨대 일리노이 주 내에

---

26) *Twelfth Census of the U.S. Agriculture I.*, pp. 688~698.
27) F. A. Shannon, *op. cit.*, p. 314.

서도 동중부의 8개 지역은 그 소작 비율이 현저히 높았다. 〈표 1-11〉에서 보는 바와 같이 여기에서는 1900년의 소작경영 비율이 45.8%로, 숫자상만으로는 남부의 통계치에 근사할 정도로 높았다. 이들 8개 지역은 모든 지역이 증가추세를 나타내었고, 포드 지역의 경우 1900년에는 62.9%에 달하였다. 여기서 알 수 있듯이 이른바 중앙부에서 소작제의 전개가 현저히 진행되었음을 보여 준다. 캔자스 주와 미주리 주 등과 같은 주에서도 상기와 유사한 상태로 진행되었다.

서부 지역에서 소작경영이 높은 비율을 보인 곳은 태평양 연안지역이고, 다음으로는 중북부 지역 가까운 곳이었다.

1800년부터 1900년에 이르는 시기에 셰어 크로퍼를 위시한 소작경영의 증대는 서부 및 남부를 중심으로 전개되었다. 그리고 소작제 발달의 이면에는 토지소유의 집중이 수반되고 있었다. 한마디로 남부의 셰어 크로퍼 제도의 배후에

〈표 1-9〉 미국의 소작경영에 대한 비율(1880~1900년)

(단위 : %)

소작형태 지역	(I) 현금소작			(II) 분익소작			(I) + (II)		
연도	1880	1890	1900	1880	1890	1900	1880	1890	1900
전 국	8.0	10.0	13.1	17.5	18.4	22.2	25.5	28.4	35.3
북부 애틀랜틱	7.0	7.9	9.8	9.0	10.5	11.0	16.0	18.4	20.8
남부 애틀랜틱	11.6	12.8	17.9	24.5	25.7	26.3	36.1	38.5	44.2
중 북 부	5.2	7.7	9.5	15.3	15.7	18.4	20.5	23.4	27.9
중 남 부	11.8	14.0	17.3	24.4	24.5	31.3	36.2	38.5	48.6
서 부	5.5	5.0	7.7	8.5	7.1	8.9	14.0	12.1	16.6

출처 : Twelfth Census of the U.S. Agriculture I., pp. 688~689.

〈표 1-10〉 1900년의 남부 저지역 주의 소작경영 비율

(단위 : %)

소작형태 주 이름	현금소작	분익소작	합계
앨 라 배 마	33.3	24.2	57.7
조 지 아	26.2	33.7	59.9
루 이 지 애 나	25.0	30.0	58.0
미 시 시 피	32.0	30.4	62.4
남부 캐롤라이나	36.7	30.3	61.1
텍 사 스	7.3	42.4	49.7

출처 : F. A. Shannon, op. cit., p. 418.

〈표 1-11〉 일리노이 중동부 8개 지역의 소작경영 비율

(단위 : %)

지역명 \ 연도	1880	1890	1900
샴페인(Champaign)	37.0	38.5	47.2
포드(Ford)	44.6	53.7	62.9
이로고이스(Iroguois)	38.6	40.8	50.3
캔카키(Kankakee)	25.2	32.3	38.2
리빙스턴(Livingston)	42.0	45.2	54.6
맥클린(Mclean)	36.0	40.3	50.2
피아트(Piatt)	43.4	47.3	51.2
버밀리온(Vermilion)	38.1	40.1	44.6
평 균	38.0	41.5	45.8

출처 : M. B. Bouge, *Patterns From Sod : Land Use and Tenure in the Grand Prairie, 1850~1900*, Springfield, 1959, p. 263.

는 지주이자 상인이며 또한 은행가이자 자본가이기도 한 자산가 계급이 엄존하고 있고, 그들은 남부 인구의 6분의 1을 구성하는 독자적 계급을 구성하였다. 나아가 일리노이 주 중동부 지역의 실태를 검토한 〈표 1-11〉에 나타나 있는 바와 같이 소작경영이 행해진 토지에는 1,000에이커 이상의 토지소유자가 56명이나 존재하였고, 그 지주들 가운데 최대는 1만 3,000에이커 규모의 토지를 소유하고 있었다.[28] 이상의 논거를 고려하면 소작제가 발전한 배후에는 토지소유의 독립화가 강화되고 있었다고 볼 수 있다.

2 농업노동자의 증대

농민층의 분화와 분해는 소작제의 발달을 초래하였으나 또한 프롤레타리아트도 창출하였다. 농민층의 분해에 수반하여 농촌에서부터 도시로 방대한 인구가 유입되었고,[29] 동시에 농업 프롤레타리아트도 창출되고 있었음을 상정할 수 있다. 〈표 1-12〉는 이에 관한 통계이다. 표의 B란은 모든 종류의 소작지(hired

---

28) M. B. Bouge, *Patterns From Sod : Land Use and Tenure in the Grand Prairie, 1850~1900*, Springfield, 1959, pp. 261~262.

29) F. A. Shannon, *op. cit.*, p. 357.

〈표 1-12〉 농업노동 통계(1870~1900년)

(단위 : 명)

구분	1870	1880	1890	1900
A. 농업종사자 총수	5,919,993	7,663,043	8,456,363	10,249,651
B. 농업노동자	2,885,996	3,323,826	3,004,061	4,410,877
B/A(%)	48.7	43.7	35.3	43.0

출처 : F. A. Shannon. *op. cit.*, p.361.

land)가 포함되기 때문에 정확한 것은 이 표로써 판단하기 어려우나 이 통계치에 셰어 크로퍼와 소작인을 가산하면 1880년부터 1900년 사이에 얼마나 많은 농민이 토지소유에서 이탈되었는지 알 수 있다. 이와 같은 독점적·금융적 수탈하에서 19세기 말 미국 농민의 토지보유형태의 변질 과정이야말로 이 시기 농업이 안고 있는 문제점 중의 제1요소로 작용하였다.

4. 결 언

이상으로 19세기 후반 독점·금융 자본주의 형성기에 유럽 농업공황의 가해국이었다고 하는 미국의 농업구조를 분석하기 위해 이 시기 미국 농업의 기초구조는 어떠한 상황에 있었는지, 그리고 그 기초는 내부적으로 어떠한 문제점을 포태하고 있었으며, 그것은 어떻게 탈출구를 모색하였는지를 정리하였다. 여기에 그 내용을 요약·정리하는 동시에, 그것이 현대의 농업문제와 어떻게 결부되어 있는지를 언급하면서 결언에 대하고자 한다.

19세기 후반 미국 농업을 형성한 기초구조는 다음과 같이 요약할 수 있다.

(1) 미국 농업은 남북전쟁 이후부터 박차가 가해진 대륙횡단 철도 붐에 편승한 서점운동(Westward Movement)에 병행하여 급성장한 데에 발전의 기틀을 가지고 있었다. 이러한 농업발전의 기틀은 '세계의 공장'으로 자만해 있던 영국 산업자본주의가 국제분업체제를 재편성하는 과정에서 영국 면공업의 원료공급자로서, 동시에 영국 제품 수출의 20%를 흡수하는 최대의 해외 시장으로서 정의됨으로써 잡혀진 것이었다. 그러나 이와 같은 식민지·반식민지체제에

출발한 미국 농업의 내부구조는 우선 남부와 북부의 농업이 결정적인 상위성을 가지고 지역 간 분업체제를 유지하면서 특유의 발전요인으로서 유리하게 전개하여 왔다.

(2) 그것은 유럽처럼 지대의 부담이 없는 자유지(自由地)가 광대하게 전개되어 있고, 유럽을 위시하여 기타 세계 각처에서 양질의 노동력을 가진 이민층이 지속적으로 급격히 유입됨으로써 부족한 노동력을 농업 부문으로 흡수할 수 있는 생산주체에 대한 조건 완비, 영농개발과 농업기계의 개발 및 실용화가 급진전하여 농업생산력이 상승함에 따라 19세기 후반쯤에 이르러 미국 농업은 '세계의 농장'으로서의 역할을 담당하게 되었다.

미국 농업의 '세계의 농장'으로서의 성장이 농산물 수출증대로 연결되는 것은 자연스러운 귀결이었다. 이에 따라 미국은 남북전쟁 직전에서부터 1870년대에 이르는 서점운동의 결과, 더욱 확대된 농장에서 수확된 밀의 수출 신장률은 20배 이상, 면화의 신장률은 2.5배 증가세를 나타냈고, 기타 옥수수와 귀리 및 사료작물과 나아가 축산물에 대한 수출 역시 신장세를 기록하였다. 1870년대 이후 미국의 무역이 수출 흑자로 전환하게 된 배경에는 이와 같이 농업 확대에 수반된 농업수출이 증대하였던 데에 큰 원인이 있었다.

(3) 19세기 후반기 유럽의 농업공황과 미국 농업의 연관성을 고려해 보면 공황의 발현 및 대응 과정이 각국에서 다양하게 시현되었다고는 하나, 이 시기의 농업공황의 특징이 농산물가격 하락현상으로 나타나 그 상태가 장기적으로 지속되어 농업이윤이 감소되었던 공통점을 발견할 수 있음을 감안하면 미국의 농업도 그 고통에 직면하고 있었으리는 것을 알 수 있다. 단지 이 시기 미국의 농업공황은 지역별·부문별에서 불균등한 상황이었다는 것뿐이다. 따라서 이 시기 미국의 농업은 서부보다는 동부가, 축산물보다는 곡물 부문에 타격이 심하였다.

(4) 산업화의 심화기와 맞물려 엄습한 농업불황의 국면에서 상대적으로 불리한 여건에 놓이게 된 미국의 농민은 전국적인 조직을 결성하여 농민운동을 전개하는 특징을 띠었다. 그들의 모토는 경제면에서는 협동과 협동구매를 촉진하고 정치면에서는 철도규제를 촉진하면서, 주정부에 대해서는 압력단체로 작용하여 규제입법을 실현하기도 하였다. 그리하여 이들의 활동은 남북전쟁 이후 농산물 장기 물가하락으로 이윤이 감소되던 농민들에게서 상당한 지지를 얻어

정치력을 발휘하였다.

다음으로, 미국의 농업구조상에 내포된 문제점들이 농민운동을 통해서 노출하게 된 이면적 내용에는 다음과 같은 사실이 내재되어 있었다.

(1) 철도의 독점적 입장을 이용하여 농민에게서 농산물 수송에 대해 부당하게 높은 요금을 징수하는 철도자본에 의한 수탈과, 농산물 판매 과정에서 시장적 열세에 놓인 농민들에게서 창고업자들이 농산물을 염가로 매입하는 데서 발생한 유통독점, 토지 투기업자들에게 집중된 토지를 고가로 매입하는 데서 발생한 토지독점현상이 농민들을 고통으로 몰아넣었다.

(2) 남북전쟁 후 신설된 국립은행법의 본질이 농업금융에는 효과적이지 못하고 고리적 금융기관에 의존하게 됨으로써 금융·재정상의 부담이 증대한 결과, 서부의 경제가 동부의 식민지적 성격을 띠고 남부에서는 셰어 크로퍼 제도가 확대되었으며, 부동산에만 과세되는 재산세제로 인해 농민들의 재정적 부담이 크게 증가하였다.

(3) 농업부문의 생산성의 상승이 오히려 철도자본, 독점자본, 고리적 금융업자의 수탈 대상이 되자, 여기서 탈출하기 위해 생산을 확장한 결과 과잉생산을 초래함으로써 농산물가격이 하락하는 내부요인으로 작용하여 농업이윤이 감소하고 농민의 생활수준을 저하시키는 구조적 악순환이 반복되었다.

(4) 이러한 과정이 되풀이되는 동안에 미국의 농업은 아이러니컬하게도 셰어크로핑 제도와 같은 소작제가 발생하고 농민층이 분해되어 농업노동자가 증대하는 문제점을 내포하였다.

농업구조상의 문제점을 해결하려는 노력은 그랜저 운동(Granger Movement)과 그린 백(Green Back) 운동 및 포퓰리즘(populism) 내지 포퓰리스트 운동(Populist Movement)으로 결집, 표출되었다. 이러한 구조상의 문제점들은 1890년대 후반기 농업이 장기 호황국면으로 전환되면서 일부는 개선 또는 시정되기도 하였고, 일부는 호황 상태에 잠입된 농민들의 심리적 상태에서 용해되기도 하였으며, 일부는 더욱 강화된 독점자본의 운용체제 속에 편입됨으로써 해소의 길을 모색하였다.

참고문헌

Benedict, M., *Farm Policies of the History*(New York, 1960).

Bogart, E. L. & Kemmer, D. L., *Economic History of American People*(New York, 1944).

Bouge, M. B., *Patterns From Sod : Land Use and Tenure in the Grand Prairie, 1850~1900*(Springfield, 1959).

Carstensen, V., (eds.), *The Public Land, Studies in the History of the Public Domain*(Madison, 1963).

Faulkner, H. U., *American Economic History*(New York, 1960).

Kendrick, J. W., *Productivity Trends in the United States*(New York, 1961).

Lewis, C., *America's Stake in the International Investment*(New York, 1983).

Lipsey, R. E., *Price and Quantity Trends in the Foreign Trade for the United States*(New York & Toronto, 1963).

Manning, F. G. & Potter, D. M., *Government and the American Economy, 1870~Present*(New York, 1950).

Mitchell, B. R. & Dean, P., *Abstract of British Historical Statistics*(Cambridge, 1962).

Nourse, E. G., *American Agriculture and the European Market*(New York, 1942).

Shannon, F. A., *The Farmer's Last Frontier*(New York & Toronto, 1945).

Strauss, F. & Bean, L. H., "Gross Farm Income Indies of Farm Production and Prices in the United States, 1869~1937", U.S.D.A., Technical Bulletin(1940).

Tracy, M., *Agriculture in Western Europe*(N.Y.U. Press, 1964).

_____, *Government and Agriculture in Western Europe 1880~1988*(New York, 1989).

Dan Morgan, NHK食糧問題取材班 監役, 『巨大穀物商社アメリカ食糧戰略にカげそ』(日本放送出版協會, 1982).

エリ・ア・メンデリンソ, 飯田貫一 譯, 『恐慌の理論と歷史』, 弟1冊(岩波書店, 1964).

生木田保夫, 『アメリカ國民經濟の生成と鐵道建設』(泉京大, 1978).

小澤建二, 『十九世紀後半のアメリカにおける農民運動の展開』(東京大, 1968).

鈴木圭介, 『アメリカ資本主義形成期の基礎構造』(弘文堂, 1978).

田島惠兒, 「獨占形成期アメリカ農業に關する若干の考察」, 『土地制度史學』 第29號.

室谷哲, 「19世紀末アメリカ農民運動再考」, 『土地制度史學』 第90號.

本田創造, 『アメリカ南部奴隷制社會の經濟構造』(岩波書店, 1964).

제2장
대공황기 미국의 농업

1. 서 언　172
2. 1920년대 미국의 농업구조　174
3. 대공황기(1929~1933년)의 농업　191
4. 결 언　204

1. 서 언

19세기 후반 독점자본주의 단계에서 세계의 농장으로 성장한 미국의 농업은 20세기 초에도 호황을 누렸을 뿐만 아니라 제1차 세계대전을 통하여 붐을 이루었다. 사상 초유의 대전에서 전장으로 변화된 유럽의 농업은 대전에 동원된 농업노동력의 감소와 육・해상수송로의 파괴 및 농경지의 피폐로 경작 포기가 잇달아 파멸 상태에 이르렀다. 이에 반해 지대(地代)가 없는 광대한 평야에 기계화된 영농을 대규모로 구비하고 해운수송력까지도 구축한 미국의 농업은 유럽에서 농산물의 수출수요가 급증함에 따라 특수전시 붐을 누리게 되었다. 이러한 특수전시 붐은 여타 산업, 특히 공산품에도 번져 유럽을 위시한 기존의 유럽 여러 나라 시장 지역에서 수출 주문이 쇄도하였다.

1918년 11월 대전이 종결되면서 세계자본주의 경제는 국제금융면에서 채권・채무국의 지위가 유럽 주도의 경제에서 미국 우위의 경제로 역전되었으며, 산업구조, 특히 농업 부문에서 유럽 농업의 쇠퇴와 북아메리카를 위시한 대서양 연안 여러 나라의 농업생산이 비약적으로 확증되었다. 대전시 전장이었던 유럽 대륙의 공업 부문은 초기에는 전형적인 군수경기 또는 전시경기를 초래하였으나 대전이 장기화됨에 따라 공업생산고가 저하되고 부문 간에도 생산불균형이 심화되어 연합국 측의 수입 규모는 미증유의 규모로 증대되어 갔으며, 전범국가 독일의 경제 역시 세계시장에서의 봉쇄와 패전으로 인한 전쟁배상금 지불 등으로 피폐 상황이 절정에 달하였다.

영국의 경우 도매물가 지수는 상승일변도로 치달아 1913~1920년 사이에 100에서 295.3이 되었고, 선철 및 석탄, 조선업은 2분의 1 수준 이하로 생산 저하를 나타낸 반면, 수입 초과액은 매해 증대되어 1915년은 전년 대비 2배중 이상 되는 1억 9,750만 파운드에서 3억 6,790만 파운드, 1918년에는 7억 8,380만 파운드라는 미증유의 최고 기록을 내었다. 전 국토가 대전장이었고 독일군에게 내수지방을 점령당하였던 프랑스는 더욱 심하여 대전 중 공업 총생산지수가 1913년 대비 1919년 57% 이하로 격감, 수입 초과액은 1917년 215억 4,100만 프량으로 1913년의 14배를 기록하였다.

개전 직후 미국 경제는 한동안 중앙 유럽과의 관계단절과 경제봉쇄 및 기타 여러 나라와 관계혼잡으로 미묘한 곤란 상태에 처하였으나 1915년 하반기부터는 경기호전에 결정적인 호기가 도래, 감소세에 있던 석탄·철광·선철·강철 및 동(銅) 등 각 산업 부문이 회복세로 돌아섰다. 나아가 발전력·석유·자동차 등 신흥산업 부문은 정체를 모르고 전시기간을 통하여 시종 증산되었다. 이어 유럽 여러 나라의 수입수요 급증에 부응하여 미국의 공업생산 부문은 전반적인 회복세로 선회, 수출이 급증하기 시작하면서 1916~1918년 사이에는 30억 달러 이상, 1919년에는 40억 달러 이상의 수출초과[1]를 기록하였다.

이러한 와중에서 대전 이전 세계의 패권국이던 서유럽 공업국은 대부분 그 지위를 상실하여 채무국의 지위로 역전되는 반면, 미국은 채권국으로서 세계 최대의 공업국가로 비약 상승하였다. 유럽 열강의 채무국으로의 전환에 대응한 미국의 채권국가로서의 역전환은 대전에 의한 유럽 여러 나라의 과소생산과 그것을 보전하려는 미국의 생산확대라고 하는 자본주의 세계의 생산력 배치에서 유럽과 미국 간의 지위의 역전, 유럽 열강의 경제력 피폐에 대한 미국 경제의 결정적인 우위를 확립했음을 의미하였다.

이러한 세계경제구조의 변환은 농업에도 그대로 적용되었다. 대전으로 농경지가 전쟁터로 화하고 농업노동력이 병사로 징집되었던 유럽 대륙의 농업은 농경지가 방치되고 우마(牛馬)마저 전장으로 동원되었으며, 농기계 및 화학비료는 군수 목적으로 사용되는 동시에 영양사료의 수입이 중단됨에 따라 가축마저 피해를 당함으로써 경지는 수확력을 잃고 우유는 착유력을 잃어 갔다. 이와 같은 유럽 농업생산의 감퇴는 유럽 농산물, 특히 밀 등과 같은 식량곡물가격의 이상 등귀를 초래하였다.

공업 부문에서 유럽 제국의 과소생산과 그 보전을 위한 미국 산업의 생산 확대라는 생산력 배치 전환은 농업에도 적용, 유럽 농업의 피폐에 수반된 수입수요와 가격 상승은 미국을 위시한 대서양 연안 국가들의 곡물 수출증대→농산물에 의한 소득증대→생산증(확)대 노력을 수반하면서 농업에서도 미국의 절대우위를 확립시켰다. 이로써 대전을 통하여 미국은 전 산업 분야에 걸쳐 세계

---

1) ヴァルガ, 永佳道雄 譯, 『世界經濟恐慌史』, 第1卷, 第2部, 岩波書店, 1967.

경제에서 절대우위를 확보하는 동시에 전시호황을 향유, 이 시기의 번영이 '영원한 번영'이 되었다. 이를 계기로 미국 농업은 국내 산업 규모에서 수출산업으로 전향하여 수출곡물에 대한 생산확대를 급속히 진전시켜 나갔다.

미국의 농경지 확장률은 1910~1919년 사이에 밀 18.6%, 옥수수 1.9%, 면화 -4%를 기록하였고, 축산 부문에서도 소 21.3%, 돼지 13.9%의 성장[2]을 보였다. 급속한 생산확대는 노임을 등귀시키는 한편, 이에 대응한 경영주층의 노동강화 및 트랙터화의 급진전을 가속화시켰을 뿐 아니라 경지확대에 수반된 지가 등귀와 신용거래의 급증을 파생시켰다. 그리고 그것은 세계 자본주의 경제와도 밀접한 영향을 주고받으면서 다각적인 문제점을 잉태해 갔다.

다음은 1930년대 초 미국 농업대공황의 발현 과정을 역사적인 인과관계에서 구명하려 한다. 뒤에서 설명하겠지만 1929년 여름부터 가격 붕괴에 들어가기 시작한 후 1933년까지 지속되었던 미국 농업대공황의 연원은 제1차 세계대전의 전시 붐기 급속히 확대된 농산물 수출수요가 해외의 경제적 상황변화 및 국내 산업경기와 연관되고 나아가 농업 자체가 내포하고 있는 특성과 맞물려 지속되었던 데에 있다. 따라서 전시 붐기 이후부터 파생된 제반 농업상황에 대한 규명이 없이는 대공황기의 농업 상황을 규명하기는 불가능한 일이다. 이에 여기에서는 제1차 세계대전의 전시 붐기 이후부터 1920년대 상대적 안정기를 거쳐 대공황기까지의 미국 농업 상황이 어떠한 메커니즘 속에서 전개되어 갔는지를 분석해 보고자 한다.

2. 1920년대 미국의 농업구조

1. 전시 붐과 그의 붕괴(1914~1921년)

미국 농업의 전시 붐은 제1차 세계대전 발발 직후부터 전개된 것은 아니다.

---

[2] U.S. Dept. of Commerce, *Historical Statistics of the United States*(이하 Hist. Stat.라고 표기함), 1920, pp. 289~290.

오히려 면화 부문은 풍작과 개전의 쇼크로 한동안 거래가 정지되고 밑바닥을 헤매었다. 수출이 전체적으로 상승한 것은 대전이 장기화하기 시작한 1915년에 들어서면서부터였다. 수출증가는 주요 식량인 밀이 주도하였고 농가소득을 증대시키는 요인이 되었다. 미국 농산물 수출증가의 요인은 대전으로 인한 유럽 농업의 생산감퇴에 있었다. 대전으로 유럽의 농업은 농경지 파괴와 집약농업에 필요한 비료 등 생산수단의 입수난과 노동의 생산성 저하 및 수천만에 달하는 농업인력의 병사동원과 공업노동력으로의 흡수라는 3중적 파괴요인[3]을 내포하고 있었다.

대전 이전 3,500만 톤 이상에 달하던 유럽의 밀생산고는 1914~1918년 사이에 2,500~2,600만 톤으로 저하되어 1,000만 톤 이상(29%)의 급감현상을 보였다. 그 결과 유럽은 식량 부족 사태를 맞아 수입 밀집산지인 리버풀 항구의 밀 가격은 1915년에는 1913년 대비 1.6배, 1917년 이후에는 2.2배 이상의 폭등세로 돌아섰다. 이 영향으로 해외의 농업수출 제국, 특히 신흥농업국들의 생산성 증가현상이 크게 촉진되면서 1914년 이후 유럽과 해외국들의 밀 생산 그래프는 역전현상을 보이게 되었다.

그중에서도 캐나다와 미국의 밀 수출 증가량은 압도적이어서 캐나다의 경우는 대전 이전 수준보다 1.6배, 미국은 2.4배의 증가세를 보였다. 1913년 미국의 밀 수출은 1.46억 부셸에서 1918년 2.77억 부셸의 수출량을 기록하면서 1914·15~1915·16년 사이 4,200만 달러에 불과했던 농업수출 증가액이 1917·18~1918·19년 사이에는 12억 9,900만 달러로 급속히 확대[4]되었다. 이에 자극을 받아 미국은 식량관리 및 증산에 주력, 농업을 종래의 국내 산업 규모에서 수출산업으로 전환하고 주요 식물, 특히 밀 중심의 생산확대를 적극 추진하였다. 이의 영향으로 서부의 건조지가 경지가 되고 동부의 목초지에도 다시 밀이 파종되기 시작했다. 이로써 1900~1910년 사이 2,800만 에이커이던 밀 경지는 1910~1920년 사이 5,500만 에이커로 급속히 확대되었다. 경지확대가 피크를 이루던 1920년에는 상당한 지가 등귀가 수반되었다.

---

3) A. Lewis, *Economic Survey 1919~1939*, New York, 1949, p. 16.

4) U. S. Dept. of Agriculture, *Yearbook of Agriculture*, 1922, p. 617 ; 玉野井芳郎 編著, 『大恐慌の研究』, 東京大出版部, 1982, p. 366.

주요 식량의 증산 및 수출곡물의 급증현상은 타 부문에도 파급, 축산보유고 및 그 수출 수준도 상승하였다. 축산의 수출증가는 1913년과 1918년을 대비하면 돼지고기가 9.2억 파운드에서 27억 파운드로, 쇠고기는 동일 기간 중 1.51억 파운드에서 5.91억 파운드로 증대해 갔다. 이러한 수출증대는 해외의 수요가 증대함으로써 유지되는 호황이었다. 그렇다고 해서 농산물가격 등귀가 반드시 수출증대에만 연유했던 것도 아니었다.

이는 대전 직후 독일 시장의 폐쇄로 수출이 급감세에 있던 면화가격이 급등세로 돌아선 데에서 확인되었다. 미국의 면화는 1913년 대비 1918년에는 오히려 378만 베르(1913년 생산량의 27%)에 달하는 대폭의 수출감소세에 있었음에도 가격은 2.32배 등귀한 데다가 국내 소비 역시 164만 베르 증가세에 있었다. 이는 대전기간 중 유럽의 교전국을 위시한 기존의 유럽제품시장지역에서 미국의 면제품에 대한 수입수요가 증대되면서 초래된 공업 붐의 영향으로 원료에 대한 내수의 확대가 수반되었기 때문이었다.

전시 붐은 1919년 전반기 종전의 혼란기를 거쳐 전후 붐으로 연결되었다. 동원 해제와 통제 철폐는 호황으로의 박차를 가하였다. 전시경제에서 평시경제체제로의 이행 과정에서 유럽에서는 부흥수요(Nachholdberf)와 전시의 영향을 받은 가수요(pent-up-demand)현상이 야기되는 동시에 미국을 비롯한 각국의 팽창주의적 재정금융정책이 자금면에서 그것을 부추겼다. 호황은 1920년에 들어서서는 '붐'이 되고 투기성을 띠어 갔다. 경기가 투기성을 띠자 정부는 공채 정지와 흑자화, 연방준비은행의 이자율 인상, 차관수출 삭감을 주요 수단으로 하는 재정금융 정상화를 골자로 한 억제조치를 취하였다. 이를 계기로 1920년 후반부터 미국의 붐 상황은 소강상태로 전환되었다.

농업의 동향은 일반 경기와 병행하였으나 여기에는 이미 무시할 수 없는 격차가 발생하고 있었다. 즉 1919년 여름에는 서부의 목장지대에 가뭄으로 인한 사료부족 사태가 야기되었다. 당연히 사료비의 인상이 수반되었고, 이를 감당하지 못한 상당수의 목축업자가 파산하는 한편, 보유가축을 덤핑 투매하는 사태가 야기되어 축산가격이 대폭 하락하였다. 그것은 과잉누적으로 발생한 가격하락이었다. 그러나 이 가격 붕괴는 전반적인 동향의 영향으로 1920년 인하가 정지되기는 하였으나 그 영향을 불식할 수 없었고, 이를 계기로 전시를 통하여 유지되어 온 가격의 상대적 우위를 상실하였다.

〈표 2-1〉 미국의 밀 수확고·가격·수출고

연도 \ 적요	수확고	가격	수출고
	백만 긴다르	부셸당 달러	백만 부셸
1919	259.1	2.34	222.0
1920	229.5	2.23	369.3
1921	222.9	1.25	282.6
1922	230.4	1.14	224.9
1923	206.4	1.02	159.9
1924	228.6	1.58	206.8

출처 : ヴァルガ, 永佳道雄 譯, 『世界經濟恐慌史』, 第1券, 第2部, 第42表, 岩波書店, 1967, p. 266.

이 무렵 면화가 앞서 설명한 요인 때문에 폭등하였고, 곡물 역시 1920년에 들어서서는 투기적으로 폭등하는 분위기에 휩싸여 전반적인 붐 상황이었다. 따라서 1920년 봄 농민은 격차에서 발생하는 가격차를 감지하지 못한 채 전반적인 붐의 영향하에 일반 물가가 급등하는 상태에서 당해 연도 경작을 개시하였다.

종합적으로 미국의 농산물가격은 1920년 4월 정점에 달하고 그 이후 11개월 간 계속 하락세로 반전하였다. 이해 미국의 소맥수확고는 전년도 대비 감퇴하고 가격은 하락하는 반면, 수출고는 현저히 증가하는 추세였다. 이어 1921년에는 수확고 및 가격면에서 현저한 감퇴와 하락세가 계속되는 속에서 수출고 역시 전년도 대비 상당한 감퇴를 보였다(〈표 2-1〉 참조). 이를 계기로 전시 붐의 기류를 타고 유지되었던 농업의 상대적 우위는 의미를 상실하고 다양한 측면으로 취약점이 노출되면서 붐은 붕괴되었다. 그것은 우선 생산면과 경영측면에서 나타났다.

생산면의 취약성은 전시 붐기 이후 지속되었던 과도한 확장에 있었고 가격폭락에 직면하자 조정을 강요당하는 상황이 되었다. 경영 측면의 취약성은 전후 붐 말기에 가속화되었던 것으로, 고정적 경비와 비생산적 경비를 비롯한 제경비의 팽창과 신용=부채의 증가에서 두드러지게 나타났다(〈표 2-2〉 참조). 〈표 2-2〉에서 주목해야 할 점은 노임을 비롯하여 조세·저당이자 및 자재비용에 이르기까지 모든 비용지출이 급증한 점이다. 우선 이 통계치를 통하여 추정할 수 있는 것은 일반적으로 공업동향에 의해 규정되던 임금수준이 급등하자 농업고용량이 감소되었고(이를 환언하면 자본가적 관계 축소), 이에 수반된 자재비 가

〈표 2-2〉 미국 농가지출의 팽창(1910/14~1920)

구분	1910~1914 평균 백만 달러	1920 백만 달러	배율(%)
경영비 종합내역	3,716	8,837	238
노 임	782	1,790	229
조 세	196	483	246
저당이자	251	574	228
자 재 비	2,040	4,933	245
생 계 비	4,499	9,009	200

출처 : Historical Statistics of the United States, 1921, pp. 280~286.

격증가로 집약화=실질적인 지출증대가 이루어진 점이다. 다음으로 전시 초기에는 낮은 수준에 있던 조세 및 저당이자가 전후 붐기에 급증세를 보인 점이다. 조세의 팽창은 지방 공공단체의 행정, 학교·도로건설 등 서비스 비용의 실질적인 증액을 뒷받침하는 증세의 결과라는 점을 감안하면 지가 상승 및 생활수준 향상 또는 생계비 팽창을 반영하였음을 유추할 수 있다. 그리고 저당이자의 증가는 농가부채의 증가를 의미하는 것으로 판단할 수 있다.

사실 전시 붐을 통해서 미국 농업에서는 토지매매 건수의 증대와 지가 등귀 현상이 수반되어 이에 상응하는 자금이동이 20억 달러에 달한 해도 있었다. 이 시기 토지 구입은 자작화를 위해 행하여진 것이 아니라 투기 목적으로 행해졌다. 등귀를 예상하고 매매가 투기성을 띠면서 5%의 계약금을 지불하고 나머지 자금조달은 1번 및 2번 저당, 그리고 경우에 따라서는 은행 담보의 방법이 광범하게 행해졌다. 붐기에 매매했던 부문에서는 축재의 방편이 되기도 하였으나 고가에 매입하여 붕괴기까지 보유하고 있다는 것은 부채증가를 의미하는 것이었다. 이 시기 이들이 투여한 자기자금이나 차입자금은 타 농민을 부유케 하기도 했으나 대부분 은퇴 농민 또는 투기자에게만 이익이 되게 하면서 농외 부문으로 유출되었다. 이리하여 전시 붐기의 지가 등귀는 일부의 농경자들을 강화시킨 면도 있었으나 오히려 농민 일부에게는 거액의 부채와 이자부담을 안겨 주었고, 후에 미국의 농업문제를 심각하게 야기시키는 요인이 되었다(〈표 2-3〉 참조).

이는 축산 부문에서도 마찬가지였다. 축산의 확대, 특히 개량품종의 채용은 졸부(get-rich-quick)가 되는 첩경으로 이 부문에서도 붐이 발생하였다. 그러나

〈표 2-3〉 1914, 1920년도 미국의 농가자산·부채 및 지가등귀 상황

구분		1914	1920
농가 자산	종합토지건물	395.2(억 달러)	663.2(억 달러)
	농업용 기계·도구	×	35.9(억 달러)
	가축재고	61.5(억 달러)	80.1(억 달러)
	작물재고	25.7(억 달러)	60.9(억 달러)
부채	저당부채	47.1(억 달러)	59.7(억 달러)
	단기은행차입	16.0(억 달러)	34.6(억 달러)
	기타 단기차입	16.0(억 달러)	16.1(억 달러)
비영농용 농가자산	현금·은행 예금	16.1(억 달러)	38.0(억 달러)
지가 등귀	미네소타 주	66(달러/에이커)	124(달러/에이커)
	남부 다코타 주	57(달러/에이커)	110(달러/에이커)
	네브래스카 주	74(달러/에이커)	135(달러/에이커)
	아이오와 주	96(달러/에이커)	227(달러/에이커)

출처 : L. G. Gray, "Accumulation of Wealth by Farmers", *American Economic Review*, 1923, Supple, pp. 160~163.

붐에 편승한 가축 보유의 급증은 자기자금을 소비시켰을 뿐 아니라 차입을 증대시키는 동시에 더 고가로 팔렸을 사료를 자가소비시킨 이외에도 추가분의 구입마저 필요로 하였다. 그것은 과잉으로 투매되는 자산증가에 불과한 것이었다. 따라서 토지·가축·작물 중 어느 것이든 장기적 물적 자산의 증가는 농가자산의 유동성을 제한하고 차입을 증가시킴으로써 후에 농업의 곤란을 증폭시키는 요인으로 작용하였다.[5]

생산 및 경영면에서의 취약성이 누적되면서 붐은 종말에 근접하고 있었다. 앞에서 설명한 바와 같이 재정금융상의 정상화가 실시되고 선박 사정이 완화되어 해외 농산물이 유럽에 도착, 부족하던 물품이 충족되기 시작하면서 과도했던 전시 확장의 크기만큼 미국은 공황에 빠져들었다. 전시호황이 여타 산업에 비해 수출 의존적이었던 미국의 농업은 과잉축적=재고누적(유럽 농산물의 상대적인 증가에 의한)으로 더욱 큰 고통을 당했다. 뿐만 아니라 앞서 설명한 바와 같이 패닉

---

[5] D. Friday, "The Course of Agriculture Income during the Last Twenty-Five Years", *American Economic Review*, 1923, Supple, p. 156.

(panic) 이전인 1919년 축산가격 붕괴 사례에서 보았듯이 일반 경기와 유기적으로 교차하면서 전개되었던 농업경향이 그것과 괴리되어 독자적 경향으로 전환하는 과정에서 격차가 더욱 확대되는 양상을 띠었다.

그 대표적인 사례가 밀이었다.[6] 1920년 미국의 국내시장이 투기적으로 독주하던 시기 세계시장가격을 대표하는 리버풀 항구의 밀 가격은 부셸당 1.90달러에 불과하였음에 비하여 미국 내 최대 곡물시장의 그것은 2.64달러선이었다. 이처럼 국제시장가격보다 고가의 밀 가격이 국내에서 유지되었던 이면에는 전시 붐기 국가에 의한 공정가격보증과 선물거래중지제도가 지속되었고, 1920년 봄에 발생한 철도 파업의 영향 때문이었다. 이들 복합적인 요인의 영향으로 농민의 재고농산물은 매출하고 싶어도 매출하지 못하고 시장은 공급 부족으로 가격 등귀에 박차를 가하는 한편, 농민은 추가적인 금융차입을 시도하고 있었다. 그러나 1920년 여름 이후 풍작과 철도수송력 문제가 해결되면서 동년 7~11월 사이의 밀 수출은 1억 8,600만 부셸(평년은 평균 3,720만 달러)로 최고치를 기록한 채 고원 상태를 유지하면서 가격폭락과 투매현상으로 귀착되어 갔다.

밀 가격의 폭락은 신용, 특히 재고금융곤란을 격증시켰다. 이렇듯 미국의 밀은 세계가격에서 이탈한 투기→폭등과 출하제・재고금융팽창→투기붕괴→폭락・금융파탄・투매→국제가격 이하로의 침체라는 전형적인 공황현상을 띠었다. 그것은 또한 여타 농작물에도 공통되는 동향을 띠게 하였다. 예컨대 축산은 1919년 가격붕괴와 1920년 전반기 인하가 정지되었다가 가을에는 신용곤란이 재래(再來)→가격폭락→신용파탄→투매라는 악순환을 겪었다.

결과적으로 이 시기 미국의 농업은 하락의 타임래그(time lag)에 의한 곤란을 농민에게 전가하면서 신용공황적 붕괴를 나타내었다. 따라서 농민들이 작물경작을 위해 노동과 자재에 비싼 비용을 지불하는 사이에 농산물가격은 오르고, 1920년 지출시기가 끝나고 수확시기가 되었을 때 농산물가격에는 격심한 붕괴가 발생하였다.

---

[6] 이하의 내용 설명은 R. R. Enfield, *The Agriculture Crisis 1920~1923*, New York, 1934, pp. 206~208.

2. 전후 농업공황(1921~1924년)의 메커니즘

가격폭락은 1921년 전반기까지 반년 이상 지속되다가 폭락 상태가 멈췄다. 그때까지 농산물 및 비농산물 가격 하락이 병행하였으나 하락폭에서는 격차가 생기기 시작하였고 불균형의 폭은 크게 증대되었다. 1909년 7월~1914년 6월을 100으로 하는 농산물가격 대 비농산물가격의 상대 비율을 패리티지수(parity index)라고 할 때 1921년은 평균 패리티 80을 깨고 있었다. 이 상태는 1921년부터 비농산물가격이 안정되고 농산물가격이 상향되는 상태로 점차 해소되었으나 1923년도 작물, 즉 1924년 전반기까지 농업은 혹심한 계절로 이어졌다.

이상에서 설명하는 상황은 신용붕괴와 밀접하게 연계되어 있었다. 신용이 투기붕괴를 직접 유도했다고는 할 수 없어도 전반적으로 신용긴축이 폭락의 원인이 되었고 신용파탄이 폭락을 가속화하였다. 다시 말해서 1920년 초 34.5억 달러에 불과하던 은행대출 잔고는 1921년 초에는 38.6억 달러로 증가하였으며, 이미 높은 수준에 있던 은행 단기 대여는 공황 연도에 더욱 증가하였다. 1920년 전반기 농민은 호황에 자극받아 경작증대를 시도하는 동시에, 노임 및 물가가 등귀하는 상황에서도 차입을 시도하였다. 호황이 전망되기 때문에 농촌 지역의 지방은행 역시 흔쾌히 대출에 응하였다.

1920년 여름 이후 계속적인 가격붕괴로 공황이 진행되었을 때에도 가격붕괴 자체가 차입을 누적시켰고, 기존의 채무를 완제해야 하는 자금난에 봉착한 농민은 투매를 강화하였다. 생계와 차년도의 생산을 위해 농민의 예금도 급감하였고 농민의 파멸은 은행 자체의 대결손을 초래하는 상황이 되었다. 다급해진 지방은행은 연방은행 또는 여타 은행에서 차입하여 위기를 모면하는 한편, 농민들에게 상환청산을 요구하였다. 변제요구를 받은 농민의 신규 차입은 불가능해졌고, 당연히 투매가 가속화되어 가격폭락이 심화되었다. 고객이 고정되어 있는 농민과 지방은행 간에는 타 산업에서와 같은 급격한 정리는 곤란하였다.

이러한 관계가 은행 단기 대출을 공황 이후로까지 연기하는 이유가 되었다. 은행의 저당대출이 1922년까지 증가하였던 것은 이 때문이었으며, 1923년에 이르러서는 상업은행의 농지저당 대출 중 55%는 여타의 채무변제를 목적으로 한 차입에 불과[7]하였다. 어쨌든 신용파탄과 정리문제는 단기의 일반 신용에서부터 중기의 축산신용 또는 장기적인 농지저당금융에 이르기까지, 발생의 경우와 전이되는 의의가 달랐다고 해도 미국의 농업공황에 항상 등장하는 한 요인으로 작용하였다.

앞서 설명하는 바와 같은 과정은 미국 농업의 가치파괴 과정에 불과하였다. 그러나 공황의 심각함은 여기에 생산파괴 과정도 수반하였다는 데 있었다. 그것은 생산물의 대체적 사용, 수확포기, 조방적 경작에서 나타났다. 1920년에는 양고기가 돼지의 사료로 사용된 사례가 있었다. 그것은 통통히 살진 암염소가 3달러라면 톤당 80~90달러 나가는 사료보다 낫다는 계산이었다. 1921년 네브래스카 주에서는 공공건물의 난방연료로 옥수수가 대용되었다. 옥수수 1부셸당 가격이 20센트라면 톤당 10달러 하는 양질의 석탄에 버금간다는 계산이었다. 수확포기현상으로서는 면화의 수확포기, 경작제한, 면실 뽑기 정지 및 원면 파기 등이 수반되었고, 1921년 뉴저지(New Jersey)에서는 성숙된 양파를 밭에 방치하는 사태가 야기되기도 하였다.

이 시기 뉴저지에서는 양파 100파운드당 55센트의 출하비가 요구되었다. 컨테이너 20센트, 운임 30센트, 수수료 5센트로 55센트가 소요되었으나 실제 양파가격은 도합 50센트였다. 당연히 아무것도 생산하지 않는 것은 적자를 내지 않는다[8]는 계산이 나왔다. 이 같은 생산파괴의 규모가 전체 어느 정도에 달하였는지는 확실치 않으나 빈(L. H. Bean)이 제시한 통계수치를 정리하면 농산물 총가액이 1919년 작물 연도 240억 달러에서 1920년 작물 연도 178억 달러, 1921년 작물 연도에는 129억 달러 저하하였다는 것을 계산하면 1919년도 경작에 비하여 1920년도 작물은 실제 40% 증산에 약 72억 달러에 달하는 가치파괴가 행하여졌고, 여기에 수확방치분이 추가되는 이외에도 경지 및 건물에 대한 황폐 등이 동반되고 있었다.

격렬한 공황은 생산면에서도 왜곡을 보였다. 그것은 면화에서 나타났다. 미

---

7) B. Benner, "Credit Aspects of Agriculture Depression 1920~1923, Ⅱ", *Journal of Political Economy*, April 1925, pp. 227~233 요약.

8) L. H. Bean, "Income From Agrcultural Production," *Agriculture Yearbook*, 1920, p.143 ; 馬場宏二, 『アメリカ農業問題の發生』, 東京大出版部, 1980, pp. 199~200.

국의 면화경작은 1920년부터 1921년에 걸친 7월 1일 현재 3,590만 에이커에서 2,970만 에이커로 대폭 삭감세에 있었다. 이는 상황에 따라 생산증감으로 공황에 대처한다는 조직적인 생산활동의 결과였다. 1921년은 면화의 흉작으로 인해 농업공황을 완화시켰다고는 해도 이는 농민의 의도적인 감산은 아니었다. 그러나 그것도 일부에서는 기계화와 기타 새로운 생산방법을 도입하여 생산에 임하였으나 일반적으로는 자가노동, 특히 부인과 아동 노동을 강화하여 행한 생산의 유지 및 증산 노력의 결과였다. 결과적으로 이러한 노력에도 농민의 추가차입을 자극, 금융곤란을 연장시키는 원인이 되는 한편 흉작이라는 자연적 행운을 감쇄하여 농업불황 가격을 지속시키는 원인[9]이 되었다.

　이 같은 공황국면에 빠진 농산물가격수준은 1922년 후반~1923년 봄에 걸쳐 상승세로 전환되면서 1924년 말까지 보합세를 유지했다. 1923~1924년에 걸쳐 생산고는 늘고 일반 물가는 저락하여 불균형 디스패리티(disparity)는 축소되고 소득도 증가하기 시작했다. 1924년 말부터는 농산물가격 자체도 적극적으로 상승하여 1925년 평균 102로 역 쉐어(share)가 되었고 농가수취·지불가격 비율은 패리티 지수 95를 기록하였다. 그사이 1924년 미국의 농작물은 상대적인 의미에서 풍작과 고가격·저비용의 혜택을 받고 있었다.

　그러나 이 시기 모든 작물이 일률적인 것은 아니었다. 곡물은 1924년 여름부터 급등하고 축산도 가을부터 상승하는 한편, 면화는 1924년 중반에 30% 하락하고 낙농은 바닥을 헤매었다. 1925년에 들어서면서 상승요인이 강하게 작용, 전 농산물 가격수준은 상승기류를 타기 시작하였다. 장기 가격 하락현상으로 여타 부문보다 부채문제가 심각한 농민의 2대 불황 부문, 즉 곡물과 축산 부문에서 1920년 이래 처음으로 적극적인 개선 기미가 보였다. 이로써 양 부문이 집중되어 전통적으로 격렬한 농민운동이 성행한 중서부 지역을 중심으로 하는 미국 농업은 1924~1925년 사이의 회복으로 정치·경제적 안정을 찾아갔다.

　1924~1925년에 농업이 회복된 원인은 도스(Dawes) 안에 의한 독일 배상문제의 해결, 파운드화의 안정, 1924년 세계적인 흉작에도 미국의 풍작으로 인한 밀 수출증가→농업구매력 증가→공업 상승을 선도하는 한편, 국내의 공업 상

---

9) H. G. Wallace, "The Year in Agriculture, 1922", *Agriculture Yearbook*, 1922, p. 2. 1921년도 면화작황의 특징에 대한 기술은 *Ibid.*, pp. 1~7 참조.

승→농산물 수요를 증대시키는 농산물 수출증대현상이 내수 상승작용과 맞물려 작용한 데에 있었다.

3. 상대적 안정과 농업의 기계화(1924~1929년)

1920년의 전후 공황은 1921년을 기저로 한 후 부문에 따라서는 장기불황에 빠진 것도 있었으나 1924년 경기는 대체적으로 생산이 상승하고 가격이 회복되면서 세계 자본주의는 상대적으로 안정기로 이행하였다. 무엇보다도 1924~1925년의 회복은 수출급증을 중심으로 내수의 견고가 이를 뒷받침한 데에 있었다.

미국의 농업은 1924년 작물의 호조 이후 가격은 또다시 1925년 여름 반락을 시작하면서 1927년 전반기까지 하락세를 지속했다. 하락의 주역은 면화였고 다음은 곡물이었다. 면화는 1924년의 경작에 이어 1925·1926년 대풍이었으나 그것은 1920년대 전반의 고가의 자극에 의한 경작확대와 양호한 기후조건 및 목화다래바구미(boll-weevil)의 구충에 의한 수확증대가 누적된 결과였다. 재고급증과 가격의 연속적 급락이 수반되었어도 그것을 1926년 면화 연도의 수출확대로 처리하지 못한 채 가격은 끝내 대전 이전 수준으로 침체되었다. 이로써 1920년대 초 두 곡물의 경우처럼 패리티지수는 60에 가깝게 되었다.

1924년 경작을 기준으로 하면 1925년 경작은 총가액의 증가에도 불구하고 경작증대에 수반한 비용증가로 소득감소를 초래하였고 1926년 경작은 명백한 풍작빈걸(豊作貧乞)이었다. 이 풍작빈걸은 1927년에는 경작의욕 감퇴와 목화다래바구미의 재발, 미시시피 강의 수해로 인한 무경작 사태의 발생으로 해소되는 듯했으나 실제로는 그렇지 못했다. 그것은 우선 해외시장이 외국산 면에 의해 잠식당하는 사태가 발생한 데 있었다(〈표 2-4〉 참조). 이 때문에 면화에 대한 미국 내의 내수는 유지되고 있었다고 해도 수출신장세가 상실됨으로써 호전의 계기도 상실[10]되어 갔다. 이러한 국제적 압력이 경작변동에 영향을 주어 나타

---

10) 1931년의 미국 농무성 연감에는 미국 면화의 약점은 단섬유면이 많기 때문에 인도면이나 중국 면 등 저임금 국가의 면화와 경합하기 쉽고, 장섬유·고급면이 보급되기 어려운 이유 중의 하나는 유통 과정의 결함으로 중앙시장에서의 품질격차에 따른 가격이 농민의 수취가격에 반영하기 어려운 데 있다고 언급하였다(A. M. Hyde, "The Year in Agriculture, 1930", *Agriculture Yearbook*, 1931, pp. 12~13).

〈표 2-4〉 미국 면과 외국 면의 소비

(단위 : 백만 베르)

구분		1925. 8~ 1926. 7	1926. 8~ 1927. 7	1927. 8~ 1928. 7	1928. 8~ 1929. 7	1929. 8~ 1930. 7	1930. 8~ 1931. 7
세계 소비	전체	23.9	25.9	25.3	25.8	24.9	22.4
	미국 면	14.0	15.7	15.6	15.2	13.0	11.1
	외국 면	9.0	10.1	9.7	10.6	11.9	11.3
미국 소비	전체	6.5	7.2	6.8	7.1	6.1	5.3
	미국 면	6.2	6.9	6.5	6.8	5.8	5.1
	외국 면	0.3	0.3	0.3	0.3	0.3	0.2
외국 소비	전체	17.5	18.7	18.5	18.7	18.8	17.1
	미국 면	7.8	8.9	8.4	8.4	7.2	6.0
	외국 면	9.6	9.8	10.2	10.2	11.6	11.1

출처 : U.S.D.A., *Agricultural Statistics*, 1934, p. 464.

난 결과가 1920년대 중반 면화가격변동과 그에 수반된 면작소득감소였다. 나아가 인견·레이온 등 신종 섬유의 등장으로 해외의 수요가 전환된 현상 역시 면화의 소비수요를 제약하는 큰 요인 중의 하나가 되었다.

곡물의 경우도 풍작과 흉작의 변동을 반영하여 국제적인 압박이 전달되었던 것은 마찬가지였다. 밀의 경우 1924년 경작에 대한 가격호조는 1925년의 흉작으로 일단은 유지되었으나 그 이후 수년간 계속된 풍작으로 가격은 하락을 계속하다가 1929년에는 경작부진과 미국 내의 증권 붐에 맞물려 대공황의 붕괴로 연결되었다. 특히 1926~1928년 사이의 수확은 해마다 증가하는 반면 수출은 해마다 감소하는 영향으로 1928년 말의 재고량은 2,200만 부셸에서 2억 4,700만 부셸로 급증하였다. 이처럼 곡물에서도 풍작빈걸이었다.

이 시기 미국 밀 수출감소의 원인은 대전 이후 꾸준히 진행된 유럽 농업의 부흥노력이 완료되어 1925년에는 대전 이전 수준을 유지하게 된 데 있었고, 동시에 〈표 2-5〉에 수록된 바와 같이 캐나다·아르헨티나 및 오스트레일리아 등 신흥 농업국가들의 공급증가에 의해서 일시에 해외시장이 경쟁 상태에 몰입된 결과이기도 했다. 캐나다의 밀 수출은 이미 1923~1924년부터 미국을 추월[11]하

---

11) H. G. Wallace, "Wheat Situation ; A Report to the President by the Secretary of Agriculture", *Agriculture Yearbook*, 1923, pp. 101~111.

〈표 2-5〉 주요 국가의 밀 수출

(단위 : 백만 부셸)

연도	미국	캐나다	아르헨티나	오스트레일리아	세계
1901~1908 평균	151.9	37.6	33.1	25.1	599.2
1914~1920	239.8	147.5	75.1	58.8	620.9
1925	258.0	194.8	127.0	123.6	792.8
1927	219.2	304.9	138.2	96.6	869.3
1929	163.7	422.7	215.6	113.3	

출처 : U.S.D.A., *Yearbook of Agri.*, 1922, 1928, 1930 ; U.S.D.A., *Agri. Stat.*, 1937, 1941.

기 시작하였고, 1920년대 후반부터 그 지위는 압도적으로 전위되었다. 이 시기 캐나다산 밀이 미국산 밀을 수출면에서 추월하게 된 주요 원인은 품질과 운임면에서 유리하기 때문이었다. 캐나다산 밀은 경질밀로 종자가 통일되어 있었고 미국산 밀은 혼종이었다. 그리고 미국의 철도운임은 캐나다산 운임에 비해 50% 이상 비쌌기 때문에 내륙운임이 불리했던 점, 미국의 제분업은 수출에서 엄격한 지불을 요구한 반면 캐나다는 외상 매매로 해외시장을 확대해 간 데에도 연유했다. 아르헨티나 수출 역시 1929년에는 미국을 추월하였다. 이렇게 세계시장의 경쟁격화는 미국 곡물 수출에 압력을 주는 요인으로 등장하였다.

종합적으로 1920년대 말 미국의 농업은 이러한 2대 수출작물의 부진을 주요인으로 하여 저조 기조를 극복하지 못한 채 시종 어려움에 처하였다. 그러나 낙농은 점진적으로 계속 확대되었고 축산은 과잉정리가 진척되었던 결과 호조 부문으로 전환되었다. 1920년대 후반에 들어서 미국 농업이 이처럼 침울한 상태를 지속한 이유는 첫째로 1924~1925년도의 호전세를 유지하지 못하고 1926년 이후의 반락과 함께 미국 내의 상공업이 고원경기에서 증권 붐으로 번영의 길을 가고 있는 한편 농산물가격이나 농업소득은 낮은 수준에 머무르고 있었던 점, 둘째로 신용공황적 수단에 의한 생산정리는 일단락되었다고 해도 앞에서 설명했듯이 농민자산 상태의 악화가 더욱 심각한 상태로 침체해 갔다는 데 있었다. 이로써 농업부문은 타부문과의 격차가 명백한 상태가 되어도 번영 속의 불황 또는 번영 속의 낮은 안정상태를 지속하였다.

농업 부문에서 번영 속의 낮은 안정, 번영 속의 불황 상태는 타 부문의 수입에 비해 상대적인 열세[12]를 초래, 농촌인구의 도시로의 이주→농촌인구의 감소

〈표 2-6〉 농민의 파산 · 저당매각

연도	파산 건수 (단위:건)	저당매각 건수 (단위:천 건)	금액 (단위:백만 달러)
1920	997	26	78
1921	1,363	42	126
1922	3,236	75	225
1923	5,940	93	279
1924	7,772	106	318
1925	7,872	111	333
1926	7,769	115	345
1927	6,296	111	333
1928	5,679	93	279
1929	4,939	99	297
1930	4,464	120	360

출처 : U.S.D.A., *Agricultural Statistics*, 1934, p. 711.

와 또 다른 한편에서는 종전부터 누적되어 온 고액지대, 저당부채 이자 및 조세부담 증대로 파산 농가의 증가를 초래하였고, 이와 때를 같이하여 농업에서 기계화가 급진전되는 현상을 보이게 되었다. 이 시기 농장을 떠나 도시로 이주한 농촌인구는 1920~1924년 5개년간 869만 2,000명, 상대적으로 안정기였던 1925~1929년 5개년간에는 최대의 감소치를 나타내는 1,073만 5,000명에 달하였다.[13] 가격면에서 보상받지 못한 채 2대 농산물 부문에서 파생된 농가의 부채는 심각도가 더하여 상환능력을 상실하고 파산되는 농장이 증가하였다(〈표 2-6〉 참조).

농민의 파산→저당 · 경매 등 강제 매각→지가 하락→농민의 금융자산 상태의 악화→소작농 증가 및 농민의 도시로의 이주 증대는 농민층 내부에 분해가

---

12) 1921년 미국 농업노동자의 평균 임금은 월수입 43.3달러에서 1925년 49.9달러로 상승하다가 최고조에 달한 해는 1929년으로 52.1달러였다. 이러한 월수입을 단순 12배하여 연수입으로 환산하면 각각 520달러, 600달러에서 612달러로, 비농업노동자 평균 연수입이 1,400달러임을 감안하면 농업임금노동은 가장 좋은 해에도 44% 수준에 불과했다(G. S. Shepherd, *Agriculture Price and Income Policy*, Iowa Univ. Press, 1962, p. 26).

13) U.S.D.A., *Agri. Stat.*, 1938, p. 435.

제Ⅱ부 미국의 농업편

⟨표 2-7⟩ 미국 농가 보유의 트랙터 및 자동차 대수

(단위 : 만 대)

연도	1920	1921	1922	1923	1924	1925	1926	1927	1928
트랙터	24.6	34.3	37.3	42.8	49.6	54.9	62.1	69.3	78.2
트럭	13.9	20.7	26.3	31.6	36.3	45.9	55.9	66.2	75.3
자동차	214.6	238.2	242.5	261.8	300.4	328.3	360.5	382.0	382.0
연도	1929	1930	1931	1932	1933	1934	1935	1936	1937
트랙터	82.7	92.0	99.7	102.2	101.9	101.6	104.8	112.5	123.0
트럭	84.0	90.0	92.0	91.0	86.5	87.5	89.0	90.0	91.0
자동차	397.0	413.5	407.7	379.8	339.9	339.9	364.2	382.6	407.3

출처 : H. Barger & H. Landberg, *American Agricultural 1899~1939*, 1942, p. 240.

⟨표 2-8⟩ 미국의 지대별 평균 농장 규모 및 수확면적 증감률

적요 지역	1929년 평균 농장 규모(에이커)	1924~1929년 전 농작물 수확면적 증감률(%)	1924~1929년 밀 수확면적 증감률(%)
미합중국	156.9	+4.4	+21.9
뉴잉글랜드	114.3	-17.8	-49.3
중부대서양지역	98.0	-13.2	-13.6
중앙동북부	114.7	-5.9	-7.7
남부대서양지역	81.6	+1.1	+4.4
중앙남동부	68.6	+6.1	+1.0
중앙북서부	238.6	+5.8	+20.9
캔자스	282.9	+8.6	+24.3
다코타	438.6	+13.0	+49.7
중앙남서부	166.7	+10.7	+55.8
텍사스	251.7	+13.2	+126.4
산악부	652.6	+18.0	+41.4
태평양연안주	231.2	+13.2	+35.0

출처 : *Abstract of the 15th Census of the United States*, Washington, 1933, pp. 504, 507~508, 647.

진행되는 과정이기도 했고, 농업 부문 내부에서의 경쟁이 격화되었던 결과이기도 하였다. 경쟁격화와 농민층 분해현상은 저가격 수준에 대응하여 자본집약적(노동절약적)인 새로운 농업기술 체계를 가속화시켜 트랙터와 콤바인 및 자동차 등의 광범한 도입을 추진시켰다. 미국에서 농업기계화의 직접적 유인

〈표 2-9〉 미국의 계층별 농장경영 및 토지면적의 증감

면적 규모별 그룹	농장경영 수(단위:천 호)			농장의 토지면적(단위:천 에이커)		
	1925	1930	변화율(%)	1925	1930	변화율(%)
10에이커 미만	378.5	358.5	-5.3	2,096.6	1,908.3	-7.5
10~19에이커	588.0	559.6	-4.8	8,059.7	7,789.3	-3.4
20~49에이커	1,450.7	1,440.4	-0.7	46,404.8	46,251.6	-0.3
50~99에이커	1,421.1	1,375.0	-3.2	101,906.2	98,684.7	-3.2
100~174에이커	1,383.8	1,342.9	-3.0	185,707.8	180,213.7	-3.0
175~499에이커	942.4	971.9	+3.1	258,204.0	266,786.3	+3.3
500~999에이커	143.8	159.7	+11.1	97,467.8	108,924.0	+11.8
1000에이커 이상	63.3	80.6	+27.3	224,472.4	27,622.8	+23.0
합 계	6,371.6	6,288.6	-1.3	924,319.3	98,6770.7	+6.8

출처 : Ibid., Vol III, General Report on Agriculture, p. 76.

은 전시 붐기에 수반되었던 곡물가격 등귀가 계기가 되어 대평원 밀지대의 부농 내지 농업자본가를 중심으로 시도되어 오다가 전후 농업공황기 경쟁격화에 의한 농민층 분해 과정에서 급속히 추진되었다. 자동차는 1926년 1월까지 총농가의 57%에 해당하는 360만 대를 농가가 보유하고 있었으나 그 이후 농가소득의 정체를 반영하여 신장률은 크지 않았다. 1930년 1월에는 총농가의 3분의 2에 해당하는 413만 5,000대에 달하였다.

트랙터의 보급은 〈표 2-7〉에 수록된 바와 같이 1926년까지는 총농가 10%에 달하는 62만 대를 보유하였으나 1930년 1월까지는 14.6%에 달하는 92만 대를 보유하고 있었고, 콤바인은 1930년에도 상층 농가인 1% 이하의 농가가 보유, 1920년 4,000대에서 1930년 6만 1,000대에 달하였다. 이러한 농업기계들은 중하층의 농가에는 고가이기 때문에 비용면에서도 부담이 되었을 뿐 아니라 소규모 경지에서 사용하기에는 비용 대 산출효과가 적었다. 따라서 자동차 보급에 의해서 준비되고 트랙터를 중심으로 전개된 농업기계화의 진전도 농민의 상층 10~15% 정도의 부농이나 농업자본가들에 의해서만이 저비용·고효율의 생산성 향상을 향유하는 결과를 초래하였다.

이러한 농업기계화의 진전은 밀지대에서부터 종래 기계의 유익함을 감지하지 못한 동부의 농업지대로까지 확대되었고, 기술적으로 채택이 늦은 소농을 흡수

〈표 2-10〉 미국의 밀 수확면적·수확고 및 가격

연도	수확면적 (단위:천 에이커)	수확고 총수확 (단위:천 부셸)	수확고 에이커당 수확 (단위:부셸)	가격 (부셸당 센트)
1906~1910	45,105	664,229	14.7	87.3
1911~1915	53,247	801,080	15.0	89.0
1916~1920	59,485	790,773	13.3	193.0
1921~1925	57,558	787,082	13.7	111.2
1926~1930	60,300	866,470	14.4	101.0

출처 : *Statistical Abstract of the United States*, 1952, p. 615.

하면서 농업에서 자본의 집적·집중을 이룩해 갔다. 이러한 현상은 ① 트랙터·콤바인 및 화물자동차 도입을 통해서 대규모 농업을 가일층 전개하고 있던 대평원 지주들의 경작면적 및 밀 수확면적이 급증한 점(〈표 2-8〉 참조), ② 1925~1930년 사이 미국의 농장경영 수는 1.3% 감소한 반면 농장의 토지면적은 6.8% 증가세를 나타낸 점, ③ 계층적으로는 175에이커 미만의 소농경영계층은 감소하는 반면 그 이상의 규모농에서는 농장경영 수 및 토지면적이 모두 증가한 점, ④ 증감률에서는 10에이커 미만 규모농의 증가율이 더욱 높아진 점 등에서 나타나 있다(〈표 2-9〉 참조).

앞에서 설명한 바와 같이 상대적 안정기 이후 미국의 농업은 기계화 농업에 순응하는 방향으로 진행되었다. 트랙터와 콤바인 등 농업기계화 체계의 침투에 수반한 대규모 경영의 진행은 토지면적, 에이커당 노동비 지출을 감소시킴으로써 생산비를 절감시켜 나갔다. 그 결과 농업생산자당 생산고가 1924년을 전기로 증가하였고 농업경영자가 수취하는 평균 밀 가격과 지대를 포함한 밀 원가와의 관계는 역전되어 전자가 후자를 상회하게 되었다. 그 결과 기계력에 의한 경작발달에 자극되어 전후 감소세에 있던 밀의 재배면적은 다시 늘기 시작하고 총수확 및 에이커당 수확고도 늘었다(〈표 2-10〉 참조). 이로써 미국의 농업은 농업기술 발전에 기초를 둔 경쟁격화에 의한 무수한 농민층 분해의 진행을 통해서 이윤을 성립시키고 있었다.

3. 대 공황기(1929~1933년)의 농업

1. 전반적 상황

　상대적인 안정기 고정자본의 투하에 의하여 누적된 생산과 소비의 모순은 1929년 10월 24일 미국 주식거래소 공황을 계기로 그 모순의 확대가 한계에 도달했음을 전면적으로 노정시켰다. 생산과 소비의 모순은 1929년 공황이 시작되기 이전 이미 유휴설비와 구조적 실업에서 존재하였다. 미국은 1925~1929년 5개년을 평균하면 생산능력 21%가 유휴 상태였고 7~10%의 높은 실업률이 잠재해 있었으나, 뉴욕의 주식시장은 2개월 사이에 주가를 평균 42% 급락시키고 260억 달러로 추정되는 자본을 일시에 파괴시켰다. 이를 계기로 상품가격의 붕괴, 생산의 축소, 실업 격증현상이 속출하고 공황은 자본주의 전 세계 및 전 부문을 엄습하는 미증유의 대공황으로 확대되었다. 이 공황의 심각성은 주요 생산 부문 전체에 걸친 생산고와 수출입액의 감퇴 및 물가하락률이 컸다는 점과 하락기간이 장기성을 띠었다는 데 있었다.

　우선 격심한 공업공황 상태는 원료 및 식료농산물에 대한 현저한 소비수요 감소를 수반하여 왔다. 미국의 면화 소비고는 1929년 797만 베르에서 1932년 550만 3,000베르로 31% 감소하였고, 영국에서는 1929년 1,350만 센다르에서 1931년 1,110만 센다르로 27.5% 감소세를 나타냈다. 1928~1929년을 기준 연도로 하는 1인당 밀 소비고는 1933~1934년 미국 12.8%, 캐나다 27.1%, 독일 23.4% 감소하였다. 특히 1929년 뉴욕 주식시장에 공황이 폭발하기 이전부터 하락하기 시작한 자본주의 제국의 농산물가격은 1930년 이후 급속히 하락, 1932~1933년에는 미국·캐나다·아르헨티나·뉴질랜드 등의 농산물 수출국에서는 1928년 수준의 2분의 1 수준까지 하락하였으며, 특히 미국의 경우 더욱 심하여 1932년은 1928년 대비 56%의 하락을 나타냈다. 곡물 수입국인 영국 및 독일마저도 1933년도 농산물가격 지수는 1926년 대비 24~35%의 하락률을 나타냈고, 더욱이 농산물가격은 이후 4~5년간 계속 하락현상을 수반하였다.

이 무렵 미국의 농업공황 과정은 뉴욕 주식시장이 공황 상태에 들어가기 이전인 1929년 9월 이후 농산물가격이 하락하기 시작, 1933년 3월까지 3년 반 이상 계속 하락세를 나타냈다. 그러나 1930년 봄까지는 하강각도와 하락폭이 1920년대 후반기 매년도의 계절변동과 큰 차이가 없었기 때문에 공황의 내습이라는 위기를 감지하지 못했었다.

그것마저도 농작물에 따라 달라 밀이나 면화와 같은 수출작물은 때마침 성립된 연방농무위원회의 가격 지지를 조기에 가동시킬 정도로 절박한 상황이었다. 이는 1929년 9월부터 이해 말까지 10% 정도 하락하였기 때문이다. 연방농무위원회의 가격 지지효과를 받아 연말에는 하락세가 일단 멈추었다. 그에 반하여 축산은 8월에 1920년 공황 후 최고의 수준에 있었던 반향으로 하락속도가 빨라 1929년 말 수준은 전년 동기와 비슷하였고, 1930년에 들어서서는 잠시 상승세로 돌아섰다. 낙농·가금류는 연말까지 상승 기미였으나 1930년에 들어서서는 명백한 하강세로 전환하였다. 종합적으로 1929년 중반까지는 종전 수년간의 동향과 같았고 가을부터 연말까지에는 불규칙한 하강세를 보이면서 1930년 봄에서부터 초여름까지 그 상태를 유지하였기 때문이다.

그러나 1930년 초여름 이후 농업공황은 숨길 수 없는 명백한 상태가 되었다. 농산물가격은 계속 하락하여 루스벨트 정권에 의하여 뉴딜(New Deal)정책이 등장하기까지 하강하였다. 1909년 8월~1914년 7월의 농산물가격 지수를 100으로 하면 1929년 8월부터 뉴딜정책이 등장하기 직전인 1933년 2월까지 43개월간의 농산물가격 하락폭은 곡물 73%, 면화 70%, 과실 59%, 채소 38%, 축산 68%, 낙농 52%, 가금류 61%로 전체 평균 64%의 하락세[14]를 보였다.

1920년의 공황에서는 피크를 이루었으나 1920년 5월부터 밑바닥에 이르러 1921년 6월까지 13개월간 53%의 하락률을 나타내고 있음을 감안할 때, 그것은 실로 길고 골이 깊은 공황[15]이었다. 가격 하락은 밀과 면화 부문이 선도하고 기

---

14) U.S.D.A., *Agr. Stat.*, 1939, pp. 498~499.
15) 1929년에서 1933년 사이에 지속된 대공황의 충격요인에 대해서는 여러 견해가 분분하나 대체로 ① 1929년 10월의 주식시장 붕괴, ② 1920년대부터 세계적 규모로 진행되어 온 심각한 농업불황, ③ 국제금융기구의 붕괴(은행의 도산)를 지적하고 있다 (F. A. Shannon, *The Farmer's Last Frontier*, New York & Toronto, 1945, p.305 ; 玉野井芳郞 編著, 『大恐慌の研究』, 東京大出版部, 1982, pp. 38~41).

타 낙농이나 축산 및 채소작물 부문으로 번져 간 공황이었다.

2. 주요 농산물의 지표 분석

앞의 설명에서는 1929년의 공황에 의한 주요 자본주의 국가에서 농산물가격이 전반적으로 하락한 심도와 그 장기성을 지적하였다. 이 기간을 통하여 미국 농업의 가격통계치는 〈표 2-11〉과 같은 상태를 기록하고 있었다. 이는 무엇을 의미하는가?

이 표에서는 1928년과 1929년 이후 4~5년간에 걸쳐 전 농산물가격이 계속 하락하고, 전 농업상품가격 지수에서도 1928년에 비하여 1932년에는 56%의 하락률을 나타내고 있음을 수록하고 있다. 공황 상태에 즈음하여 농산물가격 하락의 장기성은 종래의 농업공황에서도 일반적으로 간파될 수 있었으나 1929년의 공황에서는 하락기간의 장기성이나 하락률의 격심함에서 그것은 미증유의 것이었다. 1920년의 공황에서는 4년간에 걸쳐 계속 하락세를 나타낸 농산물은 밀 가격뿐이었고, 면화가격은 1년간의 하락세에서 상승세로 전환하였다. 그리고 농산물가격의 연간 지수는 2년간의 하락을 보인 후 상승세로 전환하면서 최고 수준에서부터 최저 수준으로 44%의 하락률을 보였다(〈표 2-12〉 참조). 그러나

〈표 2-11〉 미국의 농산물가격 지수

품명 연도	곡물	면화 및 면 종류	과실	유제품	가금 및 계란	식육용 가축	전 농업 상품
1928	100	100	100	100	95	97	100
1929	80	95	80	95	100	100	98
1930	77	67	92	87	80	85	85
1931	48	41	56	64	62	59	58
1932	34	31	47	53	51	40	44
1933	48	42	42	52	46	38	47
1934	72	65	57	60	55	44	60
1935	80	67	52	68	72	76	73
1936	83	66	57	70	71	78	77
1937	92	63	69	79	70	85	81

출처 : U.S.D.A., *Agri. Stats.*, 1938, p. 444.

〈표 2-12〉 1918~1935년 사이 미국의 물가 및 농산물가격

연도 \ 품명	도매물가 지수 (1910~1914=100)	농산물가격 지수 (1910~1914=100)	Parity 지수 (1909~1914=100)	밀가격 (부셸당 달러)	면화가격 (파운드당 센트)
1918	191	208	114	2.22	31.70
1919	202	221	104	2.24	32.25
1920	226	211	106	2.23	33.89
1921	143	124	77	1.25	15.07
1922	141	132	84	1.14	21.17
1923	147	138	90	1.02	29.30
1924	143	140	89	1.58	28.70
1925	151	154	95	1.64	23.50
1926	146	141	89	1.38	17.50
1927	139	139	87	1.40	17.60
1928	141	149	91	1.38	20.00
1929	139	147	91	1.30	19.10
1930	126	124	81	0.86	13.60
1931	107	91	65	0.52	8.60
1932	95	68	53	0.53	6.40
1933	96	72	58	0.77	8.70
1934	109	92	67	0.96	12.40
1935	117	111	–	0.97	11.90

출처 : ヴァルガ, 永佳道雄 譯, *op. cit.*, 弟37部, 弟42표.

1929년 공황에서는 면화 역시 4년 동안 지속적으로 하락과 하락률 70%(1920년의 공황시에는 55.4%)를 나타냈다(〈표 2-12〉 참조). 〈표 2-11〉에 수록된 바와 같이 면화뿐만이 아니라 과실·유제품·축산물을 포함한 전 농산물가격이 4~5년간 계속 하락하였고, 그 하락률마저 1928~1929년 수준의 50% 내지 그 이상의 하락세를 나타냈다. 종합적으로 이 공황에서 가격 하락을 모면한 농산물은 하나도 없었다. 전반적으로 농산물가격은 파국적인 하락국면으로 빠져 1929년 9월~1932년 9월까지 농민의 생산지 가격은 평균 58%, 곡물 61%, 식육용 축산 58%, 유제품 및 가축생산물 51%, 도매시장 농산물가격 50% 저하를 기록[16]하였다.

---

16) U.S.D.A., *Yearbook of Agriculture*, 1933, p. 94.

이와 같이 전 농산물 부문에 엄습한 장기 가격하락현상은 사상 최초로 1929~1933년 농업공황의 특징을 이루었다. 물론 대공황기에서 가격하락현상은 농산물 부문뿐만이 아니라 비농산물가격도 마찬가지로 1929년 8월을 정점으로 그 이후 1933년 2월까지 계속 하락하였고, 공업생산도 1929년 6월부터 1933년 3월까지 축소되었으며, 일반 도매물가 지수 역시 장기성을 띠고 4년간 지속적으로 하락세를 보였다. 그러나 여기에서 주목해야 할 점은 도매물가 지수의 최고점에서 최저점으로의 하락이 1920년 공황에서는 37.6%였으나 1929년 공황에서는 32.6%로 공황 전보다 약간 낮게 나타냈다는 점이다.

 이것은 공업 부문에서의 독점가격의 작용으로 농산물과 공산품 간의 부등가교환이 격화되고 있었음을 의미한다. 농산물과 공업제품 간의 부등가교환은 독점자본주의 단계의 공황에서 격화되는 것이 일반적인 현상이나 1929년의 공황에서는 더욱 격화되었다. 그것은 양자의 부등가교환 정도를 나타내는 농산물가격 지수 대비 공산품가격 지수에 대한 비율, 즉 패리티 지수 변동에서 명백해졌다. 농업이 불리하게 작용했던 1920년 공황에서의 그것은 77 수준이었으며 1922년 이후 회복세로 돌아섰으나, 1929년 공황에서는 다시 53으로까지 저하되고 공황을 벗어났다고 하는 1934년에도 70에 미치지 못하였다(〈표 2-12〉 참조).

 이 시기의 가격형성에서 농산물의 불리성은 철도운임에서도 나타났다. 1913~1914년을 100으로 보면 농산물가격이 지속적으로 하락하던 1929~1934년 대공황기의 농산물에 대한 철도화물운임 지수는 밀 145.5, 면화 137.7, 소 159.5, 돼

〈표 2-13〉 미국의 농산물소득

적요 연도	전 농업 생산물		전 경종 생산물		전 축산업 생산물	
	백만 달러	1929년 대비%	백만 달러	1929년 대비%	백만 달러	1929년 대비%
1929	11,941	100.0	5,434	100.0	6,507	100.0
1930	9,454	79.0	3,818	70.2	5,636	68.6
1931	6,968	58.3	2,746	50.5	4,222	64.8
1932	5,337	44.6	2,285	42.0	3,042	46.7
1933	6,128	51.3	3,032	55.7	3,096	47.5
1934	6,681	55.9	2,977	54.7	3,704	56.9
1935	8,010	67.0	3,425	63.0	4,585	70.4

출처 : U.S.D.A., *Agri. Stats.*, 1938, p. 432.

지 157.6으로 상승[17]해 갔다. 이는 공업이 독점에 의한 생산제한이나 도산에 의한 공급삭감으로 공황에 대처할 수 있음에 반해, 그러한 감산기구의 작용이 없는 농업에서는 수요감퇴 등과 같은 상황변화에 대해 재고증대와 가격폭락만이 대응방안이었음을 의미한다.

공황을 경과하면서 미국의 농업 총소득은 경종(耕種) 소득이나 축산소득을 불문하고 격감하였으며, 1929년부터 1932년에 걸쳐 전 농산물소득의 2분의 1 이하로 감소하였다(〈표 2-13〉 참조).

농산물가격의 전반적인 폭락과 농업소득이 현저히 감소한 영향을 받아 지대액도 저하되었다. 지대액이 계속 저하되었던 1930~1932년은 농업에서 지대부담이 가혹했던 시기로 밀 가격에 대한 지대부담률은 50% 이상에 달했다. 지대의 하락률이 농산물가격 하락률에 비하여 뒤처짐으로써 지대의 농업생산에 대한 저해적 성격이 노출되었다. 〈표 2-14〉에 수록된 바와 같이 지대가 하락하기 시작한 1930년은 전년도 대비 부셸당 평균 밀 가격은 25.3% 하락한 데 반해, 지대는 에이커당 3.3%, 부셸당 8.8%밖에 저하하지 않았다. 그 결과 밀 가격에 대한 지대의 비율은 1929년 36%에서 1930년 50.7%로 증가하고, 같은 해 에이커당 밀 생산고는 전년도보다 상승하였으며(17부셸에서 18부셸), 지대를 공제한 농민의 에이커당 밀 수입은 1929년 11.28달러에서 5.98달러로 46% 감소하여 35.2%인 밀 가격 하락률을 상회하였다.

이러한 현상은 1931년에도 한층 심화하여 지대가 더욱 하락한 1932년에도 지대는 1929년 대비 에이커당 58%, 부셸당 46.4% 하락하는 동시에 농민이 수취한 평균 밀 가격은 동일 기간에 63.1% 하락하였다. 1932년에는 밀 가격 대비 지대의 비율은 전년도인 1931년 대비 약간 하락세에 있었으나 에이커당 밀 생산고의 현저한 감퇴형태로 농업의 쇠퇴가 명백해져, 이것과 지대부담률의 부담에 협공을 받아 지대를 공제한 농민의 에이커당 밀 수입은 2.43달러로 최저에 달하였다. 에이커당 밀 수확고 감퇴라는 형태의 농업쇠퇴는 1933년 극도에 달하여 에이커당 밀 수입이 5.07달러로 1930년 수준에까지도 회복하지 못하였다. 에이커당 밀 수확량의 감퇴는 그 이후에도 크게 작용하여 밀 가격의 상승 및 지대부담률 저하에도 불구하고 지대를 공제한 농민의 에이커당 밀 수입은 6달러

---

17) U.S.D.A., *Agri. Stat.*, 1937., p. 469.

〈표 2-14〉 미국의 지대액·밀 수확·가격 및 소득

적요 연도	지대		밀의 수확·가격 및 소득				밀 가격 대비 지대 비율(%)
	① 에이커당 지대 (달러)	② 부셸당 지대 (달러)	③ 에이커당 밀 수량 (부셸)	④ 부셸당 농민수취 가격(센트)	⑤ 에이커당 밀 소득 (달러)	⑥ 지대를 차감한 에이커당 밀 소득(달러)	
1923	5.99	35.2	17.02	92.6	15.76	9.77	38.0
1924	6.19	24.4	17.99	124.7	22.43	16.24	27.6
1925	6.49	38.3	17.08	143.7	24.54	18.05	26.3
1926	6.12	32.0	19.13	121.7	23.28	17.16	26.2
1927	6.28	35.0	17.94	119.0	21.35	16.07	29.4
1928	6.25	36.8	16.98	99.8	16.95	10.70	36.4
1929	6.35	37.3	17.02	103.6	17.63	11.28	36.0
1930	6.14	34.0	18.06	67.1	12.12	5.98	50.7
1931	3.46	21.0	16.48	39.0	6.43	2.97	53.9
1932	2.67	20.0	13.35	38.2	5.10	2.43	52.9
1933	2.89	27.0	10.70	74.4	7.96	5.07	36.3
1934	3.97	33.0	12.03	84.8	10.20	6.23	38.9
1935	3.68	30.0	12.27	83.2	10.21	6.53	36.0

출처 : U.S.D.A., *Yearbook of Agriculture*, 1925~1935 ; *Agriculture Statics*, 1936, 1937 ; 常盤政治, op.cit., p.348.
③은 ①÷②, ⑤는 ③×④, ⑥은 ⑤-①에 의해 산출.

대에 머물렀다. 이어 1935년의 밀 가격은 부셸당 83.2센트로 1931~1932년 수준의 2배 이상 상승하고 지대부담률을 공황 이전의 수준으로 지대를 차감한 에이커당 수입은 6.53달러로 공황 직전 수준의 60% 정도의 회복세에 그쳤다. 이것은 1929년의 공황을 계기로 미국 농업이 그만큼 쇠퇴해 갔음을 의미한다.

3. 농업 쇠퇴화의 구조

대공황기 미국 농업의 쇠퇴화 현상은 다양하게 나타났다. 우선 농업자산면에서 1929년부터 1932년에 걸쳐 토지·건물 가액은 479억 달러에서 308억 달러로 35% 감소하였고, 저당부채는 96억 달러에서 85억 달러로 소폭 감소하였으나, 반대로 소작은 증대하여 총체적으로 농민의 순자산이 크게 감퇴하였다. 다음으로 파산 상태를 보면 〈표 2-15〉에 수록된 바와 같이 저당경매가 다시 급증하였고, 더욱이 그중 3분의 1 내지 40% 정도가 조세체납으로 강제 매각되었음을 감안하면 대공황기 농가의 금융 상태가 최악에 이르렀음을 쉽게 판단할 수 있다. 농가파산 건수가 절정에 달한 1932~1934년 3개년간에는 약 100만 호의 강제 매각, 저당경매, 파산 등과 같은 경영체의 파괴가 있었다. 이 시기는 1,000만 명을 상회하는 실업이 나타난 시점으로 농업인구는 도시에서 역류되어 오는 탈도시(urban exodus)현상으로 150만 명 정도 증가하였다. 파산 농민이 도시로 흡수될 수 없는 상황에서 1930년 농가호수는 628만 호에서 1935년 681만 호로, 그것도 하류 빈농층이 이상형태로 팽창하는 양상을 보였다.

이 시기 농업자산 규모의 축소는 소농민경영뿐 아니라 자본가적 농업경영에도 타격을 주면서 농업의 전반적인 쇠퇴화를 촉진시켰다. 그것은 이 시기의 농업이 단순히 농경지의 방치에 의한 농업생산물의 감퇴뿐만 아니라 농업의 기술적 퇴보=농업생산력의 후퇴로 나타났다. 농업기계 및 설비지출액의 감소, 연료비 및 수리비 절감을 위해 트랙터의 사용은 가축력 및 가축력 농기구 활용으로 대체되고 기계 사용에서 수노동으로 복귀되었으며 인조비료 소비량이 감소되고 작물 및 가축의 생산성 저하가 수반되었다. 물론 농업기술의 퇴보라고 해도 개개의 농업경영에서 절대적인 퇴보가 행해졌던 것만은 아니었고, 기술진보가 전혀 중지되었던 것도 아니었다. 대규모 농업기업에서는 이 공황기에도 기

〈표 2-15〉 1929년 이후 농가파산·저당경매

연도 \ 적요	파산(건)	저당경매(건)	환산금액(백만 달러)
1929	4,939	99	297
1930	4,464	120	360
1931	4,023	185	555
1932	4,849	256	768
1933	5,919	188	564
1934	4,716	143	429
1935	4,311	135	405
1936	3,642	118	354
1937	2,479	91	273
1938	1,799	84	252

출처 : U.S.D.A., *Agri. Stats.*, 1939, p. 490.

술적 진보가 진행되었다.

　사실상 미국 농장에서 트랙터의 대수는 1930년 1월 1일 현재부터 1935년 1월 1일 현재까지 심각한 농업공황을 낀 5개년 사이에 92만 대에서 104만 8,000대로 12만 8,000대(증가율 14%) 정도가 증가하였다. 그러나 이는 1930년 1월 1일 이전의 5개년간에는 38만 1,000대(증가율 68%)나 증가함으로써 훨씬 급속한 증가율을 나타냈다. 더구나 1933·1934년 1월 1일 현재 트랙터 대수는 전년도(농업공황의 최저 연도 1932~1933년에 해당) 대비 절대적으로 감소하였다. 또한 이번의 농업공황 이전까지 해마다 급증한 농가 소유의 트럭 및 자동차 보유도 1930·1931년 1월 1일 현재를 정점으로 절대감소로 전환하였으며, 그 이후 1937년에 이르기까지 그 수준을 회복하지 못하였다(앞의 〈표 2-7〉 참조). 미국 농장에서 트랙터·트럭 및 자동차 대수의 절대적인 감소는 이 농업공황에서 처음으로 나타난 현상이었다.

　1929년 공황을 기점으로 하는 농업생산력의 전반적인 후퇴, 농업쇠퇴화의 일반적 경향은 1930년 이후, 특히 1931~1934년에는 농장경영비 지출액이 일반적으로 감퇴하는 속에서 고정자본 지출비 가운데 기계·트랙터 비용 및 그 수선비지출액, 자동차 및 트럭 비용 지출액이 특히 현저히 감소하였다. 그것은 1932년에 더욱 첨예화하여 1929년 대비 생산비 총액은 55.8% 감소한 데 반하여 자본적 설비지출액은 78.2% 감소하였고 그 가운데서도 기계·트랙터·자동차 및 트럭에 대한 지출액은 대략 80%나 감소하였다. 특히 1929년에는 생산비 총액에 대하여 36.3%를 나타내던 자본적 설비지출액이 1932년에는 생산비 총액에 대하여 18%에 불과하였다.

　한편 밀·옥수수·면화 등 미국의 기본적 작물의 파종면적은 1932년에는 1929년 대비 크게 감소하지는 않았을 뿐 아니라 주요 40종 작물 파종면적은 오히려 확대되었다(〈표 2-16〉 참조). 파종면적이 확대되던 1932년의 농업경영비 지출이 더욱 격감하고 그중에서도 자본적 설비, 특히 생산용구에 대한 지출액이 현저히 감소하였다는 것은 농업생산력이 그만큼 감퇴하였음을 의미한다. 따라서 여기에 나타난 '생산비 총액'의 감소는 단위생산물당 생산비 저하 또는 생산성 상승을 의미하는 것이 아니라 농업자본 총액의 감소를 의미하는 것이고, 자본적 설비지출의 현저한 감소는 농업에서 자본설비의 유휴 상태를 의미하는 것이다. 그것은 "기계 및 건물수리 지출비용의 격감현상은 농민이 자신

〈표 2-16〉 미국의 농작물 파종면적

(단위 : 백만 헥타르)

적요 연도	주요 40종 작물		밀		옥수수		면화	
	면적	지수	면적	지수	면적	지수	면적	지수
1929	143.2	100.0	25.6	100.0	39.6	100.0	17.5	100.0
1930	-		25.4	99.2	40.9	103.2	17.2	98.3
1931	-		23.1	89.8	42.9	108.2	15.7	89.8
1932	143.8	100.0	23.1	89.8	44.0	111.0	14.6	83.4
1933	-		19.4	75.8	41.8	105.5	12.1	69.2
1934	115.3	80.5	17.1	64.3	35.5	89.7	11.1	63.4
1935	-		20.2	78.9	37.5	94.7	11.1	63.4

출처 : ヴァルガ, 永佳道雄 譯, op.cit., 弟1券, 弟42表, 岩波書店, 1967.

의 자본설비를 놀리고 있음을 의미한다. 만약 이러한 상황이 장기간 지속되면 그 결과는 농업생산고의 감소를 초래하게 될 것이다"[18]라고 한 1932년 미국 농무성 보고서에서도 감지할 수 있다.

미국 농무성의 예상은 현실로 나타났다. 1933년 미국의 헥타르당 곡물생산고는 1926~1930년 수준보다도 20~30%나 감소하였고, 1932~1936년의 헥타르당 곡물생산고는 1926~1930년보다 13.2~17.9% 저하[19]하였다. 이것은 분명히 미국 농업에서 유휴자본설비에 의해 기술이 퇴보한 결과였고, 농업생산력의 저하를 의미하는 것이었다. 이 시기 농업생산력의 저하는 자본설비에 대한 지출이 감소한 결과에 원인이 있었던 것이 아니라 인공비료 사용량이 감소한 결과 때문이었다. 그것은 앞서 언급했듯이 사료·종자 및 비료비용이 현저히 감소하고 있는 데에서 추론할 수 있다. 즉 1929~1932년 사이에 미국에서의 과린산염 사용량은 129만 7,900톤에서 64만 3,900톤으로 50.4% 감소하였고 칼리는 30만 6,200톤에서 12만 9,800톤으로 57.6% 감소세, 칠레초석은 135만 7,000톤에서 36만 7,000톤으로 72% 감소세를 나타내어 전체적으로 2분의 1에서 3분의 1 이하로 감소하였다.

대공황기 미국 농업의 쇠퇴화는 축산·낙농업에서도 예외는 아니었다. 예컨

---

18) Crops & Market, No.4, 1933, p. 145.
19) ヴァルガ, 永佳道雄 譯, op. cit., 弟1券, 弟2部, 弟42表.

대 미국에서 젖소 1두당 연간 착유량은 지역에 따라 약간의 차이가 있기는 하나 전체적으로 보아 1930년 이후부터 1934년까지 각각 4,510파운드, 4,461파운드, 4,309파운드, 4,169파운드, 4,012파운드로 감소하면서 1934년 최저점[20]에 달하였다.

농업의 쇠퇴는 경종농업과 낙농 및 축산업에서 생산 및 생산성 저하로서 나타났을 뿐만 아니라 농산물의 상품화, 즉 농업전문화의 진행이라고 하는 자본주의적 발전의 기본적인 합법적 방향과 역류하는 농업의 자연경제화 경향으로 나타나기도 하였다. 1920년대를 통하여 진행되던 미국 농업의 전문화, 즉 기본작물을 경쟁력 있는 지방에 집중시킨다고 하는 주산지화(主産地化)의 방향은 1929년 공황시는 중단되고 그에 역행하는 경향이 나타났다. 따라서 이제까지 옥수수지대에서는 옥수수, 밀지대에서는 밀, 면화지대에서는 면화의 경작면적이 각각 점증하였으나 그와 같은 주산지화, 농업의 전문화 방향이 1929년 공황 발발 이후 반대의 방향으로 진행되었다. 밀의 경우 1923~1932년 평균으로 미국 전 밀생산의 63.5%를 점한 밀의 주산지 9개 주[21](캔자스·북부 다코타·남부 다코타·네브래스카·오클라호마·몬태나·워싱턴·텍사스·아이다호)에서는 1924년부터 1929년에 걸쳐 30% 이상이나 증대한 밀 수확면적이 1929년부터 1934년 사이에는 반대로 42%나 감소하였고, 1924년에 비해서 24% 축소되었다. 이에 반해서 남부의 면화 및 연초 지대(아칸소·앨라배마·조지아·북부 캐롤라이나·남부 캐롤라이나·켄터키·테네시)와 동북부의 집약적인 축산·원예작물지대(뉴욕·오하이오·미시간·위스콘신·인디애나·미주리)에서는 밀의 수확면적이 1924년부터 1929년에 걸쳐 12.8% 감소한 반면, 1929~1934년 사이에는 반대로 현저히 증가하고 1924년의 밀 면적보다도 크게 증가하였다(〈표 2-17〉 참조). 따라서 1924·1934년 사이에 밀의 수확면적이 밀생산지에서는 감소하고 밀 주산지가 아닌 지역에서는 오히려 증가하는 추세를 나타냈다. 1934년 밀 주산지에서의 밀 수확면적의 감소는 춘계밀의 가뭄[22] 때문이기도 하였으나

---

20) 常盤政治, 『農業恐慌の研究』, 日本評論社, 1964, pp. 354~355.
21) A. Dowell & O. Jesness, *The American Farmer and the Export Market*, Minneapolis, 1934, p. 36.
22) 예컨대 남부 다코타 주에서는 가뭄 때문에 춘계밀은 전멸하였다. 〈표 2-17〉의 남부 다코타 주 1934년의 밀 수확면적의 격감은 주요 원인이 가뭄이었다.

〈표 2-17〉 미국 농업의 자연경제화의 지표로서의 지역별 밀 수확면적

(단위 : 천 에이커)

연도 주 이름		1924	1929	1934	1924년 대비 1929년 %	1929년 대비 1934년 %
밀	캔 자 스	9,817	12,081	8,610	123.0	71.4
	북부다코타	8,500	10,440	3,430	122.2	33.1
	남부다코타	2,408	3,583	158	149.0	4.4
	네브래스카	3,081	3,700	2,251	120.0	71.0
	오클라호마	3,684	4,576	3,543	124.5	77.5
	몬 태 나	3,163	4,419	2,481	140.0	56.1
	워 싱 턴	1,850	2,295	1,934	124.0	84.2
	텍 사 스	1,366	2,970	3,094	218.0	104.0
	아 이 다 호	827	1,294	885	156.7	68.5
	계	34,695	45,385	26,386	130.7	58.0
면화·담배	아 칸 소	33	17	60	51.0	353.0
	앨라배마	6	2	9	33.3	450.0
	조 지 아	76	48	169	64.0	352.0
	북부캐롤라이나	414	353	496	85.2	140.6
	남부캐롤라이나	57	52	156	91.4	300.0
	켄 터 키	200	204	403	102.0	198.0
	테 네 시	310	280	418	90.3	149.5
	계	1,096	956	1,711	87.2	178.9
축산·원예	뉴 욕	327	242	263	74.0	108.9
	오 하 이 오	1,857	1,564	1,994	83.5	127.3
	미 시 간	840	790	855	94.1	108.3
	위 스 콘 신	116	96	104	80.6	108.2
	인 디 애 나	1,704	1,568	1,845	92.2	117.8
	미 주 리	1,607	1,534	1,643	95.6	107.0
	계	6,451	5,794	6,704	89.8	115.7

출처 : U.S.D.A., *Yearbook of Agriculture*, 1924, 1929 및 1934 ; 常盤政治, op. cit., p. 356.

그것이 결정적인 요인만은 아니었다. 그것은 춘계밀의 수확면적 중 큰 부분을 차지하는 미국 유일의 밀 생산지 캔자스 주[23]에서 1929년 1,208만 1,000에이커

---

23) 미국 전 밀 면적의 15.5%를 차지하는 미국 제1위의 밀 생산지로, 여기에서는 1929년 밀 면적 1,208만 1,000에이커 가운데 춘계밀은 불과 4만 7,000에이커(0.4%),

이던 밀 수확면적이 1934년에는 861만 에이커로 28.6% 감소한 데에서 유추할 수 있다. 1934년 밀 주산지에서 밀 경작면적이 감소하고 그와 대조적으로 비곡작지대에서 밀 수확면적이 증가한 것은 농업에서의 전문화＝주산지화에 대한 역행, 농산물 상품화의 쇠퇴＝농업의 자연경제화를 의미하는 것이었다. 역행화 현상은 비단 밀에서만 볼 수 있는 것이 아니라 면화·담배·축산 면에서도 볼 수 있었다.[24]

1920년의 공황을 기점으로 하여 1920년대의 농업이 기계화를 중심으로 하는 농업생산력 발전에 의해 특징지어진다고 하면 1929년의 공황을 기점으로 하는 1930년대의 농업은 광물성 비료 사용량의 감퇴, 작물의 수확량 감퇴 및 축산의 생산성 저하, 자본주의 농업의 기계화 과정의 침체, 즉 다각적 경영에서 기계화 농업에서 수노동으로의 환원, 트랙터에서 우마경작으로의 역행, 농업의 자연경제화의 일정한 과정, 즉 농업지대 간의 지리적 분업의 감퇴와 농업상품화 비율의 감소, 수많은 지역에서의 원시적인 물물교환으로의 복귀현상이 나타났다. 따라서 1920년의 전후 농업공황이 1920년대 농업생산력 증진을 목적으로 토양을 정화시킨 것이었다면, 1929년의 농업공황은 농업생산력 감퇴와 농업의 전반적 쇠퇴를 초래한 것이었다. 여기에 이들 두 농업공황의 성격적 차이 및 그들의 역사적 의의의 기본적인 차이가 있었다. 그러한 차이를 발생시킨 근거는 일반적으로 1920년의 전후 공황과 1929년 공황의 심각한 차이에 있었던 것이라고 할 수 있으나 내부적으로는 이들 두 농업공황을 야기시킨 농업생산력 기반의 차이에 있었다.

1934년에는 822만 3,600에이커 가운데 춘계밀은 3만 1,000에이커(0.37%)에 불과했다. 1934년의 면적이 〈표 2-17〉에 수록된 수치와 일치하지 않은 것은 동표 숫자 조작상의 오차 때문이라고 사료된다. 센서스 숫자에는 832만 3,600에이커로 되어 있다(United States Census of Agriculture, 1935, Washington, 1936, table V. pp. 31~36). 이 숫자로 계산하면 캔자스 주의 1929년부터 1934년 사이에 걸친 밀 면적의 감소율은 31.3%였다.

24) A. Dowell & O. Jesness, op. cit., p. 145 ; 常盤政治, op. cit., p. 358.

4. 결 언

　이상으로 자본주의 경제 사상 장기에 걸쳐 미증유의 규모로 전개된 대공황기의 미국 농업공황 과정의 인과적 메커니즘을 규명하기 위해 제1차 세계대전의 전시 붐 이후부터 1933년에 이르기까지 미국 농업의 부침 과정을 분석하여 보았다. 다음에는 그 과정을 요약·정리하는 동시에 그 상황을 어떻게 대처해 나갔는지를 제시하면서 결론에 대하고자 한다.

　첫째, 미국의 농업은 제1차 세계대전 기간 중 유럽 농업의 피폐에 따른 가격이 등귀하는 상황에서 급증하는 농산물의 수출수요에 직면, 수출산업으로 전환하여 주요 곡물 중심으로 생산확대에 주력하였다. 이를 계기로 농경지 확대가 가속화되었고 경지가 한계에 도달하면서 지가 상승이 수반되었다. 농경지 매입 자금은 농민의 순수자본도 포함되었으나 지방은행자금을 차입하여 조달하는 경우가 많았으며, 이 경우 지가 상승을 예상하고 투기 목적으로 이루어지는 매입행위도 있었다.

　둘째, 전시 붐기 농경지 확대를 통한 미국 농업의 생산확대는 제1차 세계대전이 종전되면서 전개된 유럽 제국에서의 농업보호와 그에 수반된 농업의 부흥 및 여타 신흥 농업국들(캐나다·아르헨티나·오스트레일리아)의 대두와 맞물려 세계 농산물시장은 생산물의 과잉현상이 야기되고 국가 간에는 경쟁이 심화된 결과, 가격 하락을 초래하면서 미국의 농업은 물론 세계의 농업이 전후 불황상태에 돌입하게 되었다. 이 과정에서 가격 보상을 받지 못해 수입이 감소되던 농민경제는 전시 붐기 경지확대를 위해 실시한 은행의 차입금에 대한 상환독촉까지 겹쳐 투매가 성행하였고, 이 악순환이 중첩되면서 농산물가격은 계속 하락→농업소득 감소→농가파산의 급증을 초래하였다.

　셋째, 또 다른 한편에서는 1920년대를 통하여 급진전하는 산업합리화 = 공업화가 가속화하는 현상과 맞물려 농·공 간에는 격차가 심화되고 농업노동력의 농촌이탈이 급증하는 동시에 기계화 영농으로 생산성을 높이려는 경향이 대두되었다. 이러한 과정은 농민층이 분해되는 과정이었고, 농업에서 자본의 집중・집적이 이루어지는 과정과 부익부를 심화시켜 가는 과정이었다.

넷째, 이상에서 설명한 세 가지에 요약된 모순들이 누적되어 야기되던 농업경제의 고난이 바로 1930년대 초 대공황기 미국의 농업이 내포한 문제점들이었고, 그 모순의 악화가 미국 농업을 쇠퇴지경으로까지 몰아갔던 것이다. 한마디로 대공황기 미국 농업공황의 뿌리는 제1차 세계대전의 전시 붐기에 편승한 생산확대와 국제시장의 경쟁 대두→과잉생산→가격 저하→소득 저하와 은행부채 상환부도에 수반한 은행신용 파괴가 장기에 걸쳐 중첩된 결과가 다각적인 측면에서 표출된 것이었다. 그 결과 대공황기 미국 농업은 우선적으로 농업수출액이 1929년에서 1932년 사이에 16.9억 달러에서 6.6억 달러로 61%의 감소세를 보였고 그 영향으로 농가의 현금 조소득(租所得)은 동일 기간 중 104억 7,900만 달러에서 43억 2,800만 달러로 59% 감소하였다.

다음으로 농가수입의 감소는 농업의 고난, 농업의 붕괴를 의미하는 것으로서 농업신용을 파괴시켜 지방은행의 연쇄도산으로 직결되었다. 1920년대 농민의 영농자금 공급원인 지방은행은 1930~1932년 사이에 4,057개의 점포가 영업정지되었다. 그 결과 자본금 2억 4,900만 달러, 예금액 18억 8,400만 달러가 백지화되는 농업신용 파탄이 수반되었다. 지방은행의 파탄은 전시 붐 이후 계속 연관을 가져온 도시은행과 연방 가맹 은행의 연쇄파산을 동반, 대공황기 금융공황을 격화시키는 한 요인으로 작용하였다.

그리고 설상가상으로 이 시기 세계경제의 전반적인 파탄(유효수요 급감과 대량 실업)과 특수농업적 발현에 수반된 미국 농업의 수출악화, 농업생산의 급감 행위가 불가능한 특수 상황이 중첩되어 미국 농업은 더욱 격심한 공황에 빠졌다. 그러한 현상이 도시 실업자들이 농촌으로 역류해 간 현상에서, 기계화 영농이 자연 영농으로의 복귀에서 지역적 전문화 영농의 파괴현상으로 전가되었다.

이러한 농업쇠퇴가 진정의 가닥을 잡게 되는 계기는 루스벨트가 집권하여 공업・상업・농업의 활성화를 목표로 회복・개혁・구제, 즉 Recovery・Reform・Relief의 3R 기치하에 구체화된 뉴딜정책을 실시하면서부터였다.

참고문헌

Barger, H. & Landsberg, H., *American Agriculture 1899~1939*(New York, 1942).

Bean, L. H., "Income From Agriculture Production", *Agriculture Yearbook* (1920).

Benedict, M. R., *Farm Policies of the U.S. 1790~1950*(New York : The Twentth Century Fund, 1953).

Benner, B., "Credit Aspects of Agriculture Depression 1920~1923", *Journal of Political Economy*(1925).

Dowell, A. & Jeness, O., *The American Farmer and the Export Market* (Minneapolis, 1934).

Friday, D., "The Course of Agriculture Income during the Last Twenty-Five Years", *American Economic Review*(1923).

Gray, L.G., "Accumulation of Wealth by Farmers", *American Economic Review*(1922).

Hyde, A. M., "The Year in Agriculture, 1930", *Agriculture Yearbook*(1931).

Lewis, A., *Economic Survey 1919~1939*(New York, 1949).

Sering, M., *Internationale Preisbewegung und Lage der Ladnwirschaft in den Aussertropischen Landern*(Berlin, 1929).

Shepherd, G. S., *Agriculture Price and Income Policy*(Iowa Univ. Press, 1962).

Wallace, H. G., "The Year in Agriculture 1922", *Agriculture Yearbook* (1922).

_____, "Wheat Situation ; A Report to the President by the Secretary of Agriculture", *Agriculture Yearbook*, 1923.

U.S. Dept. of Agriculture, *Yearbook of Agriculture 1920, 1922, 1928 and 1933*.

U.S. Dept. of Commerce, *Historical Statistics of the United States*, 1920, 1921.

ヴァルガ, 永佳道雄 譯, 『世界經濟恐慌史』(岩波書店, 1967).

馬場宏二, 『アメリカ農業問題の發生』(東京大出版部, 1980).

玉野井芳郎 編著, 『大恐慌の研究』(東京大出版部, 1982).

常盤政治, 『農業恐慌の研究』(東大評論社, 1964).

제 3 장

뉴딜(New Deal)의 농정기조

1. 서 언 208
2. 뉴딜 농업정책 등장의 대전제 209
3. 뉴딜 농업정책의 출범 227
4. 결 언 242

1. 서 언

　미국 초기의 농업 및 식료정책 기조는 자유방임이었고 도로·철도 및 운하의 건설 등 사회간접자본의 개발에 주력하는 측면이 강하였다. 그러다가 미연방정부가 본격적으로 농업 부문에 개입하기 시작한 것은 1862년 자작농 창설정책인 자작농법(Homestead Act)을 제정하고 농무부(USDA)를 창설하는 한편, 모릴법(Morill)에 따라 토지증여대학(land grant university) 체제를 마련하면서부터였다. 이 제도에 근거를 둔 미국 농업의 연구·교육 및 보급을 통한 농업개발은 오늘날에도 미국 정부의 농업 개입의 주요 수단으로 기능을 하고 있다.

　다시 말해 이 시기까지는 정부의 농업 개입에도 불구하고 농업의 의사결정은 시장기구에 크게 의존하고 있었으나, 1930년대의 대공황은 농산물가격 및 농업소득 폭락에 대응하여 농민소득을 안정·증대시키고 가격을 지지하기 위한 정부의 직접적인 개입을 수반하는 농업보호주의의 새롭고 지속적인 형태의 정책 등장을 예고하였던 것이다.

　1933년 루스벨트(Franklin Delano Roosevelt) 정부의 출범을 계기로 3R(Recovery, Relief, Reform, 즉 회복·구제·개혁)을 목표로 내건 뉴딜(New Deal)의 일환인 농업조정법(Agricultural Adjustment Act : AAA)의 시행은 농산물시장과 농민의 의사결정에 대한 정부의 직접 개입을 의미한 것으로, 그것들은 농민의 구제금융을 위한 변제의무면제융자(non-recourse loan), 생산자를 포함하는 판매 과정상의 유통마진 조정을 위한 목표가격과 차액지불제(target price and deficiency payment), 과잉농산물 처리를 위한 경작지 면적제한(acreage reduction), 매입과 전용(purchase and diversion) 및 농가의 생산비와 농산물가격 간의 비율로 요약되는 패리티(parity) 가격방식을 채택하여 농산물가격 지지 등을 기본 수단으로 하였다.

　이러한 정부 개입에 의한 농업정책 기조들은 오늘날에도 미국뿐만 아니라 여타 세계 국가들의 농업정책 수단의 중심내용으로 채택되어 기능을 하고 있다. 나아가 AAA가 제정·실시되기 시작하던 시기에도 세계 최대의 농산물 생산국, 나아가 농산물의 최대 수출국이었던 미국이 세계 최고의 농업보호 국가가 되는 단서가 되어 오늘날 세계 각국의 농업정책 협상의 주요 의제로 작용하는 원인이 되고 있다.

다음에는 세계무역기구(WTO)의 성립과 함께 농업 분야의 협상이 WTO 협상 라운드 성패를 좌우할 정도로 첨예하게 대두되는 현실에서 그 시발이라고 할 수 있는 뉴딜의 농업정책 기조 성립에 대한 인과 과정을 규명하고자 한다. 이를 위해서 뉴딜 농업정책 기조의 대전제가 된 미국의 농업발전 상황과 뉴딜 농업정책의 본질 및 전개 과정을 구명한 다음 그에 대한 평가를 언급하고자 한다.

2. 뉴딜 농업정책 등장의 대전제

19세기 미국의 농업은 동부에서 서부로 이주하는 개척 농민들의 서점운동 (Westward Movement)이 성행하였고, 경제성장에 수반된 주(州) 간, 농촌 간의 교통망 확대와 더불어 잉여생산물을 지방의 소읍이나 도시 지역에 판매함으로써 농촌의 근본적인 생계가 확고히 다져지고 있었다. 19세기 말 토지개척(land frontier)의 종결과 대규모로 상업화된 농부(agricultural wealth)들은 노동 및 기술과 더불어 시장 상황에 의존하게 되었다. 이로써 미국의 농장들은 국가의 독립 이후부터 1930년대 초반까지 자급자족적 생계 수단에서 상업적 농업 (agribusiness)으로 전환하였다. 이는 이 시기의 농업인구 감소가 시사한다. 1790년 제1차 인구조사 당시 총인구 중 94% 이상이 농업인구로 분류된 미국은 1933년에는 인구의 25%만이 농업으로 생계를 유지하고 있다.[1]

독립 초기부터 1930년대 초반까지 미국 농업정책의 자유시장 농업 부문의 발전을 보조하기 위한 주요 정책과제는 토지정착과 자유지 보유체제의 확립, 농업 시스템의 개혁, 농업기술 연구와 공개강좌 시스템의 설치 및 농민의 기술교육개선 등에 관한 것들이었다. 그러나 1920년대 농업경기가 침체하는 조짐이

---

1) M. R. Benedict, *Farm Policies of the US, 1790~1950*, New York : The 20th Century Fund, 1953, p. 87.

보이면서 상품시장에 대한 적극적인 정부 개입이 요구되었고, 1929~1933년 사이의 공황은 이러한 압력을 증대시켰다.

다시 말해서 대공황은 국내의 통화수축(디플레이션)과 수출수요 부진 상품가격을 하락시키고 농업 이익을 저하시켜 1933년 농업인구의 소득은 비농업 분야 소득의 40%에도 못 미쳐 농촌은 '가장 작고 가난한' 형태로 변하였다. 심각한 농업 침체의 결과 '농업문제는 국가정책의 의제'로 부각[2]되어 1933년 집권한 루스벨트 대통령의 뉴딜정책의 일환으로 농업시장에 대한 자유방임형 정책은 정부의 관리로 전환되었다. 루스벨트 대통령이 집권하면서 곧바로 제정된 1933년의 농업조정법(AAA)은 현 시기까지 미국 농업정책의 기본 틀로 유지되어 왔다.

1. 토지소유제도와 농장구조의 정착

개척 초기 미국의 일부 토지는 공동체에 의해서 확정되었으나, 사적 소유권이 농업조직의 지배적 방식이 되었다. 1776년 식민지들이 모국으로부터 독립을 선언할 때 식민지 농민들은 토지를 불하하고 상속권을 책정했다. 토지소유자는 적합하다고 보는 방식대로 정부의 제약이나 통제가 거의 없이 사용권을 기본적으로 획득[3]하여 사유재산권이 헌법에 명시되었고, 사유권 원칙이 법률 및 경제제도에 확고하게 수립되었다. 독립 이후 농업정책의 주요 관심은 공유지(public domain)에 속하는 광대한 토지를 농민들에게 처분하는 것이었다. 미국혁명(미국의 독립)으로 토지재산권은 영국 왕실과 귀족들로부터 새로운 동부 주정부로 이전되었고, 주정부들은 토지소유권을 연방정부에 넘겼다. 이 결과 새로운 토지들은 점차 타지방과의 병합과 확장 및 조약을 통한 국가 공공지(national public domain)가 되었다. 토지처분정책의 주안점은 농민들로 하여금 신속하게 재산권을 가질 수 있도록 하는 데

---

[2] J. E. Lee, "Food and Agriculture Policy : A Suggested Approach", *Agriculture Food Policy Review : Perspectives for the 1980s*, U.S.D.A., AFPR 4.

[3] T. L. Anderson & P. J. Hill, "The Role of Private Property in the History of American Agriculture, 1776~1976", *American Journal of Agriculture Economics*, 1976, No. 58, pp. 937~945.

있으며, 주요 쟁점들은 공공 토지를 개인 소유로 전환하는 방법에 대한 것이었다.

제1차 토지법은 1785년의 조례(Ordinance)로, 그것은 최소한의 토지분할분(640에이커)에 대한 공개경매를 통해서 연방 소유토지를 최저가격 에이커당 1달러의 엄격한 현금조건으로 판매하는 것이었다. 북서부 경계에 관련된 1796년의 제2차 토지법(Land Act)은 최저 제한 가격을 에이커당 2달러로 하고 구매자의 지불기간을 1년 유예한 것을 제외하고는 똑같은 조건을 부여했다. 이러한 토지구매조건들은 대부분의 농민 자원을 고려하지 않은 것이었다. 토지가 부족한 정착민들은 작은 필지를 손쉬운 조건으로 매입할 것과 불법점거자들(squatters)에게도 권리를 달라고 요구했다. 제3차 토지법(1800년)은 절반의 토지분할분(320에이커) 경매를 허용했으며, 구매자가 4년에 걸쳐 상환할 수 있도록 하는 신용대출 조항을 포함시켰다. 1804년의 법률에서는 경매 가능 토지의 최소면적을 4분의 1 수준으로 크게 감소시켰으며(160에이커), 이전의 신용대출 조항을 유지시키고 최소가격을 에이커당 1.64달러로 인하하였다. 이어 1820년의 토지법은 공개경매에서 에이커당 1.25달러의 최저가격에 4분의 1 섹션(80에이커)이라는 절반의 규모를 매입할 수 있게 하였으나, 당시 유행하던 토지투기를 막기 위해서 신용대출 조항을 폐지하였다.

1820년 토지법령은 1820년대보다는 1830년대에 더욱 효과를 보기는 했으나 공공 분야에서 토지판매를 촉진시키는 결과를 가져왔다. 그러나 이 시기까지의 법률은 불법점거자의 문제를 해결하지는 못하였다. 1830년대에는 서부로의 대규모적 이주가 있었기 때문에 선매권 요구가 발생하였다. 1830~1840년의 기간에는 5개의 법안이 통과되어 불법점거자들에게도 "공공토지에 정착하고 있을 경우 최저가격에 매입할 수 있는 권리가 있다"는 소급권을 주었다. 이어 1841년의 선매법안에서는 "개척자는 공공토지에 정착이 허용되며, 나아가 그 지역의 토지가 매각될 때 최저가격에 매입할 수 있다"는 선매권을 주었다. 마지막 1862년의 공유지 불하법(Homestead Act)에서는 공공토지에 대한 자유접근권한을 허용하였다. 특히 이 법령에서는 정착민에게 5년 연속 거주 이후 염가 매입에 의한 토지소유권을 부여하였다. 1890년에는 정착하기 좋은 땅이 거의 남아있지 않아 토지의 개척 경계는 실질적으로 닫혔고, 나머지 공유지에 대한 향후의 정책들은 정착보다는 보존에 관련되었다.

1783년 이후의 공유지 처분방식은 두 가지 측면[4]에서 19세기 미국의 경제개발에 도움을 주었다. 첫째, 공유지 처분수익이 공공교육에 쓰이게 되었고, 공유지를 국영 또는 민영 교통회사에 인가하여 교통기반시설을 건설했다는 점이며, 둘째 농토지 자원은 점차 자유보유권을 가진 가족들에 의해서 운영되는 토지로 확정되었다는 점이다. 이들 농지들은 미국의 일반적인 농업조건들(특히 습한 지역)에 적합한 단위(대개 4분의 1 섹션)로 운영되었다. 대규모 사유지를 억제하기 위해서 토지는 아주 공정하게 배분되었으나 소규모 영세농민 가구들은 배제되었다. 전형적인 농장은 자원 제약에 관련하여 효율적이었고, 소유주는 노력한 만큼 수확할 수 있는 동기부여를 가졌다는 점에서 생산적이었다. 나아가 다수의 자영단위로 토지가 분할·확정되었던 점은 민주주의적 시장경제 기반을 확립하는 데 중요한 의미를 가지게 되었다.

2. 미국 농업의 위상 제고

미국 농업 상황을 총괄할 수 있는 행정부서가 1862년 링컨(A. Lincoln) 행정부에 의해서 농무부로 설립되었다. 초기의 농무부는 행정부에 완전히 속하지 않는 임명위원이 맡았으나, 1889년 농무부 책임자의 지위가 내각에 속하는 농무장관(Secretary of Agriculture)으로 승격되었다. 농무부의 초기 기능은 통계의 수집과 출판, 신종 동식물의 소개, 농업기술개발의 실험, 실용적·과학적 연구의 추진과 실행 및 자금지원 등이었다. 이 마지막 기능은 점차 중요해졌고, 20세기 초 농무부는 동식물산업, 곤충·토양·생물 조사 및 기상국을 설립하였다. 1922년에는 농업경제국이 증설되었으며, 1933년까지 미국 농무부는 '사실을 발견하는 연구와 과학을 생산하는 최고의 기구'로 발전했다. 미 농무부의 규모와 운영, 규제, 통제기구의 크기는 제1차 세계대전과 그 이후 10년 동안에 꾸준히 증가하여 근무인원 규모가 1900년 1만 명 미만에서 1920년대 초에는 2만 명으로, 1933년까지는 3만 3,000명으로 꾸준히 증가세를 보였다.

이 기간 중 농민들의 활동 상황은 19세기 마지막 4반기 동안 농업기업(agri-

---

4) Ken A. Ingersent & A. J. Rayner, *Agriculture Policy in Western Europe and the United States*, Edgar Elgar, 1999, p. 58.

business)면에서나 정치적인 측면에서 조직화하고 집단적인 행동양상을 보였다. 이 시기는 미국 농업의 '고난의 시기'로 농민들은 철도수송과 곡물저장에 대한 노력을 집중해서 얻을 수 있는 시장의 고수익에 관심을 가졌다. 농민저항운동에서는 농촌소득 향상과 안정화를 위해 '필요한 무엇'을 요구했고, 협동을 통한 시장수익의 '공정한 몫'을 얻기 위해 노력했다. 이 시기의 가장 중요한 농민조직은 '그랜저와 농민연합(Granger and Farmers' Alliances)'이었다. 1867년 켈리(O. H. Kelley)에 의해 설립된 그랜저로 알려져 있는 미 농업협동조합(National Order of the Patrons of Husbandry)은 초기에는 농민간의 사교·상부상조를 주 목표로 하였으나, 1873년 대불황이후 급속히 경제문제에 개입하여 협동구입을 촉진하고, 정치면에서는 공공철도운임 인하에 관심을 가졌으나, 점차 국영농업실험연구소의 설립과 미 농무부를 행정부 내의 직제로 상승시키는 데 깊이 관여했다.

또 다른 몇 개의 농민조직들이 19세기 마지막 4반기에 출현했다. 이들 중에는 미국 북부 시카고를 중심으로 농민들의 연합전선을 조직하고 정치색을 띠며 여타 산업의 노조조직과 연대하여 인민당(Populist Party)의 형성에 조력한 '농민연합'도 있었다. 다음으로 주요했던 농민조직은 1902년 남부지역 텍사스에서 시작된 농민연합(the Farmers' Union)으로 이들은 작물담보제, 면화선물거래, 외자에 의한 토지독점에 반대하고, 토지투기와 철도에 대한 중과세를 주장하면서 1907년까지 대략 100만 명에 육박하는 회원을 확보하고 있었다. 그러나 이들은 농산물을 시장으로부터 분리함으로써 가격 인상 시도를 위시하여 협동을 강조하였음에도 성공을 거두지 못하고 포기상태에 빠지기도 했지만, 농업정책에 영향을 미치는 중요한 세력으로 남게 되었다.

일반적인 농민조직의 새로운 형태가 1913년 스미스-레버법(the Smith-Lever Act)에 의해서 승인된 농업 확대 프로그램 운영을 위해 설치된 카운티 농장관리소(the county farm bureaux)였다. 이 카운티 농장관리소의 유일한 기능은 농민교육 및 농민시위에 관한 규정으로, 관리소의 농민 고객들은 관리소가 압력집단의 기능도 수행해 줄 것을 요구하였다. 카운티 농장관리소는 곧 주 연방(state federation)체제로 바뀌었으며, 1920년에는 농민의 경제적·법률적 이익을 진작시키기 위하여 농장관리소 연방기구(Farm Bureau Federation)로 확대되었다. 제1차 세계대전 이후 경제적인 어려움 속에서 이 연방기구의 회원은, 특히 상업적 사고방식을 가진 교육받은 농민들 사이에 급속도로 증가하여 중산층 및 진보적·온건보수적인 성향을 띠게 되었다.

이 시기에 그랜저와 농민연합도 농장관리소 연방기구 활동이 이룩한 두드러진 성과들을 질시하고 그들의 활동을 비판하면서 적극성을 띠기 시작하였다. 특히 이들 경쟁적인 조직들은 농장관리소가 그들의 휘하기관으로 보는 농업대학 및 그 연장적 서비스들과 밀접한 관련이 있다고 비난하였다. 그러나 농장관리소는 '농업은 국정문제에 더욱 강력한 발언권을 가질 자격이 있으며, 농장관리소는 이 점을 얻어 내기 위해 잘 준비되어 있다는 신념의 확산' 때문에 계속해서 많은 농민들의 지지[5]를 얻었다.

한편 협동조합사업조직의 설립과 운영에 해당하는 주법(state law)이 20세기 초부터 입법화되었다. 이러한 법률은 '로치데일 원칙(Rochdale Principles)'에 기반을 두었다. 미국의 초기 농민조합은 대부분 소규모의 곡물창고, 낙농장 및 치즈 공장과 같은 지역활동으로 제한되었으나, 1895년 설립된 캘리포니아 과실재배자 거래소 같은 몇몇의 조합은 성공적으로 주요 중앙시장에 진입하기도 했다.[6] 1900~1915년에 이르는 기간은 미국 농업에서 상대적인 번영기 중 하나였다. 이 기간 중에 농민들의 집단행동 참여 동기는 감소되고, 마케팅을 겨냥한 생산에 초점을 두면서 상당수의 지방농업조합 벤처들이 성공적으로 설립되었다. 그러나 제1차 세계대전 이후 급격한 경제 상황의 변화와 함께 1920년대 초 집단행동이 두드러지게 재발하였다. 농민들은 농민시장조합협회에 대하여 질서 있는 시장거래를 슬로건으로 더 많은 것을 요구했으며, 이 과정에서 독점력 행사를 위해 전국적 연합을 수립하려는 관심도 재발하였다.

조합 집단행동의 새로운 관심에 대한 반응으로서 미국 정부는 1922년 캐퍼-볼스티드 조합시장법(Capper-Volstead Cooperative Marketing Act)을 발효시켰다. 이것은 협동조합에 대한 법률적 정의를 엄격히 하면서 협동조합으로 하여금 소득세 면제뿐만 아니라 반트러스트법(Anti-trust Act)에서도 면제받도록 한 것이었다. 농업조합의 시장독점권 행사 시도에 대한 관심의 재발은 1920년대 초의 '사피로 운동(Sapiro Movement)'에서 유래하였다. 농민협동조합을 중앙

---

5) M. R. Benedict, *op. cit.*, p. 191.
6) *Ibid.*, p. 136.

시장에서 조직들을 사고 파는 독점기업으로 변화시키려던 사피로의 장대한 계획은 실패하였으나, 지역의 수준을 넘어 원격지 시장까지 조합거래를 확대시키려는 사상은 지속되었다.

3. 농업기계화와 연구 시스템의 진보

1820~1920년 사이에 성립된 미국 농업기계화의 과정은 독점적 농업기술 진보 형태[7]였다. 독립 직후부터 개척지 경계선이 폐쇄될 때까지의 미국 농업은 토지는 풍부하고 노동력은 부족한 상황이었다. 이러한 상황에서 기계가 인력과 마력을 대체함으로써 노동제약을 덜어 주었다. 1820~1850년 사이에는 씨앗모판의 준비와, 곡물수확을 용이하게 하는 기계들의 발전과 개혁이 수반되어 남북전쟁 이후 널리 퍼져 나갔다. '기계혁명'은 노동자 1인당 경작면적의 증가, 즉 에이커당 노동시간 감소를 초래하였다. 당시의 기술변화는 기계 사용으로 인한 노동절약 경향을 나타냈고, 새로운 기계들은 제조 분야에 공급되면서 발명과 대량생산에 대한 인센티브와 새로운 기술의 확산이 특허제도의 지원을 받아 촉진되었다.

기계화의 두 번째 물결은 19세기 말 농업용 트랙터 발명에 기초하여 1910년 이후에 일어났다. 1920년 트랙터 조립라인이 설립되면서 농민들은 이를 재빠르게 채택하였다. 이로써 1910년 미국 농장은 1,000대의 트랙터, 1920년 24만 6,000대, 1930년대 100만 대에 달하는 트랙터 기반의 기계력이 말과 버려진 땅을 대체했다. 미국 농무부는 1920~1930년 사이에 미국 농업의 노동력 투입은 5% 감소한 반면, 농장의 기계력과 기계류의 투입은 25% 증가했고, 노동생산성은 1.4%가량 증가했다[8]고 밝혔다.

1870~1930년 사이에 노동의 자본으로의 대체는 노동투입비율 감소와 자본의

---

7) W. W. Cochrane, *The Development of American Agriculture*, Minneapolis : University of Minnesota Press, 1979, p. 200.

8) J. B. Penn, "The Changing Farm Sector and Future Public Policy : An Economic Perspective", in U.S.D.A., *Agriculture-Food Policy Review : Perspective for the 1980s*, AFPR 4, Washington D.C., 1981, p. 39.

비율 증가에서 나타났다. 1870년 총투입량 중 노동 65%, 토지 18%, 자본 27%를 차지하였던 투입비율은 1930년 각각 대략 45%, 18%, 37%가 되었다.

농업의 발전을 제도화하고 대중화시키는 데 중요한 작용을 하는 농업교육, 연구 및 개발 세 부문에 걸친 체계도 1862~1920년 사이에 제도화되었다. 1869년 미국 농무부는 모릴랜드 그랜트 칼리지법(Morrill Land Grant College Act)을 통하여 각 주에 농업대학 설립을 위한 기금 마련을 승인하였다. 이 법의 규정하에서 의회는 법조항을 수용하는 주정부에 대해 정착용으로 매각할 수 있는 공유지를 기부할 수 있도록 함으로써, 그 수입액이 각 주정부에 증여되어 각 주정부는 최소 1개 이상의 대학에 농업교육을 지원·유지할 수 있게 되었다. 이에 따라 17개의 주가 이미 설립되어 있던 주립대학의 농업교육을 지원하기 위해 무상증여 토지(land grant)를 사용하게 되었고, 나머지 주들은 별도의 농업 및 기계기술대학(A&M college)을 설립했다. 이를 계기로 미국의 농업교육은 1870~1880년에는 느리고 일률적이지는 않았으나 1900년까지 우수 농업대학들이 효과적인 농업교육기관으로 성장하여 자리잡아 갔다.

토지증여 대학들(Land Grant Colleges)이 설립되던 시기에 연구결과를 농업에 적용하는 유럽의 경험에 자극을 받은 과학적 선구자들이 농업실험연구소 설립을 요구하였다. 이러한 요구의 성과로 1877년 코네티컷(Connecticut) 주에 최초의 농업실험연구소가 토지증여 대학과는 별도로 설립되었다. 이어 여타의 주에도 농업실험연구소가 설립되면서 1887년 연방정부 차원의 농업실험연구기금 지원법안이 해치법(Hatch Act)으로 확정되었다. 이 법령은 토지불하 대학 부속 농업실험연구소 지원은 공유지 매각자금을 통하여 각 주에 공급한다는 것이었다. 연구소와 대학의 이 같은 연계는 교육과 연구의 통합을 용이하게 했고, 농업연구작업은 미국 농무부의 활동에 의해서 보완되었다.

이와 함께 토지증여 대학들은 농촌사회와 나아가 그들 대학에 대하여 기금 지원을 한 후원자들에게 다가가는 수단으로 성인교육 또는 공개강좌(extension)를 개설했다. 1913년 38개 주의 농업대학들은 공개강좌 부서를 설립하고 연방정부의 지원을 요청했다. 1914년의 스미스-레버 협동공개강좌법(Smith-Lever Cooperative Extension Act)은 주의 책정금과 일치될 경우 연방기금을 지원하는 조항을 포괄하고 있었다. 1917년 이러한 공개강좌 시스템은 농민의 기술향상뿐만 아니라 대학에서 발표하는 연구물의 보급을 보조하는 역할로서도 자리를 굳혀 갔다.

1862~1920년 사이의 계속되는 입법화는 통합된 과학기반연구·교육·공개강좌 시스템을 유도했다. 즉 1920년대 초 국가적 농업연구와 공개강좌 시스템은 연방 및 주정부 수준에서 할당된 기금은 적었으나 모두 제도화되어 에이커당 산출량과 육종단위당 산출량을 증가시키는 새로운 농생물학적 기술이 1920년대 중반의 흐름을 주도하기 시작했고, 이 개발들은 향후 수십 년간 현저한 상업성을 띠게 되었다.[9] 이렇게 제도화된 연구는 1910~1925년 기간 중 이전 시대에 비해서 더욱 확대되었다. 다음으로 중요한 확대는 1925년 이후에 야기되었다. 1925년 퍼넬법(Purnell Act)은 농업실험연구소로 하여금 국가합동개량연구 프로그램을 착수하도록 했고, 연구소들이 경제·사회 문제들에 대한 연구까지도 할 수 있도록 허가하는 등 더욱 광범위한 지원을 제공했다. 이 시기 혼합옥수수 개량 프로그램이 농업실험연구소 작업에서 특히 중요했는데, 1920년대 시작된 혼합옥수수(hybrid corn) 개량시험 응용연구는 1930년대에는 혼합옥수수의 상업적 생산을 가능케 하였다.

4. 농촌 신용대출의 확충

부적절한 농업대출제도, 특히 토지구매에 대한 장기 조건들은 서부의 정착시기 내내 농민들에게 계속적인 문제로 작용하였다. 19세기 후반 농민들은 농기계 구매를 위한 단기 대출을 필요로 하였으며, 농민조직들은 1900년대 초 공적 개입 이전의 수십 년간에 걸친 은행제도와 농업담보 신용대출 계약문제들에 대해서 끊임없이 불평해 왔다. 1863~1913년 사이에 국가은행제도는 공인된 국립은행이 표준은행 수표를 중앙정부 신용으로 발행함으로써 운영되어 왔으나 이들은 농촌 지역의 신용대출 공급에는 부적절하게 묶여 있었다. 다시 말해서 그들은 전 농촌을 대상으로 하기에는 수적으로 너무 적었을 뿐 아니라 부동산 담보대출이 법적으로 불가능했고, 그마저 단기(2~3개월) 대출 조항을 가지고 있어서 결과적으로 농업 신용대출은 '금리가 높고 재정 상태가 열악한' 작은 주

---

9) Y. Hayami & V. W. Ruttan, *Agricultural Development : An International Perspective*, Johns Hopkins Univ. Press, 1971, p. 144.

립은행들에 의해서 이루어졌다. 담보신용(mortage credit)대출은 이들 은행과 농업담보 회사들이 3~5년의 단기 고금리로 제공되어 많이 남용되기도 하였다. 1913년 기존의 은행제도는 중앙이사회가 통제하고 감독하는 12개의 지방준비은행들이 제공하는 연방준비자금법(the Federal Reserve Act)에 의해서 개선되었다. 연방준비자금법은 기존의 제도에 대해서 더 큰 통제와 강화된 안정성을 초래했으며, 국립은행들로 하여금 농지 담보대출을 허용케 하였다. 그러나 이러한 농업 담보 상황을 사실상 완화시켰던 것은 1916년 연방농업대출법(Federal Farm Loan Act)[10]이었다.

이 법령하에서 12개의 연방토지은행들이 농민 전용의 협동대출기관으로 설립되었다. 이들은 연방농업대출이사회의 감독을 받았으며, 은행들은 농민에게 직접 대출하지 않고 '국가농업대출협회'라는 대출협동그룹에 돈을 빌려 주었다. 이 대출법은 또한 농민 개인과 직접 거래할 수 있는 사설 합동-채권(joint-stock)토지은행들을 설립했다. 이 법률에 입각해서 농민들에게 합리적인 금리로 장기 대출을 실시할 수 있는 광범위한 연방농업담보신용대출제도가 운영되었고, 이는 향후 수십 년간 농민의 재정문제에 더욱 광범위한 정부 개입이 존재하는 전주곡이 되었다.

신용대출과 관련 있는 더욱 심화된 법안이 1920년대에 발효되었다. 제1차 세계대전 이전에 제정되고 연방정부가 후원하는 신용제도는 1923년 농업대출법(agricultural credit act)에 의해서 강화되었다. 이 법령은 12개 연방토지은행과 연합되고 연방농업대출이사회의 감독하에 12개의 중간 신용은행 체계를 확립했는데, 그것은 상업기관에서 일반적으로 제공되는 단기대출과 토지담보에 의해서 얻는 장기 대출의 중간 기간 대출을 제공하였다. 그러나 중기신용은행들은 농민들에게 직접 대출하지 않았다. 즉 이 기관의 대출상품들은 시장조합협회에서 사용 가능하거나 지방은행 같은 지방 신용대출기관들을 통하여 간접적으로 사용할 수 있었으나, 결과적으로 이 법령에 의해서 발생한 대출상품들을 농민들은 거의 사용하지 못하였다.

---

10) M. R. Benedict, op. cit., p. 185.

〈표 3-1〉 1880~1930년 사이 미국의 농업지표

구분	연평균 성장률(%)
농업산출지수(밀 단위)	1.44
총투입지수	1.32
총소요생산성 지수	0.015
남성 노동당 산출량(밀 단위)	1.10
농지 ha당 산출(밀 단위)	0.16
남성 노동자당 농지(ha 단위)	0.94
남성 노동자당 자본지수	2.10
자본단위당 산출지수	-0.90

출처: Hayami & Ruttan, *Agricultural Development : An International Perspective*, Johns Hopkins Univ. Press, 1971, p. 481.

〈표 3-2〉 1880~1930년 사이 미국의 곡물생산량과 비료 사용량

연도	곡물산출	경지의 비료 사용	농지의 비료 사용	곡물산출지수
1880	25.6	1.0	0.5	100
1930	24.7	5.8	2.9	109

출처: *Ibid.*, p. 481.

5. 농업생산성의 향상

19~20세기 초 미국의 농업발전은 풍부한 농토에 기초를 두고 운송제도와 농업기계화의 성장에 의해서 보조된 것이었다. 토지정착과 농업연구와 농업교육, 그리고 신용대출 제공에 대한 정부정책들은 농업발전을 촉진시키는 커다란 원동력이었다.

농업발전 형태에 대한 자료들은 통계자료를 수집하고 발간한 미국 농무부 설립 이후 19세기 후반부터 계속하여 이용이 가능해졌다. 1880~1930년 기간 중 생산성 증가에 대한 지표들은 〈표 3-1〉과 〈표 3-2〉에 나타나 있다.

농업산출량은 1870~1930년의 60여 년간에 걸쳐 연평균 1.44%의 성장률로 2배 증가하였으나, 산출량의 증가는 전체 투입량 증가와 동반되어 전체적인 생산성은 거의 증가하지 않았다. 노동력은 1880~1910년까지 약 30% 증가하여 피

크를 이루다가 감소했으나, 토지투입량은 1880~1900년 사이에 40%가량 증가하다가 그 이후 아주 서서히 증가했다. 투입량의 증가는 동 기간 중 3배 증가한 자본에 의해서 설명된다. 임금과 관련된 자본 항목들의 가격 하락으로 기계혁신과 노동생산성은 연간 1% 정도 성장[11]했다. 명백한 농생물학적 혁신은 거의 없어서 토지생산성의 증가는 연간 0.1% 정도로 매우 적었다. 〈표 3-2〉는 곡물수확이 동 기간 중 매우 정적이었으며 비료 사용이 매우 낮았음을 보여 준다. 비료가격은 이 기간 중 토지가격과 관련하여 아주 근소한 정도로 하락하였으나, 작물의 다양성에 모두 맞춰 줄 수 있는 비료가 적었기 때문에 비료의 사용량은 적었다. 비료 사용의 증가가 일어난 원인은 남부 지방의 면화와 담배 때문이었다. 이들 작물은 '지력고갈' 작물로 간주되어 토양에서 초래되는 자연영양의 손실을 인공비료로 대체하였다. 요컨대 이 시기의 생산성 증가는 투입량 증가에 기초를 둔 것이었으며, 트랙터 도입으로 대변되는 기계의 혁신과 자본의 노동력 대체는 노동생산성을 높여 주었으나, 작물수확과 토지생산성은 부진하여 농생물학적 기술혁신과 그것의 채용을 필요로 하였다.

6. 무역정책과 시장개입

1 농업수출국의 입지확보

미국의 대외무역은 1783~1815년 사이에 서서히, 그리고 변덕스럽게 성장하면서 남북전쟁(1861~1867) 때까지 상승세를 탔다. 제조품은 주로 수입하고 남부 주들이 면화와 담배를 주로 수출함으로써 무역수지는 대개 적자를 유지하였다. 이 기간 중 관세정책은 무역확장을 추구하는 남부 농민들과 관세장벽 이면의 보호무역을 선호하는 북부 기업가들 사이의 협상의 결실로 유지되었다. 이에 따라 수많은 관세법령들은 50~60%라는 고관세 수준에서 1860년 20%까지 떨어진 관세율을 가진 과세품목의 목록을 다양하게 만들었다.

이는 남북전쟁 기간과 그 이후 남부 농민의 영향력이 약해지면서 북부 산업가들이 의회에 대해 관세수입에 50%까지의 관세율을 적용하는 일련의 강력한 보호주의 법령을 요구하여 얻어 낸 결과였다. 이렇게 시작된 다양한 법령들은

---

11) Y. Hayami & V. W. Ruttan, *op. cit.*, p. 481.

과세품목의 목록도 확대한 결과, 특히 1890년의 맥킨리 관세법(McKinley Tariff)에서는 전 농산물에 대한 과세현상을 초래했다. 그러나 농산물에 대한 관세 수준의 감소와 관세 철회는 1913년경에 나타났다.

산업가들에 의한 보호주의 정책은 농민이 구매하는 소비제품과 농사투입물 가격을 올렸으나, 그것들은 농업생산물에 대하여 거의 영향력을 끼치지 못하였다. 남북전쟁 후 반세기 동안 농업생산물과 농업수출품은 급증하여 농업생산이 1870~1915년 사이에 3배나 증가하였다. 이는 19세기 말경 개척 경계가 실질적으로 닫혔음에도 농지의 서점운동(Westward Movement)이 초래한 결과였다. 1870~1900년 사이에는 주요 농산물 수출품인 곡물·면화·담배·육류 및 육류 가공제품의 수출가격이 2배 이상 상승하였다. 그러나 다음 10년간, 즉 1900~1910년에 면화와 담배의 수출은 유지되었지만 곡물과 육류의 수출은 감소하였다. 결과적으로 이 무역의 금전적 가치를 유지시킨 것은 더 높은 가격이었음에도 불구하고 농산물 수출량의 쇠퇴로 나타났다. 1870~1910년에 미국 농산물의 주요 해외 수출시장은 서부 유럽, 특히 영국이었음을 앞서 설명하였다. 이들 유럽 국가들은 급증하는 인구와 급속한 산업성장을 경험하면서, 특히 대미 수입으로 국내 식량공급을 보충하였다.

1870~1890년에 농산물 수출은 미국 전체 수출에서 75% 이상을 차지했으나, 이를 정점으로 1910년에는 50%를 약간 상회하는 수준으로 떨어졌다. 이러한 상황에서 미국의 무역수지는 이 전 기간 동안 흑자를 기록하면서 제조업은 공산품 수입을 제한하는 극도의 보호주의에 의해 보호되어 왔다. 외국 자본에 의해 도움을 받고 대량 생산기술의 발전을 비롯한 기술상의 변화에 촉진되고 관세로 보호되어 미국의 제조업은 이 기간 중 신속히 성장하였으며, 특히 대량 이민으로 인해 인구가 급격히 불어났다. 그 결과 농산품의 국내 시장은 크게 확대되어 1900년 이후의 수출수요 감소를 보완할 수 있었다.

1870~1910년 사이에는 미국 농업이 상업화하고 성숙해 갔다. 국내외 운송수단의 발전(철도와 증기선)은 농민들을 국내외 시장과 연결시켰다. 농민들은 자급자족을 위해서라기보다는 시장을 위해 생산하면서 투입비율을 증가시켰으며, 노동 대 자본비율을 높였으나 남성 노동력 비율은 계속 감소하여 1870년 60% 이상에서 1880년 55%, 1900년 43%, 1910년에는 34%까지 감소했다. 농업 노동력의 절대적인 규모는 이 기간 동안 증가해서 1910년 정점에 달했다가 그

이후 감소해 갔다.

　남북전쟁과 제1차 세계대전 사이에 미국 농업경제의 번영에는 상당한 기복이 있었다. 농산물가격은 남북전쟁 이후부터 1896년 최하점에 이를 때까지 불규칙적으로 계속 하락하였다. 이러한 가격 하락은 국내 소비와 해외 수출의 총합보다 빠른 추세로 생산이 증가한 결과였다. 비농업물가도 1866~1895년 사이에 하락하였으나 이것이 농민들의 '힘든 시기'를 완화해 주지는 못했다. 이러한 농업불황기에 농민들은 소득 상황을 개선하기 위해서 처음으로 집단적으로 조직화하였다.

　1897~1910년 사이 농민소득은 회복의 조짐을 보였다. 국내 수요가 급격히 확대되던 1900~1910년 사이에 52%에 달하는 명목농업가격이 급상승하였고, 농업산출 성장률은 농지개척 경계선이 막히면서 감소하였다. 농업가격 또한 비농업가격에 비하여 상승하였고, 풍요로운 기간(1910~1914년)의 마지막 수년간은 후에 '패리티(농가의 생산물가격과 생활비와의 비율) 시기'라고 알려진 시기로, 이 기간은 미국 농업의 황금기[12]이기도 했다. 이 기간에 비농업 대비 농업가격의 비율(비농업투입과 소비자 물품에 대해 농민들이 지불한 가격에 대해서 농민이 받은 가격의 비율)은 미국의 향후 농업정책에 중요하게 작용하였다. 덜 번영했던 이후의 시기에 농민들은 이 비율(이후에 패리티 비율이라고 불린)이 정상 또는 적정 균형이라고 생각했으며 농업소득 지원방침의 초점이 되었다.

　제1차 세계대전으로 인해 미국 농산물에 대한 유럽의 수입이 자극되었다. 1915~1920년 이후로 농업과 산업이 급속히 확장되었는데, 이는 증가하는 유럽 수요에 자극받고 후에는 미국의 참전으로 더욱 강화된 결과였다. 농업가격은 비농업가격에 비해서 2배 이상 급상승하여 1919년 정점에 달하였다가 1920년 떨어지기 시작하였고, 1921년 침체에 빠졌다. 비농업가격은 1920년 정점에 달하였다가 그 이후 쇠퇴하였다. 이러한 상황에서 1920년부터 비농업 대비 농업가격비율은 계속해서 하락하는 경향이 있었다. 이렇듯 농업가격이 침체된 주된 이유는 과도하게 팽창된 미국 농산물생산에 대한 해외 수요가 급락했기 때문이었다.

　제1차 세계대전의 종전은 유럽에 경기침체를 초래했고, 미국은 유럽 각국에

---

12) M. R. Benedict, *op. cit.*, p. 115.

대해서 채권자로서 1919년 동맹국에 대한 전시부채를 정지시킨 결과 무역에 대한 그들의 능력에 결정적인 영향을 초래하였다. 외국 수요의 침체는 1920년 국내운송가격의 대폭인상에 의해서 더욱 심화되었다. 수요의 감소는 종전에 수반한 국내 수요감소에 의해서도 가속되었다. 1921년 비농업 대비 농업가격비율은 1910~1914년 가치의 63%까지 떨어졌다. 농업 경기침체는 다코타(Dakota) 주와 네브래스카(Nebraska) 주 농민들이 옥수수를 태워 연료로 사용한 현상에서도 나타났다. 1920~1921년의 미국 농민의 경제 상황은 전시에 발생했던 부분적으로 토지가격의 심각한 상승과 관련된 담보부채의 축적으로 인해서 악화되었다. 이로써 1920년 이후 토지가격은 불가피하게 하락했고 농촌의 파산은 증가했던 것이다.

2 농업불황과 정책개입의 대두

1920년대 들어서면서 농업시장에 개입하기 위한 정부입법이라는 정치적 요구가 대두되었다. 앞서 언급한 바와 같이 제1차 세계대전시의 농업경제의 호황은 1920년 초 유럽의 수입수요가 감소하면서 수출이 타격을 입어 농산물가격의 급락으로 이어졌다. 그리하여 공산품뿐만이 아니라 밀·옥수수·육류·울(wool), 그리고 설탕 등에 과세하기 위한 관세보호가 1921년 5월 '긴급관세' 형태로 의회를 통과하였다. 개정된 관세계획은 1922년 9월 포드니-맥컴버(Fordney-McCumber) 관세법으로 비준되었다. 그러나 수입관세는 수출농산물의 상품가격을 올릴 수 없었고, 일반 관세 정책은 전통적인 수출시장인 유럽의 경제성장을 억제하는 방향으로 정해졌다.

모든 외국 시장은 침체에 빠졌으며, 농업무역은 다수의 유럽 국가에서 전시 중 유예되었던 수입관세가 부활됨으로써 더욱 제한되었다. 이리하여 관세입법에도 불구하고 농업소득은 여타 경제 부문의 상당한 성장과는 대조적으로 하락해 갔다. 농업조직들은 힘을 규합하고 정치적 영향력을 행사하여 도합 5개 법안의 입법화가 '농업의 형평성'[13] 원칙에 입각하여 1924~1928년 사이에 하우겐(Haugen)과 맥너리(McNary) 상원의원에 의해서 추진되었다. 처음 3개의 법안

---

13) *Ibid.*, p. 207.

은 의회에서 거부되었고, 네 번째와 다섯 번째의 법안은 쿨리지(Calvin Coolidge) 대통령의 거부권 행사에도 불구하고 맥너리-하우겐 법안(McNary-Haugen Plan)으로 통과되어 이후의 입법화 과정에 상당한 영향을 주었다. 이 법안의 주된 내용은 정부가 수출공사를 설립, 특정 농산물(밀·면화·옥수수·쌀·식용돼지 등의 기본적인 품목)을 매입하여 일반적인 도매가격 수준에 대한 비율가격(ratio price)을 전쟁 이전의 '실질가격(real price)'까지 국내 가격을 인상한다는 것이었다. 이러한 비율가격은 패리티 가격(parity price) 개념의 시초였다. 국내 사용의 잉여분은 재수입을 방지하기 위한 보호관세와 관련하여 손해를 보고 외국 시장에 팔아야 했다. 이 법안은 초기의 회전자금으로 취급되는 모든 상품에 대해서 측정된 균등화 비용으로 지불되도록 했으며, 이 균등화 비용은 국내시장 경로에 부과된 세금[14]이 되었다.

1924~1928년에는 외국 시장의 회복보다 국내 경기성장에 의해서 고무된 농업경제 번영으로의 점진적인 상승이 수반되어 1920년대 말쯤에는 전체 수출의 3분의 1이 농산물로 구성되었다. 1910~1914년을 100으로 본 비농업가격 대비 농업가격 비율은 1921년 84에서 1928년 94로 상승하였다. 곡물가격은 여전히 낮았지만 면화와 가축생산물 가격은 비농업가격과 비교하여 대전 이전의 수준으로 회복되었다. 농업가격과 소득의 점진적인 개선에도 불구하고 '농업의 균등화' 개념은 1928년 대통령 선거 공약에 영향을 끼쳤다. 효과적인 '농업구제'를 약속한 공화당 측은 후버(Herbert Hoover) 대통령 당선 직후 1929년 6월 농업시장법의 통과를 통해 이를 이행하였다.

이 법의 목적은 시장가격의 안정화와 농업시장조합에 대한 원조와 창설로서, 연방농무위원회(Federal Farm Board)가 농업시장조합들에 대해 유리한 조건부 대출을 목적으로 회전자본금 5억 달러의 규모로 설립되었다. 동 위원회는 기존의 시장조합들 이외에 전국조합기관 창설도 추진하였다. 이 전국조합기관협회는 '일시적' 시장잉여가 있을 경우 상품을 구매·저장하기 위해서 연방이사회에서 대출을 이용하는, 안정화를 위한 기구운영을 목적으로 하였다. 그리고 '안정공사'를 통해서 농무위원회가 상품을 직접 구매할 수 있는 조항도 규정하였다.

전국농업시장조합들이 다수 건립되었는데, 그중에는 밀을 취급하는 전국농

---

14) *Ibid.*, p. 225.

민곡물조합과 전국양모시장조합·미국면화조합협회 등이 있었다. 그러나 밀과 면화의 가격은 전국조합들의 대출 및 저장활동에도 불구하고 1929~1930년에 급락하였다. 이러한 활동에 대한 재정적 부담은 그들의 자금능력을 초과했다는 것을 입증하였어도 연방농무위원회는 1930년 시장안정화에 대한 책임을 곡물안정조합과 면화안정조합에 전가했다. 이들 조합들이 침체된 시장에서 구매활동에 너무 많이 개입하였다는 것이었다. 밀은 국내 구매가격 이하의 가격으로 과잉공급된 국제시장에 팔렸으며, 면화는 계속해서 많은 양을 비축하였으나, 곡물과 면화의 국내 가격 하락은 가용자금으로 감당할 수 없었으므로 연방농무위원회의 활동은 1932년에 들어서 정지되었다.

연방농무위원회의 이러한 때늦은 대처는 1929년 10월 주식시장의 붕괴와 대공황 발생 4개월 전인 불운의 시기에 비난을 받았다. 국내 경기침체의 여파는 빠르게 여타 국가에 파급되어 미국 농산물에 대한 국내외의 수요가 급격히 감소하였다. 그 결과 연방농무위원회의 구매상쇄는 자금제한 때문에 불가능해졌고, 이에 대해 동 위원회는 "농산물가격 개선을 위해서는 소비자 수요를 높이는 방도 이외에 다른 조치는 이제까지 성취한 것보다 더욱 확고한 생산감소 통제를 하지 않는 한 몇 년 동안 계속 유효할 수 없다"[15]는 보고서를 제출했다.

경기침체가 무역에 끼친 영향은 1930년 홀리-스무트 관세법(Hawley-Smoot Tariff Act)의 조항에서 두드러지게 나타났다. 이 관세법안은 특히 제한농업 보조관세의 제정으로서 후버 대통령에 의해서 처음 검토된 것이었다. 이는 앞서 언급한 바와 같이 농업 및 비농업 상품에 대해 1922년 포드니-맥컴버법(Fordney-McCumber Tariff)에 의해서 이미 높은 세금을 부과하고 있었음에도 그것을 더욱 올리는 조세개정이었다. 보호주의의 전반적인 흐름과 보복이 해외에서 발생하였고, 미국 무역의 전반적인 급락현상을 수반하는 근린궁핍화 무역정책이 이 시대의 전반적인 조류가 되었다.

농산물 국제가격은 1929~1931년 사이에 급락했다. 그 결과 밀 가격은 거의 50% 하락했으며, 프랑스·독일 같은 유럽의 수입국들은 관세 수준을 상당히 높였거나 '제분용 곡식'에 대해 최소한의 국내산 밀 사용비율을 의무적으로 규

---

15) K. A. Ingersent & A. J. Rayner, *The Reform of the Common Agriculture Policy*, Basinstoke : Macmillan, 1998, p. 71.

정하는 등 밀의 '제분비율'(milling ratio) 인상으로 비관세장벽을 도입[16]하였다. 이는 유럽 국가에서도 정부의 직접 개입조치가 취해졌음을 의미하는 것이었다. 이 시기 영국조차도 농업에 대한 전통적인 자유방임정책을 포기했다. 이로써 유럽 생산국들은 국제가격 하락에서 아주 광범위하게 격리되어야만 했다. 그 결과 미국의 밀과 돼지고기 수출은 유럽 국가들의 경기침체와 수입제한으로 인해서 심각한 영향에 직면하여 전반적으로 잉여재고품이 미국 내 시장을 위협하던 동일 시기에 농업 부문의 수출수요 감소에 직면하게 되었다.

이에 따라 미국의 농업은 1930~1933년 사이에 극심한 위기에 직면하여 이전의 경기침체처럼 농업가격은 비농업가격보다 더욱 하락한 현상이 초래되었다. 특히 농민의 구매재화와 용역의 가격이 32% 하락한 1929~1932년 사이의 농업가격은 60% 이상 하락하였다. 비농업가격 대비 농업가격의 비율은 1910~1914년을 100으로 보면 1929년에는 60%까지 하락했다. 미국 농업의 총소득은 1929~1932년 사이에 50%나 줄었고 토지가격은 30% 정도 하락하여 100만명에 달하는 농민들이 1930~1934년 사이에 토지재산을 상실했으며, 도시소득마저 침체되어 1933년의 실업률은 25%까지 높아졌다. 새로운 혁신적인 경제정책이 절박하게 요구되는 상황에서 1932년의 대통령 선거운동에서 민주당 후보 루스벨트는 뉴딜(New Deal)을 약속했다.

1920~1933년의 기간은 미국 농업사에서 대단히 중요한 시기였다. 그것은 단순한 경기침체와 농업시장에 대한 정부의 광범위한 개입의 도입을 예고한 제한적 정부 지원에 국한된 의미에서가 아니라, 농업기술진보와 함께 장기적 변화가 농업 부문에 영향을 끼치기 시작한 시기이기도 했다. 1920년대의 농업기술의 발전은 마력과 비경작지를 대체한 트랙터에 기초를 둔 기계력의 사용이 증가한 시기로 특징지어져 노동생산성이 연간 1.4%가량 증가하였다. 농업의 향후 생산성을 증가시킨 더욱 중대한 요인은 1920년 중반의 새로운 추세로 나타난 농생물학적인 기술진보로서 혼합옥수수는 주목할 만한 성과였다. 요컨대 1920~1933년 사이에 미국의 농업은 가능한 기계기술을 채택하고 순응했으며 새로운 농생물학적 과학기술을 도입하려던 참이었다. 노어스(E. G. Noures)는

---

16) M. Tracy, *Agriculture in Western Europe : Challenge and Response, 1880~1980*, London : Granada Publishing, 1982, p. 131.

1927년 이러한 상황을 "역설적으로 들리겠지만 농업생산 전망이 아주 훌륭했던 만큼 농업의 번영에 대한 전망은 명백히 좋지 않았다"[17]라는 인상적인 성명을 발표하기도 했다.

3. 뉴딜 농업정책의 출범

1933년 루스벨트 대통령이 취임했을 때 미국의 경제는 공황으로 인해 깊은 침체에 빠져 있던 시기로, 농업 부문은 국내 소비감소뿐만이 아니라 수출수요까지 쇠퇴하여 절망적인 궁핍 상황에 놓여 있었다. 농민의 지불가격은 150에서 102로 하락했고 수취가격도 1929년 148에서 1932년 65로 하락하였다. 농업의 실질소득은 50% 정도 감소했고 농촌의 부동산 가치는 명목상 30% 정도 하락하여 자산손실 역시 막대했다. 1930년대 초 농지의 40%가 저당잡혀 있었고, 1930~1934년 사이에는 저당 농지의 45%가 경매 이전으로 소유권이 바뀌었을 뿐만 아니라 100만이 넘는 농부들이 농장을 상실한 상황이었다.

루스벨트의 뉴딜정책은 이러한 경제적 붕괴 상황에 대한 반응이었다. 뉴딜의 목적을 이른바 3R(Recovery · Reform · Relief, 즉 회복 · 개혁 · 구제)에 두고 1933~1935년까지 산업 · 상업 및 농업의 부양, 재정과 노동시장의 규제, 그리고 사회경제적으로 어려운 사람들에게 직접적인 도움을 주기 위한 입법화가 진행되었다. 이 마지막 목적을 위한 중요한 정책적 개혁은 실업구제를 위한 공공사업계획, 사회보장제도의 마련 및 구호와 직업구제를 도입하는 것으로 농촌 지역에 특히 많은 영향을 주었다. 직접적인 정부의 개혁은 여타의 경제 부문과 비교하면 농업에서 가장 두드러져 농업정책원리에 혁신적인 변화를 초래하였다. 1933년 농업대출, 연구와 개발 · 교육, 그리고 공개강좌 등과 관련하여 시행된 정책들은 자조와 효율개선 프로그램들로 이루어졌다. 새로운 경제들은 직접적인 정부개입과 참여를 통해서 농업 부문의 상대가격과 소득을 개선하도록

---

17) E. G. Nourse, "The Outlook for Agriculture", *Journal of Farm Economics* 9, 1927, p. 21.

계획되었다. 농업소득 정책은 뒤이은 입법에 의해서 강화되고 공고해졌으며, 뉴딜정책의 영속적인 유산이 되었다. 루스벨트 행정부는 국내 정책뿐 아니라 국제적인 재정과 무역에 관한 새로운 정책도 추진하였다. 다음에서는 그 성격을 구명하고자 한다.

1. 농업의 구제와 균등화

루스벨트 행정부는 농업 부문의 절망적인 재정 상황에 신속히 반응하여 취임 직후부터 3개월간에 농지담보(farm mortgage)의 공급개선과 농산물가격 상승목적의 법안을 통과시켰다. 1933년 가을 미국 행정부는 2개의 정부기관, 즉 상품신용공사(CCC : Commodity Credit Corporation)와 연방잉여물자구제공사(FSRC : Federal Surplus Relief Corporation)를 설립하는 등 입법조치를 보강했다. 이들 각각의 기능은 면화와 옥수수의 시장가격 기반을 제공하고, 구호가족의 식량소비를 정부가 보조함으로써 다양한 농산물 국내 수요를 확대하는 것이었다.

정부의 첫 조치는 후버 대통령 시기의 연방농무위원회와 연방농촌대출위원회를 폐지하고, 이들 위원들의 권한과 의무를 새로운 대출기관인 농업신용관리국(FCA : Farm Credit Administration)으로 이전한 것이었다. 이 조치는 신용대출의 효율성 증대를 주요 목표로 하였으나 농업에 도움이 되는 직접적 조치는 1933년 3월에 제정된 농업법(Agricultural Act)이었다. 이 법은 농업조정법(AAA : Agricultural Adjustment Act)과 긴급농지저당법(Emergency Farm Mortgage Act), 인플레이션 법령(농업법령에 대한 토마스 개정) 등 3개의 장으로 구성되었다. 이 법과 CCC 입법의 주된 특징은 농지저당구제와 AAA 및 물가부양으로 그 구체적인 내용은 다음과 같다.

■**농지저당구제** : 긴급농지저당법은 사채업자들이 소유한 농지담보들을 연방정부은행대출을 통해서 자금재조달(refinancing:기존채무변제를 위해 조달하는 차입금)을 하고, 모든 은행대출에 대한 지불만기 이자율을 경감해 준 것이었다. 이 조치는 농지유실처분율(담보물을 찾을 권리의 상실)을 낮추고 사채의 철회에 대한 대응으로서 정부 지원 대출금을 농촌에 주입하는, 근본적으로는 '구제' 기능을 가진 것이었다.

■**AAA와 가격지지** : AAA는 USDA(미 농무성) 안에 농업조정국(Agricultural Adjustment Administration)을 설치하고 담배를 제외한 농산물가격을 1910~1914년의 구매력을 가진 패리티 수준으로 회복시킬 목적하에 1919년 8월~1929년 7월의 기간에 시행되었다. 전쟁 이전의 기준 기간은 농업과 비농업 부문의 소득이 자유시장에서 거의 균형을 이루던 시기인 저실업의 안정된 기간과 남북전쟁 이후 농민의 부가 절정을 이루던 시기로 선택되었다. 이 법에 따라 농무장관에게는 농산물 공급통제 및 시장조절장치 설정에 대한 두 가지 부류의 권한을 승인[18]하였다.

우선 농산물 공급통제 방안을 보면, 농무부는 이 방안으로 생산자의 자율적인 계약 또는 여타 수단을 통해서 모든 '기본적인' 농산물시장을 위한 생산이나 경작면적 또는 그 둘을 모두 감소시킬 수 있게 하였다. 이 목적을 위해서 '공평하거나 합리적이라고 생각될 때' 임대금 또는 구제금을 지불할 수 있도록 했다. 이들 금액은 특정 작물의 경작면적 감소에 대한 생산자 보상을 위해서 지급되었던 것으로 이에 대한 기초 대상 농산물은 밀·면화·옥수수·돼지·쌀·담배·우유 및 낙농품으로 규정했으나, AAA에 대한 1932년 개정에 의해서 땅콩이 추가되었다. 각 기초작물에 대한 기본 경작면적은 농민의 기본경작면적에서 계약된 규모보다 많이 재배해서는 안 되며 모든 재배자들을 위해서 결정되어야 하고, 식용돼지의 기본 사육은 각각 양돈생산자들을 위해서 결정되며, 기본 상품에서 얻어지는 토지에 대한 지대지불은 여타 보상금에 의해서 보완한다고 규정하였다.

예컨대 면화와 담배 재배자에게는 패리티 물가와 실제 시장가격 간의 차이를 메우기 위한 '패리티 보상금'을 받을 자격을(결손액을 보충한다는 명분으로) 부여하였고, 밀 재배자들에게는 지대가 국내 소비를 위해 사용되는 작물의 비율로 부셸당 추가금으로 보상되었다. 구제금과 임대금은 평균 농업가격과 패리티 물가 간의 차이에 기초를 둔 가공세를 부과하여 점차로 자금이 조성되도록 하였으나 1억 달러에 달하는 초기 자금은 정부가 조달하였다. 농민의 작물에 대한 기초 수확량은 전년도에 재배한 평균 경작지로 계산하였다. 예컨대 밀에 대해서는 1930~1932년분, 옥수수에 대해서는 1929~1933년분으로 계산하였다.

---

18) M. R. Benedict, *op. cit.*, pp. 218~219.

다음으로 농산물시장 조절방안을 보면, 이것은 생산자들에 대한 지불가격과 유통가공업자들에 대한 이윤조절을 위해서 농무장관에게 생산자조합 또는 가공업자들과의 시장계약 체결 권한을 부여한 것이었다. 시장계약의 시행은 생산자협회나 가공업자에게 면허를 발행함으로써 이루어졌다. 시장계약 입법조항은 초기에는 다양한 작물 전반에 걸쳐 적용 가능했으나, 사실상 그것들은 액상 우유, 과일 및 채소생산자들을 돕기 위해 마련된 것이었다.

앞서 설명한 두 가지 방안들은 모두 생산자의 소득을 증대하기 위해서 고안된 것이었다. 첫 번째 조치인 생산조절 방안의 경우 더 높은 가격을 통하여 소비자와 납세자들에게서 소득을 전환하여 생산을 조절하려는 직접적인 정부활동에 기반을 둔 것이었고, 두 번째 조치인 시장조절 방안들은 자발적인 생산조합의 근본적인 취약성을 극복하기 위해 고안된 것이었다. 이들 목적은 구매력 증강을 위해서 질과 양에 대한 자율적 규제를 할 수 있는 재배자의 능력을 증대시키는 것이었다. 효율적인 규제는 품질개선, 낭비의 제거와 부패하기 쉬운 상품의 공급을 판매기간 내내 균등화하기로 되어 있어서 상당수의 시장계약이 1933~1935년 사이에 시행되었으나 그들 목적에 대한 AAA와의 불일치 때문에 금방 기각[19]되었다.

■ **안정화와 상품신용공사(CCC)** : 농업조정법 AAA에 포함되었던 방안들은 특히 주요한 저장 가능 상품들이 시장에서 재고로 많이 쌓여 있었기 때문에 극심한 스트레스를 받고 있던 농업 분야에 대해 즉각적인 구제를 취할 수 없었다. 특히 1933년 여름과 가을, 면화와 옥수수 생산지역에 농민의 동요와 불안이 확산되어서, 이에 대한 정치적인 압박의 대응으로 미 행정부는 1933년 10월 상품신용공사(CCC)를 설립, 농산품가격을 강화시키고 주요 곡물의 재고분에 대한 신속한 대출 제공과 직접적인 조치를 강구하였다. CCC의 최우선적 활동은 상품재고분에 대하여 농민에게 선지급 대출을 해 주는 것이었고, 이 경우 대출은 상품단위당 고정금리(대출이자율)로 이루어졌다. 때문에 대출이자율은 농무장관이 결정한 수준에서 정해졌고, 생산자들에게 최저가격을 제공해 주었으며 상환청구권은 없었다. 대출받은 농민은 정해진 기간 내에 대출을 상환하여(보통 이듬해 8월 1일) 담보물을 회수하거나, 아니면 상품소유권을 시장가격

---

19) *Ibid.*, pp. 303~304.

에 상관없이 CCC에 인도함으로써 대출상환을 불이행할 수 있었으며, 대출상환시 이자는 고정금리로 대출 액면가에 덧붙여졌다.

다시 말해서 CCC 대출은 ① 상품을 통제하는 동시에 채권자에게 지불하는 데 사용할 수 있는 현금을 농민에게 지급하고, ② 수확기에 가격을 강화시켜 수확 연도 동안 균형시장을 촉진하며, ③ 낮은 가격에서 생산자들을 보호하기 위한 안전망이나 최저가격을 책정하는 동시에 대출이자율 이상의 가격상승에서 이익을 얻을 수 있도록 하는 대출기능을 가지고 있었다. 따라서 대출기능이 시장가격을 균형 수준 이상으로 책정하였을 경우 이에 참여하지 않은 생산자들도 혜택을 볼 수 있도록 하였다. ④ CCC가 보유한 몰수물(forfeited stock)들은 안정화를 위해서 사용될 수 있는 기능을 가지고 있어서 수확이 적은 해나 수요 증가시 공급을 보충하고 물가상승을 억제하여 종국적으로 수확기간 사이에 시장을 안정시키는 기능을 하였다.

이어 1933년에 들어서면서 면화와 담배에 대한 경작면적 배당 프로그램이 도입·실시되었다. 초기에 이들 프로그램에 대한 생산자 참여는 자발적이었으나, 1934년 담배에 관련된 커 스미스 법(Kerr Smith Act)과 면화와 관련된 뱅크헤드 법(Bankhead Act)으로 이 작물들에 대한 생산조절이 강화되었다. 이 법령들의 목적은 공급조절방안에 맞추어서 생산자들에 대해 여론조사에 참여한 재배자 3분의 2 이상의 동의를 얻어 시장할당량을 지정하여 할당량을 초과해서 팔린 면화와 담배는 가공세의 대상으로 하고, 할당량 이내의 판매에 대해서는 면세되도록 하는 데 있었다.

그러나 밀에 대한 에이커 할당량 프로그램은 1933년과 1935년 겨울, 작물의 대규모적인 동사(winterkill)와 1934년과 1935년의 가뭄으로 형성된 황사지대(dust bowl)의 영향 때문에 1934년에야 적용되었다. 그러나 1934년의 밀 프로그램의 시행은 80% 정도에 그쳤고, 프로그램 자체는 기본경작 면적의 15% 감소만을 초래했을 뿐이었다. 1933~1935년 사이의 밀생산은 대부분 가뭄 때문에 1928~1932년 사이 평균치 이하의 수확을 거두어 밀 재고량이 상당히 감소된 결과, 미국은 1866년 이래 처음으로 밀의 순수입국가가 되는 이변이 발생했다. 결과적으로 밀 프로그램의 주요 영향은 지대와 구제금을 통해서 생산자에게 소득을 이전하는 작용을 하였다.

1933년 AAA에 의해서 제도화된 마지막 주요 프로그램은 옥수수와 식용돼지에 관련된 것이었다. 이 시기에는 농장의 많은 옥수수가 돼지에게 사료로 지급되고 있었기 때문에 돼지에 대한 세금에 의해 충당되는 상호 연관된 조절 프로그램이 도입되었다. 첫 번째 조치는 1933·1934년 가을과 겨울의 돼지도살 캠페인이었다. 미국의 농업조정국은 어린 돼지와 종자돼지들(brood sows)을 프리미엄 가격으로 구매하여 돼지고기는 연방잉여물자구제공사(FSRC)를 통해서 빈곤 가정에 공급하였고, 비식용 잔여분과 작은 돼지들은 유지와 비료로 전환되었다. 이러한 도살 프로그램은 대중의 항의를 초래하여 이후 수년간 지속된 공급조절책은 부셸 단위의 지대지급에 관련되었던 것으로, 식용돼지를 감소시킨 농가에 대해서는 보너스가 지급되는 등 옥수수-돼지 프로그램은 1933년 CCC가 시작한 주요 기능 중 하나로 작용했다.

1933년 CCC의 대출하에 옥수수 수확량의 약 13%가 비축되었으나, 1934년 심한 가뭄으로 수확량이 감소하자 1933~1934년의 고정된 시장가격에도 불구하고 채무농민과 CCC 양측은 대출체계에서 이윤을 획득하여 1933년 거의 모든 대출이 상환되었다. 따라서 1933·1934년 CCC의 옥수수 운영은 연방농무위원회의 재앙적인 경험 이후 물가안정 대출에 신뢰성을 구축하는 중요 요인으로 작용하여 성공적인 것으로 평가되었다.

AAA하에서 착수되었던 낙농 프로그램에 대한 공급조절책은 시행되지 않다가 1934년 정치적인 압력으로 축우·설탕·땅콩·호밀·아마·보리·사탕수수 등 7개의 추가 생산물이 도입되었다. 우선 1934년 존스-코스티건(Jones-Costigen) 설탕법에 입각한 설탕 프로그램과 축우 프로그램이 결정되었다. 설탕 프로그램은 미국 대륙과 하와이, 푸에르트리코, 버진 군도 등과 같은 미국 영토에서 사탕무와 사탕수수 및 설탕에 대한 생산할당량(quota)과, 필리핀과 쿠바에서 수입할당량이 수요예상량과 연관되어 결정되었다. 또한 설탕가공세가 부과되었고 수입관세에 대한 해당 하향조정이 수반되었다. 국내 설탕할당량은 가공공장 사이에서 결정되었고, 생산자에게는 경작 에이커 할당이 책정되었다. 한편 축우 프로그램은 1934년 가뭄피해 지역의 가축들을 FSRC를 통한 구제구매와 결핵 및 전염성 낙태에 감염된 동물의 도살에 관련된 광범한 질병박멸을 강조한 것이었다.

앞서 설명한 바와 같은 프로그램을 시행하면서 1935년에는 1933년의 AAA에 대한 개정이 수반되었다. 가장 중요한 개정은 농업수입할당량과 국내 농업프로그램 보조를 위한 관세수입에 관련된 것으로, 1935년에 개정된 AAA 개정안 22조는 국내 가격안정 정책을 지지하기 위해서 무역조절을 승인하는 내용이었다. 이에 따라 대통령은 해외 공급이 농산물가격 인상 프로그램을 저해할 경우 수입할당량을 지정할 수 있게 되었던 것으로, 사실상 이 조항은 1930년 당시에는 별로 중요하지는 않았으나 미국이 자유무역에 대한 국제적 약속과 상충하던 시기 이후의 수십 년간에는 엄청난 중대성을 가지게 되었다. 다음 AAA에 대한 1935년 개정안 32조는 국내 소비와 수출보조금 사용을 통해서 미국 농산물에 대한 국내 수요확장 프로그램에 대해 모든 관세수입의 30%를 따로 할당한다는 것이었다. 32조의 자금은 실제로 연방잉여상품공사(FSCC)에 의해서 운영되는 구제재정 배분의 주요 재원이 되었을 뿐 아니라 공급조절 프로그램 운영 재정으로도 사용될 수 있었으며, 그것이 '기초' 산물이 아닌 모든 산물에 적용되고 보조 프로그램을 위한 특정 자금을 조성했던 점에서 상당히 중요한 의미를 가지게 되었다.

요컨대 1933년의 농업법은 당시 미국 인구의 25% 이상의 생계를 책임진 침체된 농업 부문의 고통을 경감시키고 회복을 돕기 위한 긴급대책으로서 광범위하게 도입된 것이었다. 저물가현상으로 농업소득이 여타 사회 부문의 수준 이하로 붕괴되어 농업의 파산이 광범위하게 전개되고 수많은 농민들이 파산의 위협을 느끼고 있을 때, CCC의 설립으로 보강된 AAA가 '침체된 농산물가격과 농업이윤을 지탱하고, 그 과정에서 농업붕괴를 방지하기 위한 도구를 농무부에 제공' 해 주었다.

대출 프로그램 또한 파산의 물결을 저지하고 농민들이 토지를 보존하고 고향에 머무를 수 있게 해 주었다. 농업소득 개선을 위한 AAA의 주요 계획은 수지가 맞는 가격을 주는 수요와 공급에 균형을 유도하도록 고안된 자발적 생산조절 계획이었다. 그것은 공급조절에 참여한 농민들에게 지불되는 보상금으로서 일부는 정부에 의해, 일부는 특별소비세에 의해서 재정 충당된 것이었다. 결과적으로 농산물 공급조절은 식용돼지 시장을 지탱시켰고, 축적된 주요 작물의 재고를 감소시켜 가격 상승을 하여 실용성과 신속성이 있는 유연한 방법으로 간주되었다.

또 다른 후원대책들이 AAA의 통과 직후 도입되었다. 자발적 공급조절은 면화와 담배에서는 의무적인 참여로 바뀌었고, CCC 대출운영은 면화와 옥수수가격을 지지하였다. 이로써 기초 농산물의 품목이 7개 품목에서 15개 품목으로 늘었으며, 국내 보조금을 이용한 구제기관의 잉여 처분은 어떤 상품에서는 중요한 결과를 초래하였다. 1935년 개정된 AAA 22조와 32조는 무역방안과 관련한 농업가격 지지를 시행하려는 정부의 능력을 강화시키는 작용을 하였다.

생산에 대한 AAA 통제 방안이 준 영향은 이 기간의 가뭄과 황사 피해의 심각성 때문에 측정이 곤란하였다. 경작지 조절대책은 여타 작물보다 면화와 담배에서는 더욱 효과적이었으나 1934년 밀과 옥수수 면적에서 약감소세를 나타냈고, 1933·1934년의 돼지도살 캠페인은 1934년 돼지 마케팅에 상당한 감소를 초래했다. CCC의 기능은 1933·1934년 옥수수가격을 강화시켰고 이월품을 증가시키는 성과를 거둠으로써 향후 미국의 농업가격 지지정책에 초석[20]이 되었다.

이 기간의 농촌소득에 대한 영향은 식별하기가 어렵다. 가뭄이 농산물가격을 인상시켰을 뿐 아니라 전반적인 경제회복도 농산물의 수요를 강화시켜 1932년 지수 62(1909~1914=100)로 최저점에 달한 농산물가격 지수는 1933년 70, 1934년 90, 1935년 109, 1936년 184로 상승했다. 패리티 비율은 최저점에 달했던 1932·1933년 60%에서 1935·1936년에는 90% 이상으로 증가하였고, 1935년의 농촌소득은 1932년보다 50%가량 상승현상을 나타냈다. 임대 및 보상지급금(rental & benefit payment)은 1932년에 비해서 1933~1935년에는 25% 정도의 증가를 보였다. 프로그램의 부작용도 나타나 공급조절과 가격 인상은 1934~1935년과 이후의 기간 중 수입국들이 이집트와 인도 등의 대체 공급원으로부터 구매했기 때문에 미국의 면화 수출에 악영향을 주었다. 기초 농산품 생산자뿐만 아니라 대부분의 생산자들에게도 소득 이전이 일어날 수 있도록 프로그램의 범위를 넓히라는 정치적인 압력이 대두되었다. 그 결과 추가상품이 AAA의 범위 안에 포함되었고, 입법에 대한 농부 조직들의 요구와 영향이 증가하였다.

---

20) *Ibid.*, pp. 312~317.

2. 농업가격 지지제도의 통합

　1936년 1월 미 연방대법원은 농무부의 가공세 부과 권한과 경작지(에이커) 축소계약 체결권을 무효화했다. 이러한 대법원의 결정으로 면화에 대한 뱅크헤드법과 담배에 대한 커 스미스법이 폐지되었다. 그러나 수입할당량과 농업 프로그램의 자금조성을 위한 수입관세의 활용을 다루는 1935년 개정법 22조 및 32조와 함께 AAA의 마케팅 협의조항이 그러했던 것처럼 설탕법은 '등록되어' 남았다. AAA와 동일한 철학을 가지면서 대법원의 법률적 이의를 교묘히 회피한 개정법안이 신속히 마련되어 1936년 2월 토양보존 및 국내 할당법(SCDAA)으로 승인되었다. 이 새로운 법령의 목적은 이전과 똑같이 남아 주요한 현금농산품(cash products)의 생산을 조절하여 농민들에게 소득을 이전시키도록 하여 패리티 가격을 패리티 소득으로 대체하려는 것이었다.

　따라서 새로운 입법에서는 현금농작물(cash crops)의 경지를 감소한 농민들에게 직불제보다는 비현금작물경지를 증가시킨 농민들에게 더 많은 보상을 지불함으로써 똑같은 목적을 달성하였다. 특히 이 경우 작물은 밀·면화·담배·옥수수·설탕·사탕무와 같은 지력을 고갈시킨 현금작물과 목초·콩과식물·마초 등과 같은 지력을 보존시킨 비현금작물(non-cash crops)로 분류하여 생산농민들은 지력고갈작물을 지력보존작물로 일정 퍼센트 전환한 경지를 기초로 경작지 전환금이라는 명목으로 보상지불을 받았다. 이 경작지 전환금은 지력고갈작물 경작지를 농무부가 지정한 경작지 할당량까지 낮추는 생산농민에게 지급하였고, 나아가 특정 토지개량을 실시한 농민들에 대해서도 보조금을 받을 자격을 부여하였다.

　이들 자금은 가공세에 의해서 제공되었으며 32조에 의한 조세수입은 작물의 다양화와 보존의 목적으로 사용되도록 하였다. 1936년 법령에 의한 토지보존의 강조는 조정계획 확보를 위한 편의주의적인 장치이기는 했지만 전적으로 그런 것만도 아니었다. 농민과 의회는 1934년의 가뭄과 황사 피해 때문에 지력보존에 대해 관심을 갖게 되었다. 이 법령은 농산물가격 인상 목적보다는 지력보존을 강조함으로써 쉽게 통과될 수 있었고, 농민들의 환경에 대한 관심을 증대시켰다.

　1937년에는 2개의 농업보완법, 즉 농업시장법과 설탕법이 통과되었다. 이는

1936년 대법원 판결과 동일한 선상에 있던 관련 입법을 무효화시킬 정도는 아니었으나 그것을 갱신시키는 효과를 초래하였다. 특히 설탕법은 미 재무부에 지불한 소비세가 가공세로 대체되었다는 점 이외에는 1934년법과 유사했는데, 그 핵심조항들은 국내 생산과 수입할당량이 국내 생산자와 제련자를 보호하기 위한 주요 방안으로 되면서 1974년까지 유효하였다.

　뉴딜의 농업정책은 단지 SCDAA(지력보존 및 국내 할당법)의 통과뿐만이 아니라 루스벨트 대통령의 재선에 의해서 더욱 확고해졌다. 이해의 선거유세에서 농업정책은 최대의 현안이 되었다. 민주당은 뉴딜이 농업 분야에 초래한 성과를 강조했고, 호혜통상조약이 무역을 회복시켰다는 주장을 옹호했으며, 지속적인 농업 프로그램을 지속적으로 운영하겠다고 약속했다. 영속적 정상가격(ever-normal)을 유지하는 곡물 및 작물보험에 대한 농무장관 월리스(Wallace) 제안이 강조되었다. 그 결과 민주당은 농업 주(state)들을 휩쓸면서 쉽게 승리하였고, 농업을 위한 뉴딜은 농민들이 그것의 지속성을 위해서 투표했다는 의미에서 옹호되었으며, 루스벨트 행정부는 농업정책의 통합에 대한 필요성을 절박하게 느꼈다.

　1934년과 1936년의 가뭄은 공급보유고 활용의 필요성을 부각시켰다. 그러나 1937년의 유리한 성장 환경과 1938년의 유례 없이 뛰어난 작황 전망은 풍년에 보존 접근방식이 적절하지 못하다는 것을 노출시켰고, 생산의 등락에 대처할 수 있는 더욱 폭넓은 저장(재고) 프로그램의 필요성이 강조되었다. 1938년 2월 통과된 신AAA에서는 CCC의 대출과 재고 운용기능이 정책의 주요 도구가 되어 지역별 조절과 보존을 위한 보조적 역할이 주어졌다. 1938년의 신AAA의 특징은 대출 프로그램이 경작지 조절 프로그램으로 통합된 것과 CCC가 밀·면화·옥수수에 대해서 패리티의 일정 비율에서 의무적으로 비변제융자(non-recourse loan)를 하도록 한 것이었다. 기타 다른 관점들은 시장할당량, 작물보험 및 패리티(손실) 보상금을 더욱 강조한 점이었다.

　CCC의 대출 승인은 농무부가 임의로 하는 것이 아니라 일정 조건하에서 밀·면화·옥수수에 대해서 의무적이었다. 자유재량 대출은 담배와 기타 여러 작물에 대해 가능했으며, 시행 중인 공급규제를 준수하는 생산자들에게만 유용하였다. 1939년 CCC는 물가 및 대출정책과 공급조절 사이의 연결을 강화하고자 USDA의 통제하로 편입되었다. 즉 새로운 법령의 공급조절 조항은 작물의 다양화와 시장할당량이라는 두 가지 타입으로 나타났다.

1936년 SCDAA의 새로운 특징은 농무부가 지력고갈 작물의 경작면적을 할당하고 다양화된 전환금을 지급할 수 있는 권한을 가지도록 하기 위해서 유지되었다. 시장할당량은 밀·면화·옥수수·담배·쌀에 대해서 만일 그 작물의 공급이 '정상공급(국내 소비+수출+안전한 마진의 총합)'을 초과할 경우 경작지 할당량과 관련지어 도입할 수 있도록 했다. 시장할당량은 국민투표에 참여한 생산자의 3분의 2 이상의 승인을 얻을 경우 차기 시즌의 판매에 적용될 수 있도록 하였다. 시장 할당량이 승인되면 경작지 할당량의 준수는 의무적이었다.

비협조적인 생산자는 가격지원을 받지 못했을 뿐 아니라 벌금을 포함한 처벌을 받게 되고 향후의 할당량을 상실하게 되었다. 할당량(quota)은 배당(allotment)보다 더욱 강한 강제력을 가진 것이었으나 이들 모두 다 기본적으로는 경작면적을 조절하는 것이었다. 배당이 발표되면 오직 협조자에게만 비변제 융자대출의 수혜자격을 주었으며, 시장할당량이 적용되지 않을 경우 비협조자들에 대한 처벌 방안은 없었다. 마찬가지로 생산자가 할당량을 거부할 경우 비변제 대출은 할당량이 적용된 마케팅 시즌에 사용이 불가능하도록 했다. 경작지 할당과 시장할당의 주요 목적은 CCC 기능의 지원과, 특히 CCC의 과도한 재고축적을 방지하는 것으로, 1938~1940년 사이 시장할당량은 면화와 담배에만 적용되었다.

1938년 AAA는 밀·면화·옥수수·담배·쌀에 대해 농산물가격과 패리티 가격의 차이를 같게 하는 패리티, 즉 손실보상금 조항을 신설했다. 이들 보상금은 경작지와 할당량 제한에 부합하는 조건적으로, 미국 재무부가 자금을 지급하되 '정상생산'에 기초를 두고 여타 지급에 대해서는 각 산물단위당 패리티 가격의 25%를 초과하지 않는 범위에서 추가되도록 했다. 1938년 AAA의 5조는 건조지역 밀 생산자들의 작물손실보상을 주요 목적으로 한 작물보험계획을 규정한 것으로, 동 계획은 1934년과 1936년의 가뭄으로 초래된 피해를 보상하기 위해 추진된 것이었다.

연방작물보험협회는 초기 자금 1억 달러로 설립되었으며, 1939년 수확을 기준해서 자연재해로 발생한 수확물의 손실에 대해서 밀 생산자를 보호한다는 목적을 가지고 있었다. 보험은 평균 수확량의 최저 50%와 최대 75%를 상회하지 않는 선을 기준으로 하였으며, 보험료와 보상금은 밀 또는 그에 상응하는 현금으로 지급되었다. 면화에 대한 유사한 계획은 1941년 6월에 도입되었다. 이들 두 작물에 대한 생산자 참여는 저조했고 재정적 결과도 만족스럽지 않아 1943년 의회의 재정지원철회법안의 시행으로 이 프로그램은 종결되었다.

이 시기 농산물의 새로운 사용을 위한 연구법령에서는 미국 농무부(USDA)의 통제하에 농산물의 산업적 용도를 연구할 목적으로 하는 4개의 지역연구소가 설립되었다.

미국의 무역정책은 1860년대 남북전쟁 이후부터 1920년대 후반까지 보호주의 기조를 유지하였다. 이후 대공황이 발생하고 국제무역이 전 세계적으로 축소되었을 때, 미국의 관세는 1930년의 홀리-스무트 관세법 통과로 인하여 관세율은 후버 행정부의 기록적인 수준까지 인상되었다. 원래 이 입법은 미국의 지도적인 경제학자들의 강력한 비난 속에 통과된 것으로, 농산물 수입이 상대적으로 미미한 미국 농업상황에서 고관세는 미국 농업에 혜택을 줄 수 없다는 비난이 있었다[21]. 이러한 배경에서 좀 더 낮은 관세무역정책의 급격한 변화가 루스벨트의 초임 시절에 나타난 것이었다. 미국 달러는 대통령령에 의해서 1933년 4월 금본위제를 탈피하여 가치가 저하되었으나, 달러의 평가절하가 농산물 수출에 큰 영향을 주지는 않았다.

단기적인 관점에서 더욱 중요한 것은 관세 인하와 무역 추진을 위한 미국 정책의 전환이었다. 미 행정부는 호혜무역조약들을 통해서 관세 인하정책을 수행했다. 1930년 홀리-스무트 관세법을 개정한 1934년의 호혜무역조약법은 대통령이 3년 동안 무역조약을 협상하고 무역확대 목적을 위해 관세율을 최대 50% 인상 또는 인하할 수 있도록 승인한 것으로, 호혜관세와 쿼터 감소 및 최혜국 원칙에 대한 조항이 특징을 이루었다. 최혜국원칙은 특정 산물에 대해 특정 수출국에 주어지는 특권이 자동적으로 미국에서의 수입을 똑같이 취급하는 조약을 맺은 모든 유사 수출국에 주어진다는 조항이 있었다. 이 무역협정법은 1937년에서 1952년까지 검토되었다. 16개의 조약이 1938년까지 승인되었으며, 1948년에는 29개가 되었다. 이들 조약의 체결로 관세는 1930년대 인하되어 농업수출의 회복세를 포함하여 무역의 확장을 초래하였을 뿐 아니라, 과거 7년간 발생한 고관세에 대한 현저한 역전현상을 나타내어 이를 계기로 보호주의에서 자유무

---

21) *Ibid.*, p.251.

역주의로의 전환을 초래하였다.

농업정책에서 뉴딜은 원칙적으로 농업수출자에 대한 생산조절과 국내 가격 안정으로 수입자에 대한 관세보호만큼 무역의 방해요소로 작용하여 자유무역 정책으로의 전환과는 상충되었다. 그러나 1930년대에 이러한 문제는 미국 농업에서 수출이 차지하는 상대적인 미미함 때문에 중요하지 않았다.

다시 말해서 대공황 기간 전반적인 국제무역이 축소되면서 미국의 몫도 홀리-스무트 관세법 이후 5년간 16%에서 11%로 감소했고, 국민소득에서 차지하는 수출비중도 1920년대 6.5%에서 1930년대 초 4%까지 떨어졌다. 무역조약 결과 미세하기는 했으나 무역이 부흥되면서 미국은 무역흑자를 계속 유지했고 보유자산도 계속 축적하였다. 이에 반해서 농산물의 수출 가치는 이전의 10년과 비교하여 1930년대에 절반이 되었고 전체 수출비율에서 퇴조하였다. 1925년 농산물 수출은 전체 수출의 40%를 차지하였으나 1930년 이 비율은 3분의 1까지 떨어졌고, 1939년에는 20%가 되었다.[22] 모든 주요 농산물 수출의 수출량도 감소하여, 면화·밀·라드 및 여타 돈육제품들이 심하게 타격을 받았다. 이는 유럽 시장의 쇠퇴가 주요 요인이었으나, 면화 수출의 축소는 면화 프로그램의 결과이기도 했다. 농산물 수출에서 농업 마케팅의 가치비율은 10% 이하였고 수출을 목적으로 한 수확량의 비율은 1930년대에는 단 5%에 불과했다. 요컨대 농산물 프로그램은 면화를 제외한 농산물이 미국 농업생산의 중요한 물품이 아니었던 이 기간 중 도입되어 굳건해졌다.

미국과 다른 나라에서 농업에 대한 국내 개입과 무역 개입 프로그램의 결과는 국제미가공품(제1차 산품)협약을 통해서 무역을 규제하려는 움직임을 초래했다. 이에 따라 미국·캐나다·오스트레일리아·아르헨티나 등 모든 주요 밀 수출국들은 1930년대를 통하여 국내 개입정책을 마련하였다. 1933년 8월 수입국에 수출 쿼터와 생산제한을 제공하기 위해 국제밀협약이 22개국에 의해서 조인되었으나 이 협약은 효과가 없는 것으로 판명되었고, 마지막에는 밀자문위원회(Wheat Advisory Committee)만이 존속하게 되었다. 1938년 동 위원회에서 미국 정부는 대규모 수확과 낮은 국제가격 전망에 수반하여 미국의 '국제 곡물

---

22) W. W. Wilcox and W. W. Cochrane, *Economics of American Agriculture*, Englewood Cliffs : Prentice Hall, 1960, p. 345.

계획'에 대한 제안을 중심으로 새로운 협약을 추진하였으나 어떠한 협약도 합의되지 못하였다. 이에 주요 수출국들은 회담을 계속하여 1939년 협약의 초안이 가시화되고 1942년 밀 수출쿼터와 선택된 참고 밀에 대한 최저 국제 가격규정 합의가 도출되면서 국제밀협의회(IWC : International Wheat Council)가 설립되었다. 이 국제밀협의회는 국제밀협약(IWA : International Wheat Agreement)을 이루어 낸 제2차 세계대전 전후의 회담들을 위한 포럼이었다.

3. 농업기술 변화의 유도

미국 국가실험기관(SEA)들의 농업연구를 위한 연방후원금과 미국 농무부에 의한 정부지출금은 1925~1930년에는 실질적으로 해마다 증가하였으나 1934년까지는 감소하다가 그 이후 1940년까지 급증[23]하였다. SEA에 대한 연방보조는 우선 1925년의 퍼넬법(Purnell Act)에 의해서 처음으로 증가하였고, 두 번째는 1935년의 뱅크헤드-존스법(Bankhead-Jones Act)에 의해서 증가하였다. 미국 농무부의 지출은 1930년대 초기에 감소하다가 그 이후 1935년 이후부터 계속 증가하였다. 특히 1925년 제정된 옥수수 프로그램 이후로 여타 곡물에서도 1930년대에는 똑같이 두드러진 증가를 보였다. 이러한 협동 수확 프로그램은 전국 또는 지역특성화 연구에 많은 중점을 두고서 추진되었다. 농작물연구에 관한 사적 부문(private sector) 관련은 잡종옥수수와 관련하여 1930년대에 발전하였다. 잡종옥수수 종자에 대한 사유재적 성격 때문에 사적 부문은 연구에 대한 투자, 종자번식 및 농민들의 분배로부터 이득을 얻을 수 있었다.

농업기술 변화를 자극하는 정부의 또 다른 노력은 농촌의 전력화 사업법에 따라 제정된 농촌 전기화 프로그램이었다. 이에 따라서 농촌 지역에서는 전력회사들에 대해서 싼 대출이 가능하게 되었다. 1935년 당시 미국의 농촌은 11%만이 전력화가 되어 있었고 1941년이 되어서야 농촌의 35%가 중앙전력을 공급받게 되었다. 이 프로그램은 농촌의 90%가 전기를 공급받게 된 1955년 사실상

---

23) W. L. Peterson & J. C. Fitzharris, *Resource Allocation and Productivity in National and international Agriculture Research*, Minneapolis : Univ. of Minnesota Press, 1977, pp. 75~77.

완료되었다.

　1930년대 초기의 경기침체와 가뭄은 농업생산성 잠재력을 감소시켰지만, 전체 요소생산에서의 현저하고 지속적인 증가가 1930년대 중반 이후 계속되었다. 1920년 궤도에 오른 트랙터 기반의 기계화에 의한 수확농업으로의 전환은 1930년대에도 계속되었고, 트랙터의 성능은 이 기간 중 2배로 증가하였다. 복식 수확기(콤바인)와 옥수수 수확기가 농촌에서 급증하기 시작하였으며, 면화농장의 기계화는 옥수수 수확기의 도입에 뒤이어 1930년대 후반에 두드러진 특징이 되었다.[24] 농촌의 전력화는 착유기와 사료공급 처리장비의 사용을 가능케 하였을 뿐 아니라 가금류 사육에도 혁명을 수반하였고, 나아가 구이용 영계(broiler) 사육을 촉진시켰다. 기계적인 동력과 기계류는 1930년에서 1940년대 사이에 8% 증가를 보인 것과는 대조적으로 농촌의 노동력은 1930~1940년 사이에 10% 감소, 1940년에는 20%까지 감소하는 상황을 초래하였다. 농업에 대한 자본과 노동비율은 1930년대 계속 증가했다. 1920년 노동은 농업의 전체 투입량의 약 50%를 차지했으나 1930년대까지 그 수는 46%가 되었고 1940년 41%까지 감소한 반면, 자본의 비율은 부동산을 제외하고 32%에서 36~41%까지 증가하였다.

　마력(馬力)이 트랙터의 동력으로 대체됨으로써 토지는 다른 용도로 사용될 수 있었고, 1930~1940년 사이에 농업산출량이 15% 증가한 요인이 되었다. 수확에 대한 생물학적 혁신으로 1930년 이후 계속 수확량이 증가했다. 가장 중요한 발전은 수분(가루받이) 다양성의 가능성을 보여 준 잡종옥수수의 활용이었다. 잡종종자는 1920년대 아이오와 주에서 제일 먼저 활용하였다. 1940년이 되어서 옥수수 지역의 30%에 해당하는 토지에 다양한 잡종종자를 심었고, 이 종자는 전통적인 종자에 비해서 20%가량의 수확 증가를 초래하였다. 잡종옥수수의 채택과 수반하여 상업적인 비료 사용이 증가했다. 이러한 잡종옥수수가 도입되었던 주요 요인은 낮은 가격으로 공급되는 개량비료에 있었다. 따라서 전체의 비료 사용은 1930~1940년 사이에 30% 증가하였는데, 이는 단지 농업에서 화학적 혁신시대의 개막을 의미하는 것일 뿐이었다.

　잡종옥수수의 채택으로 시작된 수확량 증가현상이 1930년대 농생물학적 혁신으로 자주 인용되지만 다른 농작물들, 즉 면화와 담배에서도 비슷한 경향이

---

24) M. R. Benedict, op. cit., p. 32 ; Y. Hayami & V. W. Ruttan, op. cit., p. 339.

1930년대 후반에 나타나기 시작했다. 미국 농무부가 제시하는 에이커당 작물생산 지수는 1910~1930년대 중반까지 미세한 상승을 보이다가 그 이후 가파른 상승세를 보였다. 가축생산의 효율성 역시 1930년대 중반 상승하기 시작하여 암탉 1마리당 계란생산량, 소 1마리당 우유량, 구이용 영계의 파운드당 사료, 암퇘지 1마리당 절약된 돼지 수 같은 기술적 변화의 지수들이 이 시대 이후 상승세를 나타냈다.

1930년대 후반의 농생물학적 기술혁신에서 시작된 생산성 향상은 더욱 조기에 연방정부기금으로 시작된 연구 프로그램이 적용되었음을 시사하는 것이었다. 가뭄과 공황, 농민들의 불리한 자본과 대출 상황 때문에 1930년대 초까지 기술채택이 지연되었으나, 1930년대 중반 이후에는 농민의 재산물건의 순가(담보·과세 등을 뺀 가격 : equity) 상태가 호전되었고, 가격 상대물이 더욱 유리해 졌으며 정부의 지원 프로그램이 가격 확신성을 증가시키고 소득을 높여 주었다.

4. 결 언

이상으로 미국의 독립 이후 1930년대의 대공황기까지에 이르는 농업정책 기조를 중점적으로 구명하였다. 이에 그 내용을 요약함과 동시에 그에 대한 종합적인 평가를 하고자 한다.

한마디로 미국의 농업정책 기조는 '효율성과 생산성의 개선'에 기초를 두고 전개되었다. 그 과정에서 그들의 초기적인 특징들은 토지의 정착과 불하, 농업기술개발의 연구와 교육 및 그에 수반되는 기술혁신, 농촌 대출 프로그램들이 주종을 이루면서 시행되고 확장된 것이었으며, 나아가 법적·기술적 그리고 대출의 기본적 틀 안에서 자원의 할당과 생산, 생산자에 대한 이윤은 대부분 국내외 시장의 상황에 따라 결정되었다. 제조업자들에 대해서 고도의 보호주의 정책을 표방한 것과는 대조적으로 설탕을 제외하고는 농산물에 대한 직접적인 정부의 지원은 거의 없었다. 거시적인 정책은 시장규제가 자율규제와 자율회복 신념에 기초하는 불간섭적인 원칙을 고수하였다.

그러나 1933년 이후 뉴딜정책 시행으로 미국 내의 농업정책은 정책 태도에

의 역전과 새로운 정책 추진의 계기가 되었다. '대형 상품 프로그램(big commodity programmes)'[25]을 통한 농민들의 소득과 상대가격을 개선하려는 직접적인 정부 개입은 농업정책의 주요한 특징이 되었다. 이를 위해 농업생산의 의도적인 감소와 농산물가격 지원원칙이 자리를 잡는 동시에 국제적으로는 보호주의의 감소와 최혜국대우(MFN : Most Favoures Nation) 정책을 통한 관세 인하와 무역자유화가 선호되었다. 거시정책은 새로운 방향으로 가닥을 잡아 정부는 대공황의 상황에서 국내의 경제활동을 자극할 책임을 지고 뉴딜을 통하여 기존의 경제정책을 확대·강화하는 동시에 새로운 농업정책 과제를 창출하였다.

농산물의 수출수요가 부진해짐에 따라 1930년대의 농산물가격과 농업 내부적인 무역조항들은 뉴딜 프로그램에 의해서 주어진 국내 수요와 공급요인을 결정하였다. 해더웨이(D. E. Hathaway)는 거시경제가 1933년 이후 침체기에서 벗어남에 따라 제1·2차 세계대전 사이에 농산물에 대한 국내 수요는 어느 정도 회복되었다고 주장했다.[26] 실질국민소득은 1929~1932년 사이에 감소했지만 1933~1937년 사이에는 증가했으며, 1937~1938년 단기의 급격한 침체 후 상승세를 탔으나 1940년까지도 실질국민소득은 1920년대 후반의 수준에 겨우 도달했을 뿐이었다. 실질국민소득과 가처분 개인소득의 변화 사이에 실질적인 관련성이 있고 식량에 대한 수요의 소득탄력성이 있다고 가정하면, 경기순환의 등락은 농산물에 대한 수요곡선을 변화시킨다.

해더웨이가 제시한 증거는 경기순환과 농산물가격, 명목/실질적 현금수령액의 두 요인의 관계를 나타내 주었고, 경기순환과 농업번영과의 관련성은 베네딕트(M. R. Benedict)도 주장하였다. 베네딕트는 "1930년대 미국 농업침체의 주요 요인은 미국 내 수요의 엄청난 감소에 있었고, 농업의 회복은 1938년의 심각

---

25) D. Paarlberg, *Farm and Food Policy : Issues of the 1980s*, Lincoln : Univ. of Nebraska Press, 1980. 파르버그는 1933년 AAA 발표 이후 상품 프로그램은 오늘날까지 미국 농업정책의 골간을 이루는 정책으로 농작물생산자보다는 농작물(상품) 자체를 중심으로 운용되며 대상이 되는 농산물은 옥수수·사료·사탕수수·보리·귀리·호밀·대두·밀·쌀·목화·담배·사탕·땅콩·양모·꿀·낙농제품 등 16개 품목에 이른다고 언급하였다.

26) D. E. Hathaway, *Government and Agriculture*, Minneapolis : Univ. of Minnesota Press, 1979, pp. 137~138.

한 경기침체에 의해서 둔화되었는데, 이것은 농업의 번영이 산업의 활동에 크게 의존하고 있다는 것에 대한 증좌였다. 나아가 이에 대한 긴급조치로서 뉴딜프로그램하에 생산조절기구를 둔 까닭은 많은 재고가 누적되는 수요의 침체 상황에서 농업구제에 효과를 주기 위한 논리적인 반응이었으나, 조절은 약간의 효과만 있었을 뿐 재고 정체를 감소시키는 데에는 1934년과 1936년의 가뭄이 공급 상황에 훨씬 더 지배적인 영향을 주었다."[27]라고 주장하였다.

국내 수요와 공급곡선 역시 인구증가와 기술적 발전으로 인해서 1930년대에 정(正)의 방향으로 전환되었다. 미국의 인구는 1930~1940년 사이에 8%가량 성장하였다. 트랙터는 계속해서 우마 등 견인동물과 토지를 현금성 작물생산과 가축을 위한 마초생산으로 바뀌어 새로운 농생물학적 기술이 1930년대 이후 명백한 현상으로 나타났다.

이러한 측면에서 1930년대의 농산물가격과 농업이 번영한 과정은 대부분 농업조정법(AAA)에 의해서 도입된 조치들 때문이라기보다는 수요/공급요인의 결과였다고 할 수 있다. 그에 대한 증거는 다음과 같은 일련의 변화에서 인식할 수 있을 것이다. 1932년 농산물가격 지수는 65선(1910~1914=100)이라는 최저점에 달하고 있었다. 농민의 지불가격(소비물가)은 1932~1935년 사이에 인상되었고 그것은 거의 안정되게 유지되었다. 소비물가 지수는 1932년 102로 낮았지만 1937년 122까지 상승하였다. 패리티 비율은 1932년 58에서 1937년 93으로 올랐지만 1939년 78로 떨어졌다. 이 때문에 농업에 대한 교역조건들이 이 기간 중 약간 회복되었고, 농업에서 실현된 최종소득(정부의 직접지급금을 포함하여)은 비슷한 패턴을 따랐다. 농촌소득은 1929년 60억 달러 수준에서 1932년 20억 달러로 떨어졌다가 1939년 44억 달러로 회복되었다.[28]

농업의 번영에 대한 뉴딜의 영향은 복합적인 것이었다고 평가할 수 있다. 자발적인 경작지 조절과 마케팅 할당량은 면화와 담배에서는 성공적인 생산조절을 유도했으나 밀과 옥수수에 대해서는 덜 효과적이었다. 그러나 수확량 증가는 이들 프로그램을 1930년대 후반까지 계속 시행하는 요인이 되었다. CCC의

---

27) M. R. Benedict, *op. cit.*, pp. 442~444.
28) W. W. Wilcox and W. W. Cochrane, *op. cit.*, p. 216.

기능은 특히 대출이자율이 농무부의 임의대로 정해진 1938년 이전에 전반적인 가격 지지 기능보다는 안정화 기능을 하였다. 1938년의 가격 지지 수준은 이전 해의 시장가격 수준이나 또는 그 이하에서 머무르는 데 그쳤다.

그러나 1939·1940년 CCC의 면화와 옥수수·밀의 재고량은 급증세를 나타내었는데, 이는 대출금리가 평균 수준 이상으로 정해졌음을 의미한다. 보상금과 임대지급금은 농민들이 환영하는 현금의 원천이었으나 전체 소득의 주요 요소를 차지하지는 못했다. 그것들은 총농촌소득의 5%가량을 차지했고, 1933~1949년 사이의 순농촌소득의 10~15%를 차지했다. 긴급대출 프로그램은 수천 명의 농민들에게 신속하고 사활이 걸린 재정적 구제기반을 제공해 주었으며, 농업구조의 심각한 붕괴를 예방해 주었다.

뉴딜의 일환으로서의 전통적인 정책 시행의 확대는 그 시대의 상황과 관련이 있을 뿐 아니라 미래를 위해서도 중요한 것이었다. 미국 연방정부가 후원하는 대출 시스템의 재조직은 일반 시중은행이 도시산업에 제공한 대출에 비해서 광범위한 대출기반을 성립시킨 성공적인 조치였다. 연방의 농촌 대출기관들은 부동산 저당에 대해서 장기 할부상환 대출계획을 수립한 것으로, 이 조치는 기존의 일반은행들의 할부상환이 불가능한 단기 대출에 비하여 아주 혁신적인 것이었다. 이에 따라 '최선의 시장관행에 합당한 최저의 금리대출이 가능하도록' 연방토지은행의 신용기반이 넓어졌고, 생산신용의 조항이 대폭 강화되었다. 이와 함께 연구와 개발 프로그램도 확대되는 동시에, 농촌의 전력화 사업계획은 생산성 증가와 농촌복지의 실질적인 공헌자가 되었다. 토질부식을 조절하는 프로그램은 농산물의 생산성 기반을 보존하는 방향으로 설치되어 농산물과 관련된 더욱 넓은 환경적 관심사의 선두주자적 역할을 하였다.

무엇보다도 뉴딜의 정치적·경제적 측면은 농업생산성에 관련된 혁신성 또는 농업번영에 미친 간접적 효과보다는 미래를 위해 더 큰 중요성을 띠고 있었다. 이 농업 프로그램은 농업의 위기 상황에 대한 긴급대응책으로 받아들여졌다. 따라서 새로운 구제조치들이 전례 없는 상황을 다루기 위해 마련되어 1930년대의 대공황은 계속되었지만 미국 농촌의 분위기는 점점 개선되는 방향으로 변화했다. 이와 같은 모든 조치들의 이면에는 정부의 관여가 있었다는 확증이 보이자, 1936년 미국 농민들은 "현재의 농업 부문의 회복은 단지 시작일 뿐이고, 연방정부는 농민들의 이익을 보호하기 위해서 계속 적극적인 역할을 해 줄

것을 원한다는 것을 보여 준다"[29]는 의미에서 루스벨트가 재선되도록 지지를 보냈다.

　이를 계기로 미국 농업에서는 더욱 복합적 경제접근을 위한 활동계획이 수립되어 농무부는 양적으로나 영향력 면에서 미국 행정부 내에서 가장 많은 특권을 가진 기관으로 성장해 갔다. 나아가 농업정책은 긴급조치 프로그램에서 '농업생산 조절과 안정' 등 두 가지 측면을 강조하는 장기적인 고려까지도 포괄하는 것으로 전환하였다. 미가공품 프로그램은 1930년대에 확고히 자리를 잡게 되었고, 이에 따라 새로운 정책국면이 시작되어 가격과 생산조절의 방침을 통한 농업의 경제적인 운영은 자유방임주의를 대체하게 되었다. 뉴딜의 농업정책에 관한 구체적인 내용은 그 이후 몇몇의 명백한 경제적 단점에도 불구하고 모두 지속적이고 유연한 것으로 입증되었다. 따라서 1933년의 농업조정법은 1935년 일부가 수정되었고, 1936년 토양보전 및 국내 할당법(Soil Conservation and Domestic Allotment Act)으로 대체되었을 뿐 아니라, 1938년에도 일부 조항이 헌법에 위배된다는 대법원의 판결을 받아 내용이 다소 수정되기도 하고 시대에 따라 추가되기도 하였으나, 1933년에 제정된 농업조정법은 사실상 오늘날까지 미국 농업법의 기초가 되는 법률로 작용하고 있다.

---

29) T. Saloutus, *The American Farmer and the New Deal*, Amherst : Iowa State Univ. Press, 1982, p. 235.

참고문헌

Anderson, T. L. & Hill, P. J., "The Role of Private Property in the History of American Agriculture, 1776~1976", *American Journal of Agricultural Economics*, 58, 1976, pp. 937~945.

Benedict, M. R., *Farm Policies of the US, 1790~1950*(New York : The 20 Century Fund, 1953).

Cochrane, W. W., *The Development of American Agriculture*(Minneapolis : Univ. of Minnesota Press, 1979).

Hathaway, D. E., *Government and Agriculture*, (Minneapolis : Univ. of Minnesota Press, 1979).

Hayami, Y. & Ruttan, V. W., *Agricultural Development : An International Perspective*, 1st edn(Johns Hopkins Univ. Press, 1971).

Ingersent, K. A. & Rayner, A. J., *Agricultural Policy in Western Europe and the United States*(Edward Elgar, 1999).

Lee, J. E., "Food and Agriculture Policy : A Suggested Approach", *Agriculture Food Policy Review : Perspectives for the 1980s*, U.S.D.A., AFPR-4, 1981.

Nourse, E. G., "The Outlook for Agriculture", *Journal of Farm Economics 9*, 1927, pp. 21~32.

Paarlsberg, D., *Farm and Food Policy : Issues of the 1980s*(Lincoln : Univ. of Nebraska Press, 1980).

Penn, J. B., "The Changing Farm Sector and Future Public Policy : An Economic Perspective", in U.S.D.A., *Agriculture-Food Policy Review : Perspectives for the 1980s*, AFPR-4(Washington D.C., 1981).

Perterson, W. L. & Fitzharris, J. C., "Organisation and Productivity of the Federal-State Research System in the US", ch. 2 in T. Arnint et al.(eds), *Resource Allocation and Productivity in National and International Agriculture Research*(Minneapolis : Univ. of Minnesota Press, 1977).

Saloutos, T., *The American Farmer and the New Deal*(Amherst : Iowa State Univ. Press, 1982).

Tracy, M., *Agriculture in Western Europe : Challenge and Response, 1880~1980*, (London : Granada Publishing, 1982).

Wilcox, W. W. & Cochrane, W. W., *Economics of American Agriculture*, 2nd edn (Englewood Cliffs : Prentice Hall, 1960).

馬場宏二, 『アメリカ農業問題の發生』(東京大出版部, 1980).

제4장

현대 미국의 농정기조

1. 서 언 250
2. 전후 미국의 농업 상황 252
3. 전후 미국의 농업정책 운영에 대한 논쟁 266
4. 결 언 275

1. 서 언

제2차 세계대전의 전개가 심화되어 가고 성인 남성 대부분이 전장에 동원되면서 유럽의 농업은 생산활동의 중지와 농장의 피폐화가 초래되고 마침내는 심각한 식량 부족과 기아 상태에 이르러, 미국으로부터 전달되는 렌드리즈(lend-lease) 함대의 원조로 연명하는 상황으로 전락해 갔다. 이와는 대조적으로 이 시기 미국은 공업 및 농업생산성이 급속히 증가하고 전시물자 생산에 자원을 전환함으로써 고도의 경제활동에 박차를 가하는 상태였다. 대전 중 국가의 계획과 통제하에 놓였던 미국과 유럽 연합국들의 경제정책의 중심은 대전이 종전되면서 사라져 갔으나 후속된 거시경제정책들은 완전고용을 진작시키고 경제활동 수준을 안정시키려는 의도에서 케인스주의의 정부개입주의 철학에 집착하고 있었다.

제2차 세계대전이 종전되면서 미국은 유럽의 경제공황을 예견하고 발빠른 조치를 취하여 1948년부터 1952년 사이에 실시한 마셜 플랜(Marshall Plan)과 유럽부흥계획(ERP : European Recovery Plan)에서 괄목할 만한 성과를 거두었다. 상품 및 공산품의 기부와 장기 차관의 형태로 이루어진 원조로 유럽은 경제를 회복할 수 있었다. ERP하에서 피원조국 16개의 유럽 연합국 자체가 설립한 유럽경제협력기구(OEEC : 오늘날의 OECD)라는 경로를 통하여 상품 및 공산품의 기부와 장기 차관의 형태로 이루어진 대서부 유럽 원조의 결과 16개 피원조 국가들의 GNP는 3년 6개월 만에 25%의 성장을 달성했다. 나아가 마셜 플랜은 유럽 내의 경제협력을 도와 경제통합의 기반을 마련하는 데 조력하였다. 프랑스와 독일 간의 화해를 성사시키려는 유럽 외부에서의 요구가 1950년 슐먼 플랜(Schulman Plan)으로 집약되고 1952년 유럽석탄철강공동체(ECSC)로 구체화되었으며, 1957년 유럽공동체(EC)로 확대되어 유럽의 공동농업정책(CAP : Common Agricultural Policy) 형성을 유도하였다.

국제적인 감각에서 주요한 국제기구의 설립과 발전을 도모하는 데 미국의 영향력은 결정적이었다. 1945년에는 국제연합(UN)이 탄생하였고, 특수하고 전문화된 목적을 가진 부설기구들이 설립되었다. 그 가운데 농업문제와 관련하여 가장 중요한 것이 1945년에 설립된 유엔 식량 및 농업기구(FAO : Food and Agricultural Organization)였으며, 국제부흥개발은행(IBRD : International Bank for Reconstruction and Development, 오늘날의 World Bank)과 국제통화기금(IMF : International Monetary Fund)이었다.

1944년 이른바 브레턴우즈(Bretton Woods) 회의에서 파생된 IBRD와 IMF는 전후 유럽의 재건을 촉진하기 위해서, 후에는 경제개발 지원기구로서의 역할을 위한 것이었고, IMF는 단기적인 국제유동성 및 수지균형과 관련되는 문제에 협력을 촉진하는 주요한 국제금융기구 역할을 목적으로 한 것이었다. 이른바 '브레턴우즈' 체제의 통합적이고 주요한 핵심은 환율안정에 대한 개입이었다. 따라서 환율은 결정된 가치에 따라 고정되었으며, 본위적 불균형시에 한해서 변경될 수 있었다. 이렇게 브레턴우즈 체제하에서 결정되었던 외환의 고정환율제는 1973년 파괴되고 스미소니언 체제(Smithsonian System)하의 변동환율제로 바뀌었다.

대전 직후 주요 무역국가들은 자유무역협정을 추진하기 위한 기구의 설립도 논의하였다. 1947년 아바나에서 성안된 국제무역기구(ITO : International Trade Organization) 헌장이 있었으나, 미국 상원에서 비준에 실패함으로써 그의 실현은 이루어지지 않았다. 반면에 비공식적인 연합체 GATT(General Agreement on Tariffs and Trade)가 다자간무역협상(MTNs)을 위한 골격체로서의 역할을 하게 되었다. 본래 GATT의 근본적인 목적은 무역을 자유화하고 확대하는 것으로, 무역의 장벽들은 협상 과정을 통하여서만이 달성된다는 것이었다.

요컨대 제2차 세계대전의 종전은 21세기 현재의 세계적인 경제현상을 탄생시킨 시발점이었다. WTO의 전신이라고 할 수 있는 ITO-GATT가 출현한 시기이기도 했고, 선진국들의 경제 모임이라고 할 수 있는 OECD의 전신 OEEC가 설립된 시기였으며, 경제통합체의 성공적인 모델이라고 할 수 있는 오늘의 EU 탄생의 계기가 된 시기였고, 나아가 EU의 설립에서 파생된 공동농업정책(CAP : Common Agricultural Policy)의 설립으로 개별 국가의 농업정책기조(예컨대 영국과 같은 경우)가 재정립되어야 하는 고뇌를 야기시킨 시기이기도 했으며, 전통적인 농업수출 국가이던 미국의 농업정책이 공동체적 성격을 지닌 CAP와의 협상을 도모해야 하는 시발이 되기도 했다.

이런 의미에서 다음으로는 제2차 세계대전 이후부터 세계 최강대국으로 부상하게 된 미국의 경제가 농산물 수출국가로서의 입지를 더욱 강화해 가면서도 국제수지 균형에는 적자로 불균형을 이루어 종래에는 변동환율제로 전환되어 가고, 한편에서는 18세기 중엽 세계 최초로 산업화를 성공적으로 완성한 영국이 '세계의 공장', '세계의 은행', '해가 지지 않는 나라'라는 닉네임을 보유하고 56개 영연방의 리더 국가로서 오타와협정에 의하여 영연방국들과 체결한 무역협정에 따라 농산물 수출입에 특혜를 누려 오던 입장을 버리고 EC에 가입하여 경제공동체 회원국으로서 기존의 독자적인 농업정책 기조를 공동체의 공동 농업 정책기조에 융합시켜야 하는 입지로 전환하게 되는 1970년대까지의 미국의 농업문제를 언급하고자 한다.

따라서 여기에서는 제2차 세계대전 이후부터 1970년대까지의 미국의 농업 상황과 그 내면적인 문제점을 타결하려는 행정부 및 입법부가 계획하고 추진한 법안의 형성 과정과 정책내용들을 시기별로 구분하여 살펴본 다음, 각 시기에 실시된 농업정책의 내용에 대한 논쟁점과 그 경제적 효과를 점검해 보기로 한다.

2. 전후 미국의 농업 상황

1. 제2차 세계대전 종전~1953년의 농업 상황(농업의 고정가격 지원기)

제2차 세계대전에서 최강대국으로 부상한 미국은 상업적이고 전략적 동기를 가지고 '우호'국가들과 더불어 경제회복과 발전을 시도했다. 이를 위해 미국은 긴급한 전후 안정과 원조를 제공하는 유엔구제부흥사업국(UNRRA : UN Relief and Rehabilitation Administration)과 마셜 플랜(Marshall Plan)을 설립하여 서부 유럽에 대한 장기적인 경기회복 기반을 제공하는 동시에, 월드뱅크와 IMF · GATT 등 세계무역의 재생을 위한 새로운 기구의 설립을 주도하였다. 제2차 세계대전이 종전된 1945년과 이후 3년 간격으로 이루어진 1934년 호혜무역협정조례(the 1934 Reciprocal Trade Agreements Act)의 갱신은 세계무역 개방화를 위한 미국 개입의 상징[1]이 되었다. 그 결과 1947년 미국의 평균 관세는 1934년 대비 25% 낮아져 개방화를 표방한 미국 무역정책이 절정에 다다랐다. 그러나 무역을 위한 비관세장벽이 무역자유화에 방해물이 되기 시작하면서 무역정책의 초점은 관세에 대한 상호 호혜적인 무역협의에서 GATT하의 다각적인 협상으로 전환하였다.

　대전 직후 미국 농업정책의 결과는 수요보다 더 빨리 성장하는 농산물공급의 지속적 성향으로 농업공급에 대한 외향적인 기술진보가 공급과 수요성장률의 불균형을 야기하는 가장 큰 요인으로 작용했고, 경제발전에 반비례하여 농업에 상대적으로 적은 노동력이 종사하게 되는 것에 대해 국가적 차원의 노동력 재분배가 요구된다는 결론[2]을 내렸다. 1943년부터 1948년 사이에 이루어진 정책법안은 농산물가격면에서는 장기적인 시장균형의 길을 따라야 하지만 경기후퇴 기간에는 농산물가격과 소득안정을 위해서 직접적인 소득지불이나 가격지원금 등과 같은 보조적인 정부의 중재가 필요하다는 것이 강조되었다.

　대전 기간 중에 실시되던 가격지원은 1948년도로 만료되었으나, 1948년의 농업법 조례에서는 주요 농산물에 대해 패리티 90%로 지원을 1년 더 연장하기로 하여 유연가격지원(flexible price support)이 유효[3]하게 되었다. 트루먼(Harry S. Truman) 대통령의 재선으로 민주당이 상·하원에서 다수를 차지하면서 1949년 미국 의회에서는 농업정책에 대한 논쟁이 가열되기 시작했다. 농무장관 브래넌(Charles Brannan)은 "일부 축산물을 포함한 기본 농산물(옥수수·밀·면·담배·쌀·땅콩)에 대해 실질적으로 패리티 100%의 강제 지원을 한다"는 혁신적인 농업가격정책안을 의회에 제출했다.

　그 요지는 농산물가격을 높게 유지하기 위해서는 엄격한 생산통제가 필요하며, (채소류와 같이 부식되기 쉬운) 여타 농산물생산자들을 위한 소득지원은 직접지불제[현대 용어로는 차액지불제(deficiency payments)]를 통해서 정부 지원

---

1) R. M. Robertson, *History of the American Economy*, 3rd edn, New York, 1973, p. 664.
2) T. W. Schuttz, *Agriculture in an Unstable Economy*, New York : McGrawHill, 1945.
3) W. W. Cochrane & M. Ryan, *American Farm Policy, 1948~1973*, Univ. of Minnesota Press, 1976, p. 27.

가격과 평균 시장가격 간의 차이를 메워야 한다는 것이었다. 브래넌 플랜(Brannan Plan)의 옹호자들은 직접지불이 소비자들에게는 '낮은 가격'을 제공할 것이며, 생산자들에게는 '공평한' 가격을 가능케 할 것이라는 점을 강조하면서 공급을 조절하여 직접지불제의 예산비용을 제한토록 할 것이므로 생산수준에 관계없이 전형적인 가족농가의 규모에 따라 한계가 결정되는 농가당 직접지불의 최고한계를 제안하였다.

브래넌 플랜(Brannan Plan)은 명백히 정해진 직접지불제에 따르는 보조금과 농가당 지불 한계 책정에 대한 농부들의 반대와, 계획안에 포함된 예산비율에 대한 의회의 반대, 채소와 같이 부식되기 쉬운 농산물에 대해 높은 가격을 원하는 농부와 낮은 가격을 원하는 소비자로 구성된 유권자에 대한 본능적 영향이 선거 전망에 해를 입힐지도 모른다고 두려워하던 소수 정당 공화당의 반대에 부딪혀 1949년 여름 상원에서 기각되었다. 브래넌 플랜이 의회에서 기각된 이후 (1973년 농업 및 소비자보호법안이 통과된) 1970년대 초반까지 미국 농업법안에서 차액지불제를 통합하려는 시도는 다시 일어나지 않았다. 반면에 1949년의 농업법에서는 1948년 조례규정과 1930년대 법령들의 계속을 표방하면서 농산물의 가격은 몇몇 공급제약에 대해 패리티 90%를 유지하도록 하였다. 농업생산은 대전 중과 대전 직후 기간 중 급속히 증가하여 1940년과 1947년 수준을 25% 상회하였고, 1951년까지 안정세를 유지하다가 1952년과 1953년 다시 상승세를 타고 있었다.

이 기간 중 안정을 시도한 미국 정부의 특별수출계획을 포함하여 높은 생산증대는 국내의 수요 및 수출증가의 영향으로 전적으로 흡수되었으나, 1948~1949년의 경기침체 기간 중 상업적 수출성장이 침체되고 농산물가격이 하락하여 잉여가 증가하기 시작하자 CCC는 면·밀 및 옥수수의 재고를 축적하는 한편, 국내의 수요 및 수출수요를 재생시키려는 노력을 시도했다. 1950년 한국전쟁의 발발로 CCC에 축적되었던 잉여농산물을 구호식량으로 전환하고, 농업가격의 패리티 비율은 1950년 101, 1951년 107을 유지하면서 잉여가 감소하여 일시적인 안정세를 찾았으나, 1953년과 1954년 유럽 및 세계 농산물생산의 회복으로 인한 대유럽 수출감소가 수반되자 잉여문제가 다시 대두되었다. 상업적 농산물 수출이 대전 이전 수준으로 복귀한 것은 20세기 초반에 이룬 미국의 상업적 농업수출이 차지한 비율 수준으로 전환한다는 것을 의미하였다. 따라서

1950년대 초반의 비율은 1900~1910년 사이에는 60%였음에 비하여 1954년대는 15~20%로 낮아졌고, 농산물 수출세입의 상대적인 중요성도 감소하였으며, 전체 수확경작지 10% 이하인 수출은 단 10%의 농산물 현금영수를 차지하였다.

1948년 민주당이 압도적으로 승리하여 집권한 트루먼 정부하에서 시장경영과 부식하기 쉬운 농산물에 대해 차액지불제를 시도하려던 브래넌 플랜은 실패하였으나, 1949년의 농업법에서는 패리티 기준의 가격지원, 주요한 시장조정 수단으로서의 토지할당과 시장할당 및 시장하한선을 제공하는 CCC의 대부 실시와 함께 1938년 농업법의 취지를 지속 표방하였다. 이후 1950년의 한국전쟁으로 인한 농산물의 수요증대는 농가수입과 잉여문제를 완화시켰으나 1953~1954년 생산의 급상승과 외국 수요의 침체는 잉여 농산물의 재등장 문제를 초래하였다. 이로써 대전 직후 미국 농업은 특수한 환경의 복합적인 영향으로 10년 정도 연기되었으나, 잉여 상태와 초과용량으로 전환하면서 농업불균형이 장기적으로 유지되자 1930년대 대공황을 위해 제작된 가격지원제도의 유보 증세가 명백하게 나타나게 되었다.

2. 1954~1960년의 농업 상황(농업의 초과용량과 잉여의 위기)

1952년 미국의 정세는 아이젠하워(Dwight D. Eisenhower)의 대통령 당선과 1956년 재선으로 정권이 민주당에서 공화당으로 교체되었으나, 의회에서는 아이젠하워의 8년 대통령 재임 기간 중 2년만을 제외하고는 민주당 주도가 계속되어 국내 거시경제와 대외정책을 간섭하는 역할을 담당하였다. 이 기간 중 거시경제 부문은 계속 성장했지만 연 4.5% 정도의 실질 GNP 성장과 함께 해외에 대한 미국의 거대 기업투자와 관련된 국방과 대외경제 및 군사원조 등으로 인한 과대한 정부지출은 균형수지 적자와 달러 자산에 대한 외국 소유의 증가를 초래하였다. 1952년의 정권교체에도 불구하고 기존의 농업법은 1954년까지 유효하였으나, 아이젠하워 정부의 농무장관 벤슨(Ezra Benson)은 자유시장을 향한 농업정책의 재조직화를 시도하면서 기존의 패리티 75%에서 90%의 범위를 책정하고, 농업지원의 수준이 공급증가에 따라 줄어드는 소위 유연가격지원제와 농업의 수출 확대를 제안하였다. 그 이면에는 지원가격 수준을 인하하고 외국의 수요증가에 따르는 시장의 힘을 통하여 농업 잉여의 재발을 방지한다는 의도가 있었다. 유연가격지원안은 의회에서 상당한 반대에 부딪혔으나 통과된 1954년 농업법안은 벤슨 플랜(Benson Plan)을 완화시킨 내용이 중심을 이루었다. 그러나 역대 행정부가 실시한 고정된 높은 가격지원제와 비교하면 아이젠하워 정부의 농업정책은 가격지원을 더욱 유연하게 하고 전체적으로 지원 수준을 낮추었다는 특징을 가지고 있다.

특히 외국 수요를 증대시키려는 목표는 1954년 PL480(Public Law 480 : 공법 480)으로 알려진 '농산물 무역발전 및 원조법(Agricultural Trade Development and Assistance Act of 1954=Food for Peace라고도 함)'이 통과되면서 충족되었다. 의회에서 초당파적인 지지를 받은 이 법안은 대외정책 목표를 국내 농업정책 목표와 성공적으로 결합시킨 것으로, '우호적인' 개도국들에 대한 식량원조를 제도화함으로써 국내의 잉여농산물을 해외로 처분할 수 있도록 한 절묘한 법안이었다. PL480의 핵심은 '외국 통화를 위한 판매'로 미국의 원조를 받는 국가들로부터 달러 부족문제를 피해 가기 위해 외국 통화를 받고 농산물을 해외에 파는 것으로서 대외정책에서 수출농산물에 대한 보조지원을 강화하고 잉여농산물의 사용 권한을 확대한 것이었다. 이 법에 의하여 CCC는 보유한 재고 농산물들을 덤핑 판매할 수 있는 법적 근거를 마련하였고 식량원조와 저리의 장기 신용지원이 가능케 되었다. 이 경우 선적 비용은 미국이 부담하고, 판매세입 지불은 수혜국가의 통화로 그 국가 내의 미국 정부 측 계좌에 입금하도록 하였다. 이러한 방법은 국가와 관련된 정부로의 개발차관을 포함하여 지정된 목적에 유용하였다. 이 법안하에서 주요한 원조 수혜국가는 인도와 파키스탄이었고, 원조용 주요 농산물은 밀이었다.

PL480 계획은 1956년까지 충격을 주지 않았다. 그 기간 중 농산물 재고는 증가했고 농가 수입은 떨어져 농업기구들〔예컨대 농업관리국(Farm Bureau)과 농민연합(Farmers Union)〕은 생산조절을 모색하였다. 1956년 아이젠하워 행정부는 1936년의 토지유보 및 국내 할당법(Soil Conservation and Domestic Allotment Act)에 입각하여 경작지 전환 계획을 도입·실시하였다. 그 요지는 농부들에게 잉여농산물 생산이 발생하지 않도록 경작을 유보하는 방향으로 유도한다는 것이었다. 이 경우 토지은행의 역할이 매우 컸다.

토지은행은 먼저 토지를 1년 단위의 단기 농지유보정책(ARP : Arcreage Reserve Programme)과 장기의 토지보전유보정책(CRP : Conservation Reserve

Programme)으로 구분하였다. 단기의 농지유보정책하에서 농부들은 기본 작물에 대해 할당된 토지에서 50%의 임대료를 정부에 환원해야 했으며, 토지은행에 할당된 토지는 토지유보를 위해 사용될 수 있었으나 가뭄 지역을 제외하고는 어떤 작물의 수확이나 가축의 양축도 할 수 없도록 하였다. 장기의 토지보전유보정책하에서 농부들은 경작지를 장기간 보전하는 데 연간보상을 받을 수 있었으나, 이 정책을 계획한 참가자들은 곡물생산지에 대해서는 최소 3년, 식목의 경우에는 최대 15년 동안 토지경작을 휴경한다는 계약에 서명해야 하였다.

1956~1957년 사이의 실행 과정에서 ARP는 해마다 6억 달러의 비용을 소요하는 고비용 저효율적 사업이라는 것이 확인되면서 1958년 중지하였으나 작물생산은 계속 높아졌다. CRP 역시 연간 3억 달러의 비용이 소요되고 생산조절에도 비효율적일 뿐만 아니라 전 생산농가가 생산을 중단하는 부작용을 낳으면서 농촌 지역에서 많은 비판을 받았으며, 1960년 이후부터는 CRP에 참여하기를 희망하는 농가가 없어졌다.

아이젠하워 정부의 농업정책의 특징인 토지의 경작유보정책과 낮은 농산물 가격 지원정책에도 불구하고 농업의 생물학적·화학적 및 기계기술적 발전이 급속히 전개되어 농업생산물은 전례 없이 크게 성장하였다. 따라서 기본 작물과 낙농제품의 생산이 증가하여 1954~1960년 사이 옥수수 25%, 밀 33%, 젖소 1마리의 우유생산량이 30% 증가하였고, 기타 농산물의 생산 역시 팽창하여 대두 경작지는 3분의 1 이상이나 팽창하는 결과를 낳았다.

이는 대부분 토지할당으로 인한 기본 작물에서 나온 수확 결과였다. 이에 반하여 수요확대에 관한 대책은 영향을 미치지 못하여 과도한 공급으로 인한 잉여의 축적은 '1960년에 이르러서는 잉여농산물의 문제가 극에 달할 정도로 심각' 해졌다. 농업계획에 대한 예산비용은 벤슨의 정책변화에서도 줄어들지 않았으며, 농가 수입의 실질적인 향상을 보여 주지 못하여 1960년의 농가 총수입은 1954년보다 낮아 제2차 세계대전 직후와 1950년 이후의 한국전쟁 기간보다도 낮아졌다. 이로써 아이젠하워 정부 말기의 농업정책은 '농업의 고민과 불만이 폭넓게 퍼져 농업행정은 휘청거리며 벼랑을 향해 가는 상태'[4]의 농업 위기를 맞이하였다.

---

4) *Ibid*., p. 92.

3. 1960~1970년대의 농업 상황(농업정책 형성의 타협과 통합)

1960년 무렵 미국의 농업정책안은 정책설립 과정에서 다음과 같은 네 가지 견해가 첨예하게 대립하여 논쟁을 거듭하였다.

① 농업문제의 근본원인은 비탄력적인 수요와 농업생산에서 잉태한 공급 간의 만성적인 불균형에서 온다는 것이었다. 이 경우 기술혁신은 공급문제를 유도하는 가장 주요한 원인으로 인식되었다.

② 문제의 해결책을 선택하는 데 두 가지의 극단적인 의견이 있었는데, 한 가지는 농업시장을 자유롭게 하기 위한 정부의 모든 가격지원과 생산중재를 없애야 한다는 것이고, 다른 하나는 생산 전체를 생산자들에게 '공정가격'으로 수요와 연결시켜야 한다는 공급조절 옹호론이었다. 그리고 그 사이에 양 극단 모두의 요소들을 흡수·혼합하여 타협적인 해결책을 옹호하는 견해가 있었다.

③ 농업의 외부에서 농업문제의 해결책을 찾아야 한다는 것을 강조하는 견해도 커져 갔다. 여기에는 농업 부문의 과도한 노동력 제거가 농업불균형 회복에 반드시 필요한 요소이기는 하나, 농업 부문에서의 이주자들을 위한 적절한 비농업 고용 기회의 보장책이 필요하다는 것이었다.

④ 전후 1934년의 호혜적 무역협정안(Reciprocal Trade Agreement Act)의 계승표방정책에도 불구하고, 미국 농업정책의 논쟁은 여타 세계의 발전상과는 역행하여 고립된 채로 남아 있었다. 이것은 특히 농업문제를 해결하기 위해 정부의 더 많은 중재보호가 필요하다는 견해에 적용되는 것으로, 대체로 수출시장의 몫에 대한 미국과 여타 국가들의 경쟁을 포함한 농업무역정책과 국내 농업의 상호작용이 이 논의의 핵심이었다.

현실적으로 1960년대 미국의 농업은 실질 GNP와 노동생산성의 성장(각각 연 4%와 3% 정도), 실직의 감소 및 점진적인 인플레이션 성장이라는 배경에 의해 서서히 성장하였다. 그러나 내면적으로는 이러한 성장에도 불구하고 미국 경제는 1960년 후반 이후 연간 30억 달러 이상에 달하는 수지균형 적자를 보였다. 북대서양조약기구(NATO) 위원회와 베트남전쟁의 재정지원을 포함한 대외경제 원조와 군사비 지출은 8% 이상의 달러 가치 하락을 수반하여 1971년 스미소니언 체제의 재정비를 초래할 만큼 수지균형 악화의 주요 원인으로 지적되었으며, 1973년에는 1944년의 브레턴우즈 협정 정지를 초래하여 인위적인 환율 시스템의 채택을 수반하였다.

이 기간 중 미국 농업정책의 방향도 당연히 이러한 거시경제적 동향에 영향을 받을 수밖에 없었다. 그 영향은 국내 관련과 외국 관련의 이해관계에서 나타났다. 우선 국내 관련의 영향은 빈곤과 환경보호가 주요한 정책적 이슈로 부상하였고, 외국 관련 이해관계는 유럽연합(EU)의 도래와 공동농업정책(CAP)의 형성이 미국과 서부 유럽 국가들 사이의 농산물 무역문제에 대한 입장 차이로 표출되었다. 우선 국내의 빈곤의 문제는 1964년 존슨(Lyndon B. Johnson) 대통령이 발표한 '빈곤과의 전쟁(War on Poverty)'에 요약되어 있는데, 이 정책은 국내의 식량계획, 특히 식품증서계획(Food Stamp Programme)에 직접적인 영향을 주어 1969년부터 1977년까지 미국 내 식량보조에 대한 연방정부의 지출은 2억 5,000만 달러에서 3억 6,000만 달러로 증가했다.

국제무역 측면의 농업무역 이슈에서는 1960년대에 들어 GATT 내에서 딜런라운드(Dillon Round ; 1960~1961년)와 케네디라운드(Kennedy Round ; 1963~1968년)라는 다각적 무역협상 형태로 두 가지의 라운드를 체험하였다. 이 과정에서 미국과 유럽공동체(EC) 사이에는 농업무역자유화라는 이슈에 대한 갈등이 주요한 사안으로 부상하였으나, 미국은 농산물 수출에서 EC로의 접근 개선을 획득하는 데는 성공하지 못하였다.

1960년대 미국은 앞에서 언급한 바와 같은 농업문제 해결방법에 대한 논쟁에 수반하여 1961년 케네디(J. F. Kennedy) 행정부는 공급관리를 선택하는 방향으로 가닥을 잡았다. 신임 농무장관 프리먼(Orville Freeman)은 ① 즉각적인 농가 수입증가 달성, ② 9년간 축적되어 온 사료용 곡물 재고의 전환, ③ 포괄적인 공급관리 수단 규제에 기반을 둔 주요 정책의 개정 처리라는 세 가지 정책적 우선순위를 내정하게 되었다. 이에 따라 12개 이상의 품목에 달하는 농산물에 대한 가격지원은 첫 번째 우선순위의 정책수행에서 즉각적으로 10% 이상 증가하였다.

사료용 곡물 재고량을 낮추겠다는 두 번째의 우선순위는 옥수수 및 사탕수수의 경지 전환 계획에 농부들의 자발적 참여를 유도함으로써 1961년의 사료곡물법(Feed Grain Bill)을 탄생케 하였다. 세 번째 우선순위인 생산에 대한 강제적 조절을 도입하겠다는 가장 급진적인 규제 수단의 개정문제는 공급조절이 식품가격을 올릴 수 있음을 두려워하는 의회의 심한 반대에 직면했다. 1962년의 식품 및 농업법 중 곡물용 사료에 관한 규정에 기반을 두고 미국에서는 처음으로 생산자들에게 피해보상지원이 이루어졌다. 이로써 미국 내의 사료용 곡물에 대한 대출금리는 국제가격 수준과 비슷하게 맞아 떨어졌고, 과거의 높았던 대출금리와 신설 금리의 간격을 보전하기 위해 차액지불제(미국 용어로는 직접지불제)가 도입되어 11년 동안 지속되었다.

의회의 반대에도 불구하고 케네디 행정부는 강제적인 공급조절을 계속 시도하면서 생산자들의 지지를 구하려고 하였다. 예컨대 1962년 '식품 및 농업법'에서도 1963년 행하여질 밀가루 투표조항을 포함시켰는데, 그 내용은 밀 생산자들을 초대하여 ① 국내 소비용 농작물을 할당하기 위해 패리티를 토대로 상대적으로 높은 지원가격과 결부되는 강제적인 경지조절안, 즉 할당경지를 '초과하는 경작'에 대해서는 무거운 불이익이 주어질 것이라는 안과, ② ①안보다 훨씬 낮은 지원가격 수준(패리티 50% 정도)과 결부되는 경지에 대한 무통제안의 2개안 중 택일하도록 한 것이었다. 밀 생산자들이 투표한 결과 ①안이 기각되어 강제 공급조절을 효과적으로 도입하려던 케네디 행정부의 의지는 좌절되었다.

이와 같은 1963년의 투표 결과에 이어 농업정책법률은 시장자율화와 강제 공급조절의 극단 사이에서 타협점을 찾아 1964년의 농업법으로 제정되었다. 이의 특징은 밀의 전체 수확물에 상응하는 밀 증명서(Wheet Certificates)를 받은 밀 정책계획 참가자들에게 직접지불제를 적용하는 것으로, 증명서에 기록된 액면가치가 지원가격이 되도록 한 것이었다. 밀 가공업자와 수출업자들은 곡물의 배달 및 교환 과정에서 증명서에 기록된 액면가치를 존중하기로 되어 있었으나 초과비용에 대해서 일부는 국내 소비자에게서, 일부는 국고에서 자유롭게 되찾을 수 있도록 하였다. 원래의 계획에서는 증명서는 국내적 요소(전체 배당의 45%), 수출요소(40%) 그리고 토지 전환 요소(15%)로 구성되어 있어서 국내 요소비용은 가공업자를 통해서 소비자들에게 전가되도록 하는 반면, 수출 및 토지 전환의 요소비용은 국고에서 충당되도록 하였으나 그 세부계획은 뒤에서 설명하는 바와 같이 이후 수차례 수정되었다.

1965년의 '식품 및 농업법'은 밀 증명서의 효력을 4년 연장하여 지불하고, 사료용 곡물과 면화에까지 유사한 지원계획을 확대하는 것을 골자로 한 타협정책을 강화한 안이었으며, 그 세부항목은 1964년의 밀 지정 패턴에서 전 작물에 적용된다는 안으로 수정된 것이었다. 이를 기반으로 밀에 대한 1966~1970년 사이의 미국 내 요소에 대한 재정비용은 국내 소비자와 국고 사이에서 분담하였고 수출요소는 중지되었다.

따라서 이 기간의 미국의 밀 증명서 지불계획은 국내 소비에 상응하여 지원가격 수준으로 고정된 상한가격과, 세계시장의 수급 상황에 따라 결정되는 수출에 상응하는 하한가격을 갖는 2중가격 결정계획이었다. 1971~1973년 사이에 직접지불제(차액지불제)는 다시 국내 소비용 밀 경지할당에 한정되었으나 전체적인 밀 수확에는 어떠한 제한도 가해지지 않았다. 이러한 밀과는 대조적으로 사료용 곡물과 면에 대한 증명서 지불 지원비용은 법률이 유효했던 기간 동안 납세자들에게 부담이 전가되었다. 따라서 이들 농산물에서 1971~1973년 사이의 미국의 정책계획은 국고에서 지원비용을 충당하고 소비자는 자유시장 작용 결과 형성된 가격 이상은 지불하지 않는 차액지불제의 전형이었다고 할 수 있다.

1969년 닉슨(Richard Nixon)이 대통령에 당선하여 정권은 민주당에서 공화당으로 교체되었다. 신임 농무장관 하딩(Clifford Harding)은 1970년 근본적인 변화가 없는 농업조례를 발표하였다. 1970년 농업법의 주요 혁신은 목록 및 명칭의 변경(nomenclature)으로서 정부 지원가격으로부터 이익을 얻기 위해 생산자들이 따라야 할 단기 경작지 규제안에서 경작지를 '유보지'로 개명한 것 이외에는 1965년 농업법을 땜질하는 이상의 변화는 없었다. 따라서 1970년에 도입된 경지의 유보정책계획에서는 농가가 농장 전체 면적 중에서 경작을 유보하기로 서명한 경지만큼만 휴경하면 나머지 경지에는 어떤 작물이든, 어떤 작물의 혼합이든 관계없이 재배가 가능하였다. 이러한 상황은 어떤 것을 경작할 것인지를 결정하는 데 시장가격에 큰 역할을 주기 위해서였고, 개별 생산자들에 대한 전체 지불한계와 같은 여타 농산물 계획안의 한계가 개입되어 있었다.[5]

1971년 농무장관이 하딩에서 부츠(Ear Butz)로 교체되었다. 그는 1972년의 대통령 선거에 대비하여 고농산물가격 정책과 농산물 수출확대를 농업정책 전략

---

5) J. L. Harwood and C. E. Young, *Wheat : Background for 1990 Farm Legislation*, U.S.D.A., Washington D.C., 1989.

으로 삼았고, 나아가 1973년부터 시작된 GATT의 도쿄라운드에서도 주도권을 잡아 갔다. 외부의 시장자율화를 주장하면서 국내 농업의 지원을 늘리는 것은 정책상·이론상으로 명백한 모순이었다. 그러나 1972년 발생했던 곡물 및 여타 농산물 시장가격의 세계적인 급상승현상에 가려진 나머지 농민표가 닉슨에게 던져짐으로써 그는 1972년 11월 대통령에 재선되었다.

한마디로 1960년대부터 1972년 기간 동안 미국 정부는 고질적인 농업의 잉여 문제를 해결했다고 생각할 정도로 아사 직전에 놓인 제3세계에서의 농업수출수요가 증대했고 시장가격은 상대적으로 높았으며, 재고는 대체적으로 감소해 갔다. 1972년 세계적인 농산물가격 상승은 인류의 관심을 상업적인 농업수출로부터 국내 식품가격 인플레이션을 저지하고 세계적 범위의 기아에 대응하는 것으로 전환시켰다. 나아가 밀과 사료용 곡물 및 면생산물의 대출금리는 부분적으로는 납세자들에게서 재정지원을 받고, 높은 소비자가격을 통한 간접지원으로 되돌려져 세계가격과 차액지불 수준으로 줄어들었다. 이로써 1980년대 후반의 생산자권리보증(PEG : Producer Entitlement Guarantee) 제안을 예상할 수 있는 2중가격제도가 미국에서 작용하게 되었다. 그러나 이 혁신은 1973년 농업 및 소비자보호법(Agriculture and Consumer Protection Act)의 통과와 함께 사라진 식량 부족현상에 의해서 소멸되었다.

대통령 선거가 있었던 1972년 곡물과 여타 상품에 대한 급격한 수출수요가 증대한 결과, 농지가격이 상승하고 있을 때 닉슨 행정부는 '농업정책 기조'로 수출확대를 채택하면서 공화당은 인플레이션을 통제하고 농부들이 적정한 가격으로 매매를 하도록 가격통제에서 농산물가격이 면제를 받게 하여 농산물 수출을 확대시키는 노력을 강화하겠다고 약속하였다.

수출확대를 달성하기 위해서 1972년의 플래니건 보고서(the Flanigan Report)는 높은 가격보조와 농가의 수입을 돕기 위한 지불 프로그램 사용에서 벗어날 것을 권장했다. 1972년의 선거에서 닉슨은 재선되었고, 현 시장가격과 연관시켜 대부금 수준을 낮추어 농가 수입을 부양하는 매개로 차액지불로 전환하는 과정에서 농업정책에서의 수출지향은 더욱 굳어져 갔다. 이러한 차액지불은 미국과 국제시장의 통합을 촉진시켜 미국의 시장가격은 대출금리가 CCC의 보조 구매로 효력을 잃지 않는 한 국제가격 수준보다 높을 수 없었다.

미국에서 '농업 및 소비자 보호법'은 1973년 8월에 통과되었다. 그것은 '식품과 섬유질 식품을 적정 가격으로 풍부하게 공급하겠다고 소비자들을 확신시킬 목적으로 만들어진' 1970년의 농업법을 확대·수정하여 4년 동안 지속적으로 실시해 오던 것이었다. 이의 영향으로, 1972년과 1973년 사이에 곡물 수출은 2배가량 증가하였고, 전체 농업의 수출은 25% 이상으로 상승하였다. 아시아와 소비에트연방의 흉작과 그의 영향으로 소비에트연방의 식품 및 무역정책의 변화로 형성된 외국의 수요증가가 이러한 상승의 원동력이었다. 확고한 수출수요와 농장가격의 상승 및 식품가격의 상승은 미국 농업정책 기조의 변화를 불가결하게 만들었다. 부츠 농무장관은 1973년의 농업법은 '미국의 농업정책 철학의 역사적인 전환점'을 상징하는 것이라면서 동 법안은 식품과 섬유질 식품에 대한 세계적인 수요증가에 부응하고 가격 상승을 억제하기 위해 생산의 증가를 강조한 것이라고 말하였다. 이것은 주요 작물생산을 삭감해 오던 이전의 정책과는 대조적이었고, 생산증가는 더 이상 정부에 의해서 운영·계획되지 않고 시장의 힘에 의해 좌우된다는 것을 입증한 셈이었다.

그럼에도 불구하고 밀과 사료용 곡물 및 면에 대한 계획에서는 1974년과 1975년 최소한의 '목표가격' 형식으로 가격과 수입을 안정시키기 위한 정가가 일일이 제공되었다. 그리고 만약 시장가격이 목표가격 이하로 떨어질 경우 정부가 생산자들에게 차액을 지불함으로써 생산자들을 보호하였다. 이 차액지불은 연간 목표가격과 더 높은 금리 또는 매출 연도의 처음 다섯 달 동안에 농부들에 의해 형성된 시장가격의 차이와 같았다. 사실상 1974년부터 1977년 사이에 시장가격은 목표가격을 상회하였으며, 1977년 밀의 경우만 제외하고는 차액지불도 없었고, 경지의 유보계획요청도 발생하지 않았다.

한마디로 1973년의 농업법 시행 이후 1970년대 중반은 미국 농부들에게 좋은 시절이었다. 수출수요가 폭발적으로 증가하였고, 1973~1975년 사이에 농산물 가격은 대폭 상승하였으며, 1973~1976년 사이의 농가 수익은 역사상 가장 높은 수준에 이르렀다. 농업에 대한 연방정부의 직접지불(차액지불)은 가장 낮은 수준으로 1974년의 직접예산지출은 1955년 이후 최하를 기록한 반면, 가격은 1975년 최고정점에 달하였다가 그 이후 기울어지기 시작했다. 이해에 의회는 목표가격과 대출금리를 인상하는 법안을 도입하였으나 소비자들이 인플레이션을 우려한다는 이유로 포드(Gerald R. Ford) 대통령에 의해 거부되었다.

1976년과 1977년은 가격과 농가 순소득의 하락으로 미국의 농업 전망은 불확실하였으나 농장 부문(farm sector)은 무역균형이 이루었던 공헌, 예컨대 1976년의 농업 부문의 무역흑자가 비농업 부문의 무역적자를 초과한 것과 같은 이유로 정책입안자들에게는 유망한 것으로 전망되었다. 그러나 농업 부문이 수출수요에 지나치게 의존함으로써 가격이 상승하고 수입불안이 고조되는 현상을 초래하였다. 따라서 1976~1977년 농업정책의 배경은 농가의 소득이 비농업소득과 무역균형에 대한 농업의 공헌도와 관련하여 침체될 것이라는 징후들을 포함하여 앞으로의 농산물가격이나 소득이 불확실하다고 전망하게 되었다. 나아가 저소득 가정에 적절한 영양을 보장하고 식품가격이 안정되는 방향으로 특별히 초점을 두면서 식품비용과 품질 등을 도시의 소득에 맞도록 정책안의 틀을 잡았다.

1976년 새로 당선된 민주당의 카터(Jimmy Carter) 대통령과 버그랜드(Bergland) 농무장관 및 새로운 의회가 당면한 과제는 1973년의 농업법을 대체할 만한 농업법의 기초를 마련하는 것이었다. 앞서 설명한 1973년의 농업법 요지는 ① PL480을 CCC의 재고 부족에도 불구하고 4년을 더 연장한다는 것, ② 1949년부터 1975년까지 우유에 대한 지원가격이 75~90% 비율의 구매형식으로 책정되었던 것, ③ 기본 작물을 재배해야 하는 유보할당토지에 대두를 재배할 수 있는 선택권을 농가에 부여함으로써 대두의 생산을 장려한 것, ④ 1964년의 식품인지법(Food Stamp Act)을 확대하여 식품인지 증명 자격을 증가시킨 것이었다. 이러한 1973년 '농업 및 소비자보호법'은 카터 행정부에서 새로운 법안이 만들어지지 않을 경우 1949년의 법안에 이어지면서 1977년 12월 말일에 만료될 것이었다.

1977년 초 카터 행정부는 가격변동과 세계적 수준으로 낮추어 적용할 수 있는 가격지원 및 1970년대의 실제 식목을 고려한 식목계획에 기초를 둔 토지할당을 통제하기 위해 농가보유비축제(FOR : Farmer Owned Reserve)를 제안하였다. 상원에서는 농가의 소득감소를 염려하여 행정부보다 대출금리와 목표가격을 높게 책정하기를 바랐고, 도시 지역 출신의 하원의원은 '가난한 사람들을 위한 개정된 식품계획'을 원했으나 1977년 8월 상·하원의 회의에서 협상이 체결되어 동년 9월 29일, 1981년 12월까지 유효하게 될 '식품 및 농업법(the Food and Agriculture Act)'이 카터 대통령의 승인을 받았다. 이 법안의 특징은 교역되는 주된 작물들에 대한 목표가격과 대출금리의 2중구조를 계속 유지하는 것으로, 1977년의 목표가격은 면을 제외하고는 1973년 법안에 명기된 가격을 초과하는 것이었다. 따라서 밀, 사료용 곡물 및 면은 1978년보다 높은 목표가격이 책정되었고, 1979~1981년에 대해서는 "향후 2년간의 여러 가지 비용, 기계 및 전반적인 농장 총경비의 변동을 고려하여 책정된다"라고 하였다.[6] 이 법안이 갖는 특징은 정부의 위임대부(mandatory loan)와 구매조항(purchase provisions)을 대두로까지 확대한 점과 농가보유비축제(FOR)를 도입한 점이었다.

원래 이 농가보유비축제는 곡물시장의 불안정성을 감소시키기 위한 것이었다. 이 FOR은 농산물의 장기 저장계획으로 재고 생산물에 대한 통제를 농부들에게 맡겨, 시장가격 상승시 거래에서 이득을 얻도록 한 것이었다. 이것은 재고품의 가치가 높아져도 이익을 얻을 기회가 없었던 CCC와는 대조적이었으며, 가장 혁신적인 제도로 인식되었다. FOR하에서 농부들의 대출회수(redemption of loans)는 가격이 대출의 1.4% 이하일 경우에는 과태료로서 축소되고, 가격이 대출금리의 1.75%에 이르면 강화되었기 때문에 대단히 유연한 정책이었다.

이의 영향으로 1978~1980년 사이 미국의 주요 생산품의 가격은 회복되었고 수출증가가 지속되었다. 1980년 1월 카터 대통령은 아프가니스탄 공격에 대응하여 소련에 대한 농산물 수출을 부분적으로 중단하였다. 그리고 농가에 미칠 영향을 감안하여 밀과 옥수수에 대한 대출비율을 상승하였고, FOR의 곡물에 대한 양도 및 회수비율(release and call rates)을 상승하였으며, FOR이 모든 농가에 개방되었다. 이해에 대출비율은 또다시 상승했다. 수출 금지에도 불구하고 1980년 농산물 수출은 오히려 증가했다. 농가소득은 1980년 계속되는 투입가격에서 오는 물가상승과 이자율의 급상승 및 여름철의 가뭄으로 인한 수확감소(곡물·면 및 땅콩 등)로 3분의 1 정도 줄었다. 이에 따라 정부는 1980년 연방정부의 작물보험법(the Federal Crop Insurance 1980)을 적용하여 보조금 지불과 함께 연방작물보험계획을 확대·적용하였다.

---

6) U.S.D.A., 1984, p. 32 ; Spitze, R. G. F., "Food and Agriculture Act of 1977", *American Journal of Agricultural Economics*, Vol. 60, 1978, p. 231.

3. 전후 미국의 농업정책 운영에 대한 논쟁

1. 전후~1950년대의 농업정책 논쟁

제2차 세계대전의 진행 과정에서 피폐해진 유럽의 농업에 대체하는 농장의 역할을 하게 된 미국의 농업은 국내적인 공업의 심화와 농산물 수출수요의 증가로 가격이 상승하고 농장을 늘려 생산물을 확대해야 하는 호황을 맞이하였다. 그러한 상황은 대전이 끝나고도 한동안 지속되었다. 유럽의 농업이 회복세로 돌면서 무한정 확대되었던 생산물은 수출수요의 감소로 잉여물자가 되어 재고물로 쌓여 갔다. 이러한 상황에서 경제학자들 간에는 농업정책 형성에 대한 논쟁이 일기 시작했다. 대전 직후부터 1947~1948년 사이에 슐츠(T. W. Schultz)를 중심으로 전개된 논쟁에서 농산물가격은 장기적인 시장균형의 길을 따라야 하겠지만, 불경기에는 보조적인 정부의 조정이 직접적인 소득지불 또는 가격지원 형태로 농산물가격과 농업소득을 안정시켜야 한다는 공감대가 형성되고 있었다.

그 이후 1950년대에 들어서 기존의 농업정책이 성공적이지 못하였다는 인식이 널리 퍼지면서 두 방향으로 의견이 분리되어 신랄한 논쟁이 전개되었다. 제스니스(O. B. Jesness)와 클라우슨(M. Clawson)을 중심으로 한 유연가격지원과 직접소득지원 제한으로 큰 시장자유화를 옹호하는 견해와, 코크레인(Willard Cochrane)과 브랜다우(George Brandow)를 중심으로 한 개별 생산할당과 함께 직접적인 공급조절을 옹호하는 견해가 있었다.

제스니스(1958)[7]는 1933년의 AAA 이후 '가격과 가격 관계'에 대한 정책에서 가격 문제는 정치인들이 농민 유권자들의 호의를 얻으려는 발상에서 나온 집착의 소산인 동시에 농민들에게 어필하는 문제이나, 생산감소 조정문제는 '더 나은 가격'과 같이 어필하지 못하고 전혀 열성을 보이지 않는다는 것을 인식하였

---

7) O. B. Jesness, "Agriculture Adjustment in the past 25 years", *Journal of Farm Economics*, xi(2), 1958, pp. 255~264.

다. 그러나 현실적으로 1930년대부터 계속되어 온 '가격 인센티브' 때문에 일부 농산품이 지나치게 높은 가격으로 시장 밖으로 밀려나기도 하였다. 예컨대 미국산 면이 수출시장에서 외국산 생산증가에 의해서 대체되자 면과 모에 대한 가격지원이 이루어져 합성섬유의 발달과 확대를 자극했고, 마가린이 버터를 대체했으며, 사료용 곡물시장에서 밀 대체물이 밀을 대체하는 결과를 초래하였다. 제스니스는 실제로 농업에 비용·가격 압박(긴축)이 있었고, 농부들은 최근 여타의 경제 부문이 누렸던 호황에도 그것을 완전히 함께 향유하지 못했다는 결론과 함께 미국 농부의 60%는 정부계획으로부터 거의 혜택을 받지 못했다는 견해를 제시하였다. 한마디로 제스니스는 외부 이주를 장려하는 정부의 지원과 함께 시장가격 안정을 확대시키기 위한 정책개혁을 옹호하고 공급제한이 확대되는 것에 반대하였다.

같은 해 클라우슨은 25년에 걸친 미국 농업에 대한 전망 연구에서 기술변화가 주요한 힘이 되어 '농업생산이 필요 이상으로 초과되는 현상이 지속되었음'을 분석하였다. 그는 과거의 농업을 "마치 그것이 유일한 생산요소인 양 생산조절 과정에서 토지에 지나치게 매달렸다"라고 하면서 과거 25년간의 농경지 조정계획은 농업생산 전체에 영향을 거의 미치지 못했다고 결론짓고[8] ①농업조정정책에서는 현금 보조금이나 재훈련 제공과 함께 농업노동력의 외부 이주를 장려하고, ②농산물가격은 농업자원의 배분과 시장 청산 역할을 충족시키기 위해서 '전적으로 시장에서 결정되어야' 하며, ③농가소득은 직접소득지원과 함께 다루어져야 하고, ④소득이 적은 해에 농업생산자들을 위한 보완적 소득지원(supplemental income supports)을 제안했다. 요컨대 제스니스와 클라우슨은 시장가격제로 환원하기 위해서는 가격지원과 생산조절은 폐지되어야 하며, 적절한 보조금과 함께 농업에서의 자본회수를 강조하는 정책의 필요성을 주장하였다.

이들과 달리 코크레인은 자유시장제를 통한 농업문제의 해결책에 반대하는 입장을 취한 학자였다. 그는 생산을 수요선까지 유도하기 위해서는 엄청난 가격 인하가 수반되어야 하기 때문에 이러한 상황에서는 불안해서 살아갈 수

---

[8] M. Clawson, "Agriculture Adjustment Reconsidered : Changes Need in the Next 25 Years", *Journal of Farm Economics*, Vol. 40, 1958, pp. 265~277.

없다고 하였다.[9] 농업불균형에 대한 코크레인의 해결책은 공급조절로서 "몇몇의 책임기관이 미리 시장가격을 공정하게 결정하고 매년 각 농산물 수요에 대한 공급을 의도적으로 조정해야 한다"고 정의[10]하였다. 그는 공급조절에 대한 기존의 시도를 ① 토지에만 한정하였고, 후에는 토지에 대체된 자본을 조절하여 비효율적이었으며, ② 특정 생산물에만 적용함으로써 자원이 대체상품으로 전환해 가는 것을 예방하지 못했다고 비판하였다. 때문에 효율성을 높이려면 공급조절은 강제적이면서 협상 가능성이 있는 시장할당을 통해 시행되어야 하고, 농산물에 대한 정부의 판매할당은 시장을 '공정가격' 또는 균일가격으로 해야 하며, 이때 '공정가격'은 농업 외부의 자원 환원에 필적하는 대표적인 농업자본과 노동으로의 환원에 기반을 두고 의회가 결정해야 한다고 하였다.

마지막으로 코크레인은 농업의 이익은 농업의 착수 시기와 밀접한 관련이 있다고도 주장했다. 즉 토지가격이 낮은 농업 침체기에 농업을 시작한 사람들은 실제로 벼락경기에서 이득을 얻었으나, 벼락경기시에 시작한 사람들은 가격지원이 없이는 불황에서 살아남기 어려웠다는 주장을 했다. 한마디로 이러한 그의 주장은 자유시장 농업에서는 '적기에 태어나는 것이 중요하다'는 것이었다.

1960년 브랜다우는 농업에서의 기술진보는 농업의 공정가격을 기울어지게 할 수 있음을 강조했다. 그 이유로 자유시장에서는 농업이 번영할 것이라는 전망은 거의 없기 때문에 수요는 행정적으로 조절한 공급이라는 공급통제 원칙을 적용하는 것이 좋다는 것이었다. 이러한 방법만이 노동의 유동성이나 농업의 합병이나 농업의 기술진보, 나아가 농부들 간의 소득분배에 영향을 주지 않는다는 것이었다. 동시에 그는 공급조절은 총괄적이기보다는 선택적인 것을 선호하였고, 판매할당은 축산생산과 면·콩 및 담배 같은 농작물에 적합하며, 토지통제는 곡물용 사료가 더 적합하다[11]고 하였다. 브랜다우는 개인 생산할당을 직접지불(차액지불)과 결합시킬 것을 제안하면서 이 생산할당 비율만큼은 생산한

---

9) W. W. Cochrane, and M. Ryan, *op. cit.*, p. 37.

10) W. W. Cochrane, "Some further reflections on supply control", *Journal of Farm Economics*, Vol. 41, 1959, p. 698. 이하 코크레인의 견해는 *ibid.*, pp. 697~717의 내용 요약.

11) G. E. Brandow, "Supply Control : Ideas, Implications and Measures", *Journal of Farm Economics*, Vol. 42, 1960, p. 1171. 이하 브랜다우의 견해는 *ibid.*, pp. 1167~1180의 내용 요약.

계에서 생산자의 이익이 시장가격 이상으로 되지 않도록 규제해야 한다고 하였다.

이후 비농업경제와 국제경제에 대한 충격을 포함한 농업의 공급조절에 대한 비용과 그 이익에 관한 환상적인 검토가 해더웨이(D. E. Hathaway)에 의해서 이루어졌다. 그는 공급조절로 재무부의 지불은 감소하겠지만 소비자들의 비용을 증가시키고, 유능한 농부들에게는 더욱 큰 이익을 줄 것이라고 하였다.

해더웨이는 브랜다우가 제안한 공급조절을 차액지불지원과 결합시키는 옵션을 무시하고 ①높은 식품가격과 인플레이션 간의 연계, ②공급조절의 핵심요소로 지적되는 미국의 국제무역에 대한 기본적인 공급제한 조절책으로서 수출 보조금과 수입할당 같은 바람직하지 못한 충격, ③투입공급업자·무역중개인·소비자 그리고 수많은 농부들에게서 공급조절에 대한 정치적인 반대 비용 등을 포함하여 공급조절에는 많은 비용이 소요된다며 비용효과에 주목하면서, 1963년 저서 『정부와 농업(Government and Agriculture)』에서 미국의 농업이 당면한 이슈들에 대해 가능한 다섯 가지의 정책적 옵션, 즉 ①시장으로의 회귀, ②생산수요를 증가시키기 위한 정책의 제시, ③공급제한, ④낮거나 또는 안정적이지 못한 농산물가격과 농업소득에 대한 직접적인 보상, ⑤농외의 계획 등을 제시[12]하였다.

요컨대 그는 농업의 문제가 정치적 실행 가능성뿐 아니라 농촌인구의 빈곤을 가볍게 다루는 풍토 때문에도 시장해결책에 전적으로 의존하는 것에 반대했다. 농업생산 수요를 증가시키는 정책에는 국내 부문과 해외 부문 양 측면에서의 시장차별화와 수요 확대와 마찬가지로 1930년대부터 지속되어 온 형태의 대부축적계획(loan storage programme)을 포함하고 있었다. 비록 그것이 단기 가격과 소득불안정을 완화시키기 위하여 상품대부가 계속되도록 작성되었다고 하더라도 이 방안은 장기적인 수요의 변동을 처리하는 데는 적합하지 않다는 것이었다.

나아가 국내 및 해외 시장 양 측면의 시장차별화 옵션이 시장분리의 계속적인 유지는 농산물 수요와 정당한 가격 및 수입문제와 관련해서 농업에 너무 많은 자원이 이용된다는 기본적인 문제의 해결책을 제시하지 못했기 때문에 반대

---

12) D. E. Hathaway, *Government and Agriculture*, London, Collier MacMillan, 1963.

한다고 하였으며, 이와 유사하게 PL480을 위시한 전반적인 수요 확대라는 옵션은 불균형 문제를 다루기에 부적합하였다는 것이었다. 공급통제 옵션에 대해서 해더웨이는 경작지 제한 수단에 의한 작물산출을 통제하려고 한 전통적인 방법과 직접적인 생산할당을 제안한 코크레인의 제안을 고려하였다. 따라서 미국 농업사에서 경작지 제한의 효율성은 적절한 것에서부터 재앙에 가까운 것까지 광범하였으며, 에이커당 생산증가로 인하여 끊임없이 경작지 할당 제한을 강요하는 토지대체(land substitutes)의 급증현상이 항구적인 문제점이라는 결론을 내렸다. 토지유보(휴경지)는 자본과 노동으로의 환원을 감소시키고 토지의 가치를 증가시키는 경향이 있기 때문에 지주들이 가장 큰 수혜자들이었으므로, 경제 곳곳에 내재한 생산적 가치가 적거나 생산적 가치가 거의 없는 투입을 제거함으로써 토지유보가 심각하게 잘못된 자원할당을 초래하였다는 비판도 하였다.

생산할당의 대안에 대해서, 해더웨이는 코크레인의 제안과 같이 지속적인 기술진보 때문에 정규적인 할당감소는 정책계획의 효율성을 유지하기 위해서는 필요하지만 기타 노동으로의 총한계 환원은 결코 계획이 없을 때보다 높아지지는 않을 것이라고 예측하였다. 장기적으로 할당 제한이 갖는 이득은 전적으로 지주 또는 기타 '생산권리'를 소유한 사람들에게 돌아가므로, 미국 농업문제의 불균형을 효과적으로 해결하기 위해서는 공급조절을 최우선적으로 하려는 목적에서 벗어나 토지유보에 대한 정치적 가능성이나 시장할당계획을 검토해야 한다고 하였다.

낮고 불안정한 농산물가격과 농업소득을 위한 직접보상 옵션에 대해 해더웨이는 농부들을 위한 차액지불[미국 용어로는 부족불지분(deficiency payments) 또는 직접지불(direct payment)]과 직접소득지불(또는 소득보험 : 예컨대 미리 정해진 최근의 평균 소득비율 이하로 떨어졌을 때 농부들에게 보상해 주는 것) 양 측면을 고려했다. 차액지불에 대해서 한계생산을 시장가격과 조화시키기 위해 차액지불을 개인 생산할당제와 결합시킨 브랜다우의 제안이 여타의 대안들보다는 합리적이라고 인정하면서도, 과거 미국 정부는 생산에 제한을 가하지 않고 생산자를 보상했기 때문에 불균형 문제를 해결할 수 있는 어떠한 조치도 취하지 않았다고 비판하였다. 나아가 직접소득지불의 옵션에 대해서 농업불균형의 근원적인 문제를 해결할 수 없다고 비판하였다. 마지막으로 농외의 농업문제 해결책을 찾는 옵션에서는 완전고용을 위해 농촌 지역 젊은이들에 대한 교육 및 직업훈련에 대한 경비증가라든지 농촌 지역에 대한 '적합한' 산업개발 및 농업노동의 외부 이주를 장려하는 모든 정책들이 갖는 이익을 강조하였다.

이제까지 언급한 해더웨이의 정책적 옵션들은 한마디로 1960년대 초에 인식되고 있던 미국의 만성적인 농업불균형 문제에 해결방안을 제시하는 다양한 제안들에 대해서 비판적인 시각을 가지고, 농업문제를 농업 이외 분야의 거시경제정책적 차원에서 크고 넓게 보아야 해결할 수 있다는 것이었다. 이러한 해더웨이의 농업정책에 대한 전망은 ① 농업문제의 근본원인은 비탄력적인 수요와 농업 공급생산에서 싹튼 공급 사이의 만성적인 불균형이라는 학문적 합의를 재확인하고 불균형의 주요 원인은 기술혁신에 있다고 보았으며, ② 농업노동력의 전환은 계속 장려되어야 하고, ③ 농가의 소득 전환은 계속 예산에 의해서 제한되도록 해야 하며, ④ 농가는 행동의 자유를 제한하는 제약적 장치가 증가될 것임을 예상해야 한다는 것이었다.

2. 1960년대의 농업정책 논쟁

1960년대 동안 미국 내에는 상업적인 농산물가격과 소득문제 해결에 대한 학술적 논쟁이 자유시장적 해결책과 공급관리적 해결로 나뉘어 일고 있었다. 1962년 케네디 정부의 신임 농무장관 프리먼은 미국 농업이 한쪽은 '자유시장'으로 표시되고 다른 한쪽은 '공급관리'라고 표시된 갈림길에 서 있다고 선언하면서, 미국 농업경제연합회(AFEA : American Farm Economics Association Conference) 내에 토론의 장을 개방해 주었다.

이 시기 미국 행정부의 농업정책은, 특히 농업수출은 보호주의가 EC 내에서 입장을 굳히기 시작하는 역사적인 수준을 유지하기 위해 무역확대법률 시행과 함께 공급관리에 토대를 두려는 계획을 가지고 있었다. 파를버그(D. Paarlberg)는 이러한 움직임에 대해 "미국 행정부가 농산물 무역확대법안에 대해서는 칭찬을 받는 반면에, 공급관리를 옹호하는 데는 비판을 면치 못할 것이다"라고 하면서 일단 자리를 잡으면 제거하기 어렵다는 것을 포함하여 생산할당에 반대하는 입장을 취하였다. "성장하는 경제에서 농업소득은 오로지 농업노동의 공급곡선이 충분히 높은 비율로 좌측 이동할 때에만 유지될 수 있으나, 그 비율이 너무 낮고 적절한 해결정책이 그 비율을 증가시키지 못하면 농가의 소득은 불만족스럽게 될 것"[13]이라고 하였다. 이어 존슨(D. Gale Johnson)도 "가장 바람직한 농업정책은 농업 유동성을 향상시키기 위한 정부의 지원과 이에 더해진 시장자율화"라는 입장을 밝혔다. 나아가 "미국 농업에 주어진 전 자원이 최근 평균 가격 수준으로 팔릴 수 있는 결과를 생산하는 데 요구되는 수준은 6~8%를 상회할 것이라 측정하고 노동에 대한 평균 이익 및 한계 이익을 증가시킬 수 있는 가능성은 농산물 상품가격의 증가를 통해서보다는 농업에 종사하는 노동의 양을 줄이고 노동의 질과 기술을 증가시킴으로써 더욱 커질 것"이라는 결론을 내렸다.[14]

이러한 공급관리의 옵션은 후에 주로 실용적이라는 이유로 미국 농무부와 함께 슈니트커(John Schnittker)에 의해서 옹호되었다. 슈니트커의 농업정책에 대한 비판은 ①공급관리의 일부 방안이 농경지 전환이라는 형태로 되어 불안한 정치적 공감대를 형성하였고, ②자유시장에 대한 옵션이 채택된다고 하더라도 일거리를 상실한 농부들에 대한 일자리 전망이 염려스러우며, ③농업인구는 과거 기존의 농업정책보다는 전반적인 경제정책에 훨씬 많이 의존하여 감소될 것이라는 공감대가 증가하고 있다는 세 가지 이유 때문에 잠잠해졌다는 입장을 유지했다.[15]

1962년 AFEA 회의에서 브랜다우는 농업정책 옵션의 선택은 농업소득목표에 우선하는 선택에 의존한다는 점을 밝히고 농업가격정책에서 '최소소득목표'와 '비교소득목표'를 구분하였다. 그는 "만약 최소소득이 선택된 목표일 경우 농가소득을 제안된 최소 수준까지 유지하려는 강력한 노력은 정당하나, 비교소득이 목표일 경우 농업에 대한 대중의 의무는 훨씬 약해진다"[16]라고 하였다. 나아가 최소

---

13) D. Paarlberg, "Discussion : Contributions of the New Frontier to Agricultural Reform in the US", *Journal of Farm Economics*, Vol. 44, 1962.
14) D. Gale. Johnson, "Efficiency and Welfare Implications of US Agricultural Policy", *Journal of Farm Economics*, Vol. 45, 1963, pp. 331~342.
15) J. A. Schnittker, "Principles of Economic Policy Discussion", *Journal of Farm Economics*, Vol. 45, 1963, pp. 351~364.
16) G. E. Brandow, "In Search of Principles of Farm Policy", *Journal of Farm Economics*, Vol. 44, 1962, pp. 1145~1155.

소득이 목표일 경우 농업에 대한 적절한 가격지원과 국내 및 외국의 식량 처분과 병행하여 제한된 직접지불과 자발적인 토지유보와 같은 방법은 적절한 것이며, 반대로 비교소득이 목표라면 자원할당에 대한 가격 인센티브가 부족할 것이기 때문에 공급관리가 적절한 방안이라고 시사했다. 따라서 그는 농업정책은 명확한 소득목표를 가지고 그 목적에 합당한 정책을 채택해야 한다고 주장하면서도 농업계획과 농업정책을 선택하는 데 연방정부의 예산 제한은 상업적인 외국 무역에서의 비교우위와는 양립되어야 한다고 강조하였다. 그 후 정책의 실제적인 전개를 회고하는 논평에서 브랜다우는 "1960년대는 '최소소득' 옵션 추구에서 자유시장과 공급관리라는 양 극단을 절충하는 상대적으로 안정된 농업정책 시기였다"[17]라고 하였다.

3. 1969~1970년대 초의 농업정책 논쟁

이 기간의 농업 및 농산물 계획에 관한 세부사항들은 ①인플레이션과 안정화, ②무역자율화에 대한 전망, ③농업과 환경의 문제라는 더욱 일반적인 농업정책 논쟁에 가려져 있었다. 여기에서는 1960년대 말부터 부상되기 시작한 이들 세 가지 중 ①과 ②의 이슈들에 대한 논쟁 과정을 보기로 한다.

인플레이션과 안정화의 이슈에서 1970년대 초반에 초래된 식품가격 상승에 대해서 학자들 간에 논쟁이 일었다. 브랜다우는 "1972년의 식품가격은 1951년 이후 그 어느 때보다도 급상승하여 1973년 1월까지 소매식품가격은 4.6%, 가공식품과 사료의 도매가격은 11.0%, 그리고 농산물가격은 13.0% 상승하였다"고 분석하고, 농업정책에서 식품가격의 급상승현상이 내포하는 의미를 해석하는 데 주력하였다. 1973년 브랜다우는 이 현상을 '식품가격상의 문제(food price problem)'라고 정의하면서 "이러한 식품가격의 상승이 근본적으로 공급 또는 수요 때문이었을까? 그것은 미국 농업의 만성적인 용량과다로 종결되어야 할 것인가? 미래는 불안정한 것이기 때문에 예측 가능한 모든 방안들을 다루는 전략을 마련해야 한다. 그 원인이 용량 과다 또는 용량 부족에 있다는 가설은 심각한 실수를 초래할 수도 있다"라는 등의 가설에 단언을 하지 않았다. 그러면

---

17) G. E. Brandow, "Policy for Commercial Agriculture, 1945~1971", in L. R. Martin(ed.), *A Survey of Agriculture Economics Literature*, Vol. 1, Univ. of Minnesota Press, 1977, pp. 209~294.

서도 1960년대의 과도용량과 농업의 만성적인 불균형을 논했던 해더웨이의 제안은 더 이상 1970년대 초의 정책 수립에 큰 영향력을 미치지 못하고 있음을 제시하였다.

1972년 말 대통령 선거 직후 신임 닉슨 행정부는 이를 '농업이 갖는 경제적 특성에서 나타나는 끊임없는 변화'로 진단하고 1973년 농업 및 소비자보호법에 그 해결책을 반영하였다. 이러한 조치는 어느 의미에서는 학자들보다 정책입안자들이 한 발 빠르게 결단한 결과라고 할 수 있다.

농업무역정책의 이슈에 대해서 존슨은 미국의 농업경제를 점차 무역에 통합시켜 토지의 회수에 의한 농업소득을 상승시키려는 시도는 ① 외국의 산출 확대로 인해서 직접적인 가격효과가 적어질 것이고 미국의 공급조건이 축소될 것이며, ② 공급을 축소시키려던 미국의 보편적인 의지는 타 국가들로 하여금 생산을 확대하도록 자극하였을 것이라는 이유 때문에 성공을 거두지 못할 것이라고 지적하였다. 이는 "미국은 국경 안에서 홀로 생산을 감소하거나 통제함으로써 세계 농산물가격을 지지하려고 노력하는 불가능한 입장에 서 있는 자신을 발견하게 될 것"이라고 지적한 코크레인(1970)의 견해와 유사하였다.

실상 미국은 1972년 수출 중 농산물 수출비중이 14%를 차지함으로써 세계 최대의 농업수출국으로서의 입지가 재확인되었고, 농산물 무역 패턴도 개도국가들에 대한 식량 수출비중이 증대하는 추세에 있는 특이점을 가지고 있었다. 다만 이와 같은 농업수출의 회복세가 계속 지속될 것인가는 불확실한 상황이었다. 이 무렵 GATT의 다자간무역협상이 도쿄라운드라고 명칭되어 열리고 있었으나, 농업무역자율화 협상 타결은 어려울 것이라는 것이 버그스텐과 슈니트커에 의해 제기되었다. 버그스텐은 농산물 보호주의는 지켜져야 한다고 주장하였으나, 그것은 케네디라운드에서 농업무역자율화가 일정한 국경 내에서 전반적인 무역자유화 구조 내에서만이 협의될 수 있도록 간신히 축소되었다.

이로써 미국은 산업 부문 내에서 자국의 양허를 확대함으로써만 농업에 대한 외국의 주요한 양허를 얻을 수 있게 되었다. 그러나 미국과 EC 간 무역 관계라는 특별 이슈에서 버그스텐은 EC의 공동농업정책(CAP)을 자유화하는 데 필요한 국내 결정을 해야 하는 미국의 산업무역에 대한 양허에 대해 유럽이 관심을 가지고 있는지를 의심하였다. EC 및 여타 국가들의 '협조적인 태도' 없이 미국 정부는 외국의 경쟁에 대항하여 보호를 증대시키려는 미국 내 이해집단들의 압력을 견디어 내기가 어려울 것이라고 보았다. 버그스텐은 자유농업무역의 전망은 단기적으로 보면 제로에 가깝다는 결론을[18] 내렸다.

슈니트커는 자유무역에 대한 장벽으로서 EC와 일본의 낙농생산업자들처럼 수입 배제에 흥미를 가진 농업단체의 정치적 세력을 사례로 들면서 무역자유화 전망에 대한 버그스텐의 비관론에 동조하였다. 그러나 무역자유화에 대한 비관적 견해에도 불구하고 슈니트커는 1970년대의 농업무역은 ① 소득의 증가와 가축생산 부문에서의 수요증가, ② 곡물 및 깨 종류에 대한 일본의 수입증가, ③ 소련에서 계속되는 농업생산문제, ④ 중국 경제와의 무역개방, ⑤ 성공적인 녹색혁명(Green Revolution)에도 불구하고 지속되는 개도국들의 식품수입 수요의 증가현상 때문에 확대될 것이라고 낙관했다.[19] 슈니트커는 농업무역자유화 이슈는 '국가가 농업보호 비용이 너무 과다하다고 판단했을 때만이 자유무역은 더욱 빠른 시간표로 실현될 것'이라고 결론지었다.[20]

4. 결 언

이상에서 21세기 글로벌 경제형성의 원점이라고 할 수 있는 제2차 세계대전 종전 이후부터 영국이 유럽의 대표적인 경제통합체 EC에 가입하여 기존의 독자적이던 국가적 농업정책을 공동체의 공동농업정책(CPA)에 융합하게 되는 1970년대 초까지의 미국 농업정책은 어떠한 양상으로 전개되었는지를 규명하였다. 미국의 농업은 19세기 후반 세계의 농장으로서 성장의 발판을 형성한 이후 제1차 세계대전과 1930년대의 대공황 및 제2차 세계대전을 경과하면서 국내적으로는 여타의 산업발전과는 반비례하여 상대적인 고난에 직면하기도 하였으나, 세계적

---

18) C. F. Bergsten, "Future Directions for US Trade", *American Journal of Agricultural Economics*, Vol. 55, 1973, pp. 280~288.
19) J. A. Schnittker, "Prospects for Freer Agricultural Trade", *American Journal of Agricultural Economics*, Vol. 55, 1973, pp. 289~293.
20) *Ibid.*, p. 293.

인 농업 상황과 대비하면 농산물 수출국가로서의 입지를 점차 강화하는 방향으로 발전되었다. 이의 영향으로 제2차 세계대전 이후에도 농업정책의 전략은 언제나 국내의 소비자 수요가격을 의식하는 방향에서의 농업지원 방침과, 동시에 농업생산성의 급성장과 병행하여 농산물 수출진흥을 위한 농업무역정책이 다각적인 측면에서 고려되어 수립되었다.

여기에는 미국의 대외경제적인 입지, 예컨대 미국 자체의 국익을 고려해야 하는 입장, 세계경제를 주도해 가는 최강대국가로서의 입지, 전후 첨예화된 동서 냉전체제하에서 세계 자유민주주의를 수호해야 하는 자본주의 최강대국가로서 외교·군사 및 경제성장 등 다각적인 정책을 고려해야 하는 측면도 있었다. 따라서 제2차 세계대전 이후 미국의 농정은 시종 이 두 마리의 토끼를 한꺼번에 다스려야 하는 방안의 모색에 고심하여 왔다. 그러므로 농업정책안을 제시하는 학자들의 관점도 항상 이 두 가지 상황, 즉 국내의 소비자와 세계 최대 농업수출국으로서의 입지를 가정하는 전제하에 시장자율화냐 혹은 정부 개입에 의한 조정이냐, 나아가 이 조정은 어떠한 방법, 어떠한 수준으로 책정되어야 할 것인지가 가장 시급한 화두로 회자되었다.

논의의 대상이 되는 제2차 세계대전 직후 미국의 농업은 대전 중 폐허가 되어 버린 유럽에 농산물 원조를 위한 수출수요가 미증유의 규모로 증가하여 공급(생산)은 곧 해외(유럽) 수출(수요)이라는 등식으로 인식되고 있었다. 그러나 시간이 흐르면서 미국 내의 끊임없는 공급증가와 유럽 농업의 부활이라는 모순되는 상황은 미국 농업에 재고 축적이라는 심각한 수급불균형 문제를 초래하였다. 1954년 통과된 PL480에 입각하여 미국은 CCC가 매수하여 보관해 오던 잉여농산물을 해외로의 식량원조와 저리의 장기 신용지원으로 전환할 수 있게 됨에 따라 농산물 수급균형 유지의 탈출구를 찾을 수 있었다.

따라서 1950년대와 1960년대는 장기적인 조정 과정에 직면하였음에도 미국 농업으로서는 비교적 안정적인 시기로 구분될 수 있다. 국내 수요도 상대적으로 안정적이었고, 수출수요와 국내 공급의 변동도 CCC의 재고 변화와 정부 프로그램을 통해서 생산을 유보한 토지에 흡수되었다. 가격부양은 농부들을 자율시장 메커니즘 작용에서 독립시켰고, 거시경제정책은 농업에서 방출된 과잉노동력을 확대된 노동시장으로 흡수하였다. 이어 1960년대와 1970년대에는 가격부양에 의존하는 비율을 줄이고 차액지불(직접지불) 방법에 의지하는 방향으로 농업정책 기조의 방향이 전환되었다. 미국의 시장가격은 부침하는 환율변동과 더불어 1973년 이후 국제가격과 일직선을 이루게 되어 축적되었던 곡물 재고는 또다시 해외 시장에서 '쿠션' 제거용으로 처분되었고, 생산증가분도 모두 해외로 수출되어 농업의 번영을 배가시켰다.

이제 미국의 농업에서 해외의 시장조건은 농업정책 수립에 최우선적으로 고려해야 할 요소가 되었다. 그러한 과정은 1950~1973년 기간 중 세계 총무역에서 차지하는 미국의 역할은 감소하였으나 농업무역에서의 비중은 증대하여 세계를 리드해 가는 상황에서 증명되었다. 이 시기 세계의 총수출에서 차지하는 미국의 비중은 18%에서 12%로 줄어든 반면, 농업수출에서 차지하는 비중은 12%에서 16%로 상승하였으며, 주요 농산물 수출품목은 곡물류와 콩류 및 채유류(oilseeds)로서 1970년대 초 세계 곡물 수출의 44%의 비중을 차지하였던 반면, 수입비중은 1950년대 중반부터 1970년대 초까지는 2배 증가하였으나 세계 농산물 수입비중면에서는 17%에서 9%로 감소하였다. 그 여세로 1960년부터 미국은 농업 무역균형에서 확실한 흑자현상과 증가세를 보였다.

이로써 미국의 총수출에서 차지하는 농업 수출비율은 20%를 상회하는 반면, 총수입에서 차지하는 수입비율은 1950년 40%에서 1970년대 초 11%로 감소하였다. 이는 미국의 농업생산이 해외 무역에 크게 의존하고 있음을 여실히 나타내는 증좌였다. 1950년의 농산물 수출가치는 농업경영에서 취득하는 현금소득의 10% 정도였으나 1970년대 초 15%로 증가하였다. 곡물농업자들의 수출 의존도도 현저하게 증가하여 1950년대 초 12%에서 1970년대 26%로 상승하였다. 앞에서도 언급하였지만 1950년대 초 주요한 미국의 농산물 수출선은 서부 유럽이었으나(1951~1955년 농산물 수출 중 46%) 이의 중요성은 상대적으로 감소해 갔고, 1971~1975년 사이에는 아시아와 서부 유럽에 대한 미국 농산물 수출비율은 동일한 비율을 기록하여 전체의 농산물 수출 중 각각 3분의 1에 달하게 되었으며, 일본이 최대의 단일 수입국가가 되었다.

한마디로 제2차 세계대전 이후부터 1970년대까지의 미국의 농업정책은 국내의 소비자와 생산자, 그리고 해외의 수요변화에 민감하게 대처하면서 상황의 변화에 따라 상호 고립이 없는 측면에서 적절한 처방을 받으며 성장과 번영을 해 왔다. 특히 1970년대에 들어 미국 농업은 전례 없는 호황을 맞아 1973~1979년 사이 농업 총생산은 연평균 3%의 증가를 보였고, 농가의 총소득은 315억 달러라는 높은 수준을 유지하였다. 이에 가장 크게 공헌한 것은 1970~1973년 사이에 2배 이상 증가한 수출로서 1970년 미국 농가의 총소득에서 수출이 차지하는 비율은 12%인 149억 달러에서 1980년 25% 이상인 412억 달러로 증가하였다.

이 수출의 대종을 이룬 것은 밭작물, 특히 곡물과 채유종자로서 1980년 전 농산물 수출 중 66%를 차지하였다. 이로써 이 작물의 생산자들은 점차 수출시장을 겨냥한 경작에 진력하여 1976~1980년 동안 이들이 획득한 수출현금액 중 50% 이상이 밀과 쌀의 수출에서 거둔 것이고, 40%는 사료용 곡물에서, 나머지 10% 정도는 콩에서 얻은 것이었다.

1970년대 미국의 총체적인 무역균형이 악화일로를 걸어 마이너스 270억 달러를 기록하였을 때 농산물 무역균형은 현저하게 향상되어 200억 달러의 흑자를 기록하였다. 이러한 미국의 농업수출의 성장은 부분적으로는 세계 농산물무역의 증가에서 비롯되었고, 나아가 미국에 할당된 세계 수출몫의 증가에 기인하는 것이었다. 미국 농산물 수출에서 가장 급격히 성장한 품목은 사료용 곡물과 콩이었으나 밀 수출도 상당히 증가하여 1970년대 중반에서 후반까지 세계 농산물시장에서 미국의 밀이 차지하는 비율은 40% 이상, 사료용 곡물이 60% 정도, 그리고 콩이 80~90% 정도의 비율을 차지하여 세계의 곡물시장과 대두시장을 지배하였다.

이와 같은 미국 농산물 수출의 증가는 1970년대 달러화의 하락에 많은 영향을 받았으며, 달러 가치가 하락하면서 농산물 수출이 증가하기 시작하였다. 수출이 증가한 또 다른 원인은 중국을 비롯한 아시아 국가들과의 무역의 기회를 열어 준 긴장 완화(detente)와 곡물과 채유종자에 대한 가격지원 협약에 있었다. 미국 농업경제의 수출 의존도가 높아졌다는 것은 외부의 충격이 수요에 더 큰 영향을 미치기 때문에 결과적으로는 경제가 더 불안정해졌음을 의미한다. 그리고 세계시장의 습성상 이러한 불안정은 곡물과 채유종자에 대한 수요증대를 초래하였다. 일반적으로 계획경제체제 국가들의 수입수요는 시장구조보다는 정치적 요인에 더 크게 좌우되어 결정되었고, 선진국들의 수입수요는 무역장벽으로 와해되고 세계 가격변동에서 괴리되는 경우가 많았다.

1930년대 대공황 이후 미국의 농업정책은 수요의 불안정에 대해 언제나 보호벽을 제공하였다. 목표가격(target price) 또는 차액지불〔미국의 용어로는 부족불지분(deficiency payment)〕제를 도입하여 낮은 가격에서 농산물생산자들을 보호하였고, 변동하는 가격에 대해 소비자들이나 목축업자들을 고립시키지 않았음을 보았다. 변덕스러운 곡물가격을 진정시키기 위해 FOR이 도입되어 공급과잉 기간에는 가격을 올리고 공급이 부족한 해에는 가격을 억제하였다. 이로써 곡물은 목표가격과 차액지불제도에 의해서, 콩은 대부와 구매계획에 의해서 지원을 받았다. 그러나 1974~1981년까지의 작물연도 기간 중 시장가격은 곡물의 경우 항상 목표가격을 웃돌았고, 콩의 경우 매년 대출금리를 웃돌았다. 콩의 대출금리가 시장가격 이하인 동안 곡물의 대출금리는 시장가격에 근접했고 저장이 장려되었다. 밀의 높은 가격은 밀 경작이 확대되는 동기를 부여했다.

 종합적으로 논의의 대상이 되는 1970년대 미국의 농가는 번영하는 상황에 있었다. 전문 농장을 운영하는 가정의 평균 소득이 1930년대부터 1970년 사이에는 비농업가정 평균 소득 이하이었으나 1973년 이후부터 1979년 사이에는 그것을 훨씬 상회하였다[21]가 1981년 다시 비농가 평균 이하로 떨어졌다. 미국 농장의 부를 나타내는 지표들을 검토해 보면 평균 농장의 전체 자산은 1970년부터 1980년 사이에 명시적으로 4배 증가하였으나 실제 성장은 67% 정도였으며, 자산의 달러당 부채는 비교적 낮았다.[22] 나아가 농가 자산이 대부분 부동산 형태의 토지임을 감안하면 토지가격도 1970년 농지의 경우 에이커당 400달러에서 1980년 737달러로 현저한 상승과 함께 농지 붐이 일기도 하여 장래에 대한 소득과 지속될 이윤에 대한 기대감을 부여하기도 하였으나, 무엇보다도 미국 농업의 부의 원천은 해외 수출의 급격한 성장에 있다는 분석이 지배적이다.[23]

 한마디로 제2차 세계대전 이후 미국의 농업은 내수시장보다 세계의 곡창지대로서 해외의 수요변화에 유연하게 대응할 수 있는 바탕 위에서 국가의 무역수지가 마이너스를 유지하던 것과는 상반되게 흑자를 유지하는 '농업입국'으로서의 입지를 강화하여 지탱하였다는 결론을 내릴 수 있다.

---

21) Langley, J. A. et al, "Commodity price and income support policies in perspective", in U.S.D.A., *Agricultural-Food Policy Review : Commodity Program Perspeetives*, USDA-ERS Agricultural Economics Report N. 530, 1985, p. 37.

22) *Ibid.*, p. 38.

23) Melichar, E., *Farm Wealth : Origins, Impacts and Implications of Public Policy*, Cornell Univ. Press, 1984, p. 17.

참고문헌

Bergsten, C. F., "Future Directions for US Trade", *American Journal of Agricultural Economics*, Vol. 55(1973).

Brandow, G. E., "In search of principles of farm policy", *Journal of Farm Economics*, Vol. 44(1962).

_____, "Policy for Commerical Agriculture, 1945~1971", in L. R. Martin (ed.), *A Survey of Agriculture Economics Literature*, Vol. 1(Univ. of Minnesota Press, 1977).

_____, "Supply Control : Ideas, Implications and Measures", *Journal of Farm Economics*, Vol. 41(1960).

Clawson, M., "Agriculture Adjustment Reconsidered : Changes Need in the Next 25 Years", *Journal of Farm Economics*, Vol. 40(1958).

Cochrane, W. W., "Some further reflections on supply control", *Journal of Farm Economics*, Vol. 4(1959).

Cochrane, W. W. and Ryan, M. *American Farm, Policy, 1948~1973*(Univ. of Minnesota Press, 1976).

Harwood, J. L. & Young, C. E. *Wheat : Background for 1990 Farm Legislation* (U.S.D.A., 1989).

Hathaway, D. E., *Government and Agriculture*(London, 1963).

Jesness, O. B., "Agriculture Adjustment in the past 25 years", *Journal of Farm Economics*(1958).

Johnson, D. Gale, "Efficiency and Welfare Implications of US Agricultural Policy", *Journal of Farm Economics*, Vol. 45(1963).

Melichar, E., *Farm Wealth : Origins, Impacts and Implications of Public Policy* (Cornell Univ. Press, 1984).

Paarlberg, D., "Discussion : Contributions of the New Frontier to Agricultural Reform in the US", *Journal of Farm Economics*, Vol. 44(1962).

Robertson, R. M., *History of the American Economy*, 3rd edn(New York, 1973).

Schnittker, J. A., "Principles of Economic Policy-discussion", *Journal of Farm Economics*, Vol. 45(1963).

_____, "Prospects for Freer Agricultural Trade", *American Journal of Agricultural Economics*, Vol. 55(1973).

Schuttz, T. W., *Agriculture in an Unstable Economy*(New York : MacGraw-Hill, 1945).

Spitze, R. G. F., "Food and Agriculture Act of 1977", *American Journal of Agricultural Economics*, Vol. 60(1978).

찾 아 보 기

ㄱ

가격보증정책·······················60
가격붕괴························181
가격정책·························81
가격파괴························110
간이작물·························96
개량자금························103
개방정책기조······················56
경제군사화························56
경제 블록·························59
경종농업······················55, 201
계약생산·························67
계절별 관세보호····················80
계획경제체제·····················278
고정지대······················19, 28
고정환율제······················251
곡물거래법······················119
곡물경영······················26, 28
곡물공황·························28
곡물법····························4
곡물법 폐지························4
곡물창고업자····················156
공공투자·························56
공동농업정책(CAP : Common Agricul-
  tural Policy)···············132, 251
공업 우선정책·····················23
공업우선주의······················15
공유지분양법(Homestead Act)·······145
공정가격·······················268

과잉생산공황·····················53
교역조건························244
구조적 실업·····················191
구조정책······················81, 83
구호식량························254
국제경쟁력························23
국제무역기구(ITO : International Trade
  Organization)·················251
국제부흥개발은행(IBRD)············251
국제분업······················15, 23
국제통화기금(IMF : International Mone-
  tary Fund)····················251
규격화···························57
균일가격························268
그랜저(Granger)··················152
그랜저 운동(Granger Movement)······
  ·························152, 168
그린 백(Green Back) 운동··········168
금본위제도······················153
금융공황························151
금융 자본주의····················138
기계화·························183

ㄴ

내셔널리즘(nationalism)·············56
노동절약························188
노예제도························142
녹색혁명(Green Revolution)········275
농가보유비축제(FOR : Farmer Owned

Reserve)······························264
농노제 ·································17
농본주의·······························154
농산물 품질등급제도(the system for grading) ·································156
농업공황 ·························28, 151
농업금융연합···························104
농업기업(agri-business) ···············212
농업노동자····························120
농업무역······························275
농업무역자유화························275
농업무역자율화························274
농업불균형····························268
농업불황 ······························151
농업신용관리국(FCA : Farm Credit Administration)························228
농업임금법(Agricultural Wages Act) ·125
농업입국······························279
농업전문화····························201
농업조정법(Agricultural Adjustment Act : AAA)··························208
농업차지계약법 ·······················106
농업토지재판소(Agricultural Land Tribunals)·····························107
농업혁명·······························146
농외인구 ··························36, 39
농지유보정책(ARP : Arcreage Reserve Programme)·······················256
누진소득세제··························153
뉴딜(New Deal) ·······················208
뉴딜(New Deal)정책 ····················56

ㄷ

다자간무역협상 ·······················274
담보신용(mortage credit)대출 ········218
대부축적계획(loan stroage programme)······························269
대외채무·······························72
덤핑 ·································256
도시화·······························138
도쿄라운드······················262, 274
독점가격·······························195
독점자본······························157
독점자본주의·······················4, 172
디스패리티(disparity) ··················183

ㄹ

로치데일 원칙(Rochdale Principles) ··214

ㅁ

마셜 플랜(Marshall Plan) ·············250
맥킨리 관세법(McKinley Tariff) ·······221
모릴랜드 그랜트 칼리지법(Morrill Land Grandt College Act) ················216
목표가격························208, 278
목표지시가격························91, 92
무역장벽·······························278

ㅂ

뱅크헤드 법(Bankhead Act) ·········231
벤슨 플랜(Benson Plan) ············256
변동환율제·····························251
변제의무면제융자(non-recourse loan)
  ·······································208
보불전쟁·································7
보조금··································83
보조금정책·····························60
보조금 철폐····························61
보증가격제도···························80
보호농정································37
부등가교환····························195
부족불(deficiency payment)··········62
부족불액································63
부족불제도······························84
부족불지분····························278
북대서양조약기구(NATO)···········258
분익소작································163
브래넌 플랜(Brannan Plan)··········254
브레턴우즈 체제······················251
브레턴우즈(Bretton Woods) 회의····251
블록경제································59
비교소득목표··························272
비변제융자(non-recourse loan)·······236
비육우···································11
비율가격(ratio price)··················224
비탄력적인 수요······················258

ㅅ

사료곡물법(Feed Grain Bill)··········259
사피로 운동(Sapiro Movement)······214
산업공황································31
산업보호정책··························56
산업자본주의·····················4, 141
산업합리화····························204
상대적 안정기·························52
상인신용·······························103
상품신용공사(CCC : Commodity Credit
  Corporation)·······················228
생산물 선취제(the croplien system)
  ·································158, 162
생산자권리보증(PEG : Producer Entitle-
  ment Guarantee)···················262
생산정책································83
생산조성금·····························83
서점운동(Westward Movement)·····143
석유 트러스트························155
선물거래·······························180
세입손실································23
셰어 크로퍼(share cropper)··········142
셰어 크로핑 제도(share cropping system)
  ·································142, 162
소비의 탄력성·························85
소비자보호법·························274
수급계획································58
수급불균형····························138
수입개방································31
수입과징금제도·······················85
수입관세································24

수입관세법 · 58
수입수요 · 173
수입자유화 · 5
수입통제정책 · 60
수출수요 · 263
수출쿼터 · 240
슐먼 플랜(Schulman Plan) · · · · · · · · · · · 250
스미소니언 체제(Smithsonian System)
· 251
스탠더드 석유회사 · · · · · · · · · · · · · · · · · 155
시장조정 가격 · 26
식량증산정책 · 70
식민지 · 반식민지체제 · · · · · · · · · · · · · 166
식육용 가축보증계획(Fatstock Guarantee Scheme) · 118
식품인지법(Food Stamp Act) · · · · · · · · 264
신용붕괴 · 181
신흥공업국가 · 48
실질가격(real price) · · · · · · · · · · · · · · · 224
실질임금 · 27

ㅇ

양축산업 · 5
양허 · 274
연방잉여물자구제공사(FSRC : Federal Surplus Relief Corporation) · · 228, 232
예약출하계약 · 120
오타와협정(Ottawa Agreement) · · 58, 252
원예산업 · 81
위임대부(mandatory loan) · · · · · · · · · · 265
유럽경제공동체(EEC) · · · · · · · · · · · · · · 129

유럽경제협력기구(OEEC : 오늘날의 OECD)
· 250
유럽부흥계획(ERP : European Recovery Plan) · 250
유럽석탄철강공동체(ECSC) · · · · · · · · · 250
유엔구제부흥사업국(UNRRA) · · · · · · · · 252
유엔 식량 및 농업기구(FAO) · · · · · · · · · 251
유연가격지원 · 266
유연가격지원제 · · · · · · · · · · · · · · · · · · · 255
유휴설비 · 191
유휴자본설비 · 200
융커(Junker) · 26
이행기 · 31
인플레이션 · 7
잉여농산물 · 254

ㅈ

자가노동 · 183
자동적인 회복력 · · · · · · · · · · · · · · · · · · · 55
자본설비 · 199
자본집약 · 188
자유무역정책 · 23
자유방임정책 · 42
자유지 · 19
자작농법(the Homestead Act) · · · · · · · 157
작목전환보상금 · 61
재생산 · 32
재생산구조 · 37
재생산법칙 · 6
저당대출 · 181
절대지대 · 18, 26

정부개입주의·····························250
제국주의·································138
제1차 농업혁명··························36
제2차 농업혁명··························36
제3차 농업혁명··························36
조세부담률······························23
존스-코스티건(Jones-Costigen) 설탕법
··232
종가관세·································58
종량세···································127
중상주의·································23
증권공황·································151
지대공황·································28
지대정지권(地代停止權)··············103
지대지불·································8
지력고갈작물····························235
지력보존작물····························235
지방지주협회(Country Landowners'
  Association)··························108
지주·····································33
직접소득지불····························270
직접지불제·······························253
집약농업································5

ㅊ

차액지대·································19
차액지불·································278
차액지불제·······························129
차지계약·································19
차지농·······························8, 33
착취·····································33

채권국···································173
채무국···································173
채무변제·································181
철도자본·································155
초과 이윤································26
초지업자·································8
최소가격 체계(minimum price system)
··128
최소소득목표····························272
최열등지·································25
최저수입가격····························91
최저수입가격제도···················78, 92
최혜국대우(MFN : Most Favoures Nation)
··243
추곡수매제도····························76
축산정책·································49

ㅋ

커 스미스 법(Kerr Smith Act)········231
케네디라운드····························274
케인스주의·······························250
크로퍼(cropper)························158
크로프터(crofter)·······················104
크로프터위원회(Crofter's Commission)
··105

ㅌ

탈도시(urban exodus)·················198
토지대체(land substitutes)···········270
토지소유의 위기························25

토지유보(휴경지) · 270
투기붕괴 · 181
투자조성금(Invest Grants) · · · · · · · · · · · · 99
특혜조치 · 58, 60

ㅍ

파시즘(fascim) · 56
패닉(panic) · 151
패리티 가격(parity price) · · · · · · · · 224, 235
패리티 소득 · 235
패리티 지수 · 195
평균 시장가격 · 63
평균 이윤 · 84
포괄적인 공급관리 수단 · · · · · · · · · · · · · · 259
포드니-맥컴버(Fordney-McCumber) 관
 세법 · 223
포퓰리스트 운동(Populist Movement) 168
포퓰리즘(populism) · · · · · · · · · · · · 159, 168
표준화 · 57
프레리(prairies) · 19
프론티어(frontier) · · · · · · · · · · · · · · · · · · · 146
플랜테이션(plantation) · · · · · · · · · · · · · · 142

ㅎ

현금농산품(cash products) · · · · · · · · · · · 235
현물징수 · 8
협정가격 · 57
협정요금 · 155
호혜통상조약 · 236
혼합영농방식 · 5
홀리-스무트 관세법(Hawley-Smoot Tariff
 Act) · 225

기타

10분의 1 지대 · 8
2중가격제도 · 76
3분할제(Tripartheit System) · · · · · · · · · 120
3R(Recovery, Relief, Reform, 즉 회복·
 구제·개혁) · 208
CPA(공동농업정책) · · · · · · · · · · · · · · · · · · · 76
GATT · 251
PL480(Public Law 480) · · · · · · · · · · · · · · 256

집필자

尹 榮 子

이화여자대학교 독어독문학과 졸업
이화여자대학교 교육대학원 외국어교육학과 졸업(교육학 석사)
건국대학교 대학원 경제학과 졸업(경제학 석사)
건국대학교 대학원 경제학과 졸업(경제학 박사)

국방대학교 교수부 교육연구관
캐나다 브리티시 콜럼비아 대학교 방문교수
캐나다 사이먼 프레이저 대학교 방문교수
(現)한국방송통신대학교 경제학과 교수

농업의 실상과 정책 중심으로 본
英美農業經濟史

저자 / 윤영자
발행인 / 장시원
발행처 / 한국방송통신대학교출판부
주소 / 서울특별시 종로구 이화동 57번지 (110-500)
전화 / (02)3668-4762~7
FAX / (02)741-4570
http://press.knou.ac.kr
출판등록 / 1982. 6. 7. 제1-491호
초판 1쇄 인쇄 / 2006. 12. 15.
초판 1쇄 발행 / 2006. 12. 20.
ⓒ 윤영자, 2006
ISBN 89-20-92288-8 93520
편집·조판 / 문장미디어
표지 디자인 / 디자인 명성
인쇄·제본 / 정문사문화(주)

값 20,000원

- 잘못 만들어진 책은 바꾸어 드립니다.
- 이 책은 한국방송통신대학교 학술진흥재단의 저작지원금을 받아 집필되었습니다.